LEADERSHIP AT SCALE

BETTER LEADERSHIP, BETTER RESULTS

大規模領導力

麥肯錫領導力聖經

克勞迪奧·費瑟
CLAUDIO FESER
麥可·雷尼
MICHAEL RENNIE
尼古萊·陳·尼爾森
NICOLAI CHEN NIELSEN
著

黃開 譯

專家推薦

置身於今日如此複雜且變動快速的環境中，擁有強大的領導者團隊攸關公司的繁榮壯大。本書指導你如何建立這樣的領導者團隊，它既有充足的學術底蘊，同時又務實可行。

——艾倫・貝賈尼（Alain Bejjani）
馬吉德・阿爾・富泰姆控股公司（Majid Al Futtaim Holding）執行長

轉型意味著始於領導者的大規模改變。本公司和許多公司都一樣資源有限，本書確實教會我如何有效運用時間與金錢，在所有地方都能培養出眞正的領導者。

——安德烈・克雷門特（Andrea Clemente）
拉丁美洲惠而浦公司（Latin America Whirlpool Corporation）人力資源部

關於「優秀領導者的最重要特質」，坊間充斥形形色色的祕笈。然而，關於要如何將這些心得轉化爲有血有肉的領導力提升計畫，並在整個組織內推行，它們的幫助實屬有限。本書卻是非常與眾不同，它將教學內容與領導力開發方法整合在一起，而且這些方法都是經過十分徹底的研究，不僅具有高度實用性，並且涵蓋範圍廣泛，更搭配虛構的應用故事，從頭到尾都讓人興味盎然。

——伯恩德・烏賀（Bernd Uhe）
百達集團（Pictet Group）全球人力資源主管

《大規模領導力》讓我茅塞頓開。在我讀過的領導力相關書籍中，它是最棒的其中一本。它將大規模開發正確領導力的尖端實證研究，巧妙地融合到實現目標的指導方針。它可說是一書兩用：在領導力方面，可供你參照各種最新的研究成果；至於如何創造持之以恆的永續變革，它也是一本實用手冊。當前的世界複雜多變，隨處都是挑戰，而公司及其領導者的應對之道，本書應有盡有。

——布魯諾·費斯特（Bruno Pfister）
羅斯柴爾德銀行（Rothschild Bank AG）董事長

大多數領導力開發計畫不是令人大失所望，就是爲了快速節省開支而被取消，許多組織遂因此造成領導人才短缺。但是，在現今蓬勃發展的複雜環境中，培養領導者是組織迫不及待的要務之一。本書能指導公司如何打造出領導力文化，使公司欣欣向榮。

——丹尼爾·瓦塞拉（Daniel Vasella）醫學博士
諾華公司（Novartis AG）榮譽董事長暨執行長

在當今世界，培養符合需求的領導者梯隊（leadership bench）來帶領企業，是執行長的當務之急。這是艱鉅且繁複的任務，《大規模領導力》會教你怎麼做。它是完備的學術研究，內容無所不包，同時也是實用之作，是公司領導者的寶貴資源。

——吉特·P·阿博（Gitte P.Aabo）
LEO製藥（LEO Pharma A/S）總裁暨執行長

有許多領導力計畫只集中於開發少數領導人才，然而以現今的動態環境而論，公司必須更快速地培養更多領導者。本書以極具說服力的方式，回應大型公司如何大規模培養領導者的困惑，這是它的獨到之處。

——葛拉罕・瓦德（Graham Ward）博士
歐洲工商管理學院（INSEAD Business School）組織行為學客座教授

《大規模領導力》一書提供了清晰的方法，能在整個組織內提升領導效能，不僅領導高層，全體員工均能因此受用無窮。凡是必須整備組織以掌握未來挑戰的領導者，它都是一大重要資源。

——喬・吉門內斯（Joe Jimenez）
寶橋家品（Procter & Gamble）及通用汽車（General Motors）董事

本書教你兩件事：一是就環境來說，對組織績效而言真正重要的技巧是什麼，以及如何在整個組織內創造恆久的領導力變革。這是一本實用且思慮周到的書，妥善處理了領導力的多重面向。

——約格・萊因哈特（Jörg Reinhardt）博士
諾華公司（Novartis AG）董事長

如今是科技帶動變化的時代，我們必須啓發、連結及善用員工的創造力，這需要更好的領導者才行。本書即致力於讓一切成真。

——凱文・史尼德（Kevin Sneader）
麥肯錫公司（McKinsey & Company）全球管理董事

時至今日，許多組織均努力進行簡化並變得更有活力，然而，若要使決策權力去中心化，以及讓大型組織的所有成員都能參與其中，則需要培養更多強而有力的領導者。《大規模領導力》一書是你達成目標的實務指南。

——馬里奧・格雷科（Mario Greco）
蘇黎世保險集團（Zurich Insurance Group）執行長

所謂大型組織即代表特殊的挑戰。英國國家健保局是全歐洲最大的雇主，計有一百三十萬名員工，他們都是潛在的領導者。本書是經過深入研究而成的著作，針對大型組織提出了如何大規模作業、簡化、集中及持續開發領導力的方法。它告訴我們應該由誰去開發、開發的理由、執行多久，以及用何種方式執行。作爲實務指南來說，它具有無比珍貴的價值。

——尼基・拉瑟姆（Nicki Latham）教授
英國健康教育局（Health Education England, NHS）前營運長
掌管英國國家健保局（NHS）領導力學院

組織本身想要制度化，就必須具備領導力文化。本書以極爲有力且務實可行的方式，展示了達成目標的方法，值得一讀！

——尼古拉斯・百達（Nicolas Pictet）
百達集團（Pictet Group）資深合夥人

本書是首屈一指的模型，示範說明了如何利用高明的領導力，提升大型組織的績效。

——保羅・麥納斯（Paul Myners；麥納斯勳爵）
富時指數公司（FTSE100）前主席及財政部長

本書所勾勒的各項核心原則，與所有組織均有密切的關係，無論該組織的規模、行業或營運策略爲何。在日益數位化的世界，本書應列入必讀書單，年輕的領導者更是不可錯過。

——羅爾夫・多里格（Rolf Dörig）
瑞士人壽集團（Swiss Life Group）及藝珂（Adecco）人力顧問公司董事長

組織若是擁有優秀的領導者，勢必能獲致更好的成績。本書是一本實用指南，它教你專注於驅動績效的因素，以及一般人在工作上能夠輕易且迅速上手的項目，藉此開發領導者。本書的作者說明了這個方法如何適用於全組織內的眾多領導者。

——斯圖亞特・羅斯（Stuart Rose；羅斯勳爵）
歐卡多公司（Ocado PLC）董事長

針對個別領導力開發的書籍比比皆是，本書則是採取新焦點，以你的特定條件及策略爲準，專注於提升整體組織的領導力效能。爲了提升領導力的效能，本書呈現給你的，是兼具扎實理論基礎又不失實用的方法。

——湯瑪士・A・古茲威勒（Thomas A. Gutzwiller）博士
吉布達偉士公司（GW Partners AG）合夥人
聖加侖大學（University of St. Gallen）經營管理學院
企業與領導力發展學教授

在商業與社會兩方面，領導力是推動積極改變最爲珍貴的資源。《大規模領導力》的主題是促進整體大型組織的領導力效能，內容周延、具有全面的學術依據，卻是實用的指南，上至領導高層，下至全體員工都能適用。我期待將書中的各項原則應用到我們的組織。

——瓦森特・納拉辛漢（Vasant Narasimhan）醫學博士
諾華公司（Novartis AG）執行長

獻詞

獻給艾芙琳（Evelyne）、達里歐（Dario）和艾雷西歐（Alessio），感謝你們的體諒、支持和摯愛。 ——克勞迪奧

獻給我的母親派翠西雅（Patricia），您藉由價值觀與愛，啓發我對於領導力的終身興趣。 ——麥可

獻給薩米拉（Samira），感謝你堅定不移的支持與愛，以及對我始終如一的信任。 ——尼古萊

目錄

誌謝

本書是大量心血的結晶，借鑑了麥肯錫領導力開發部門全球超過三十名資深諮詢業務人員的洞見與廣泛貢獻。以下是本書的主要執筆人，每一章的開頭會特別聲明特定的作者。

主要執筆人

安德烈・杜阿（André Dua）是麥肯錫紐約辦事處的資深董事，也是麥肯錫學院的創辦人之一，以及麥肯錫高等教育諮詢業務和麥肯錫州級暨地方政府諮詢業務的創辦人。

安德魯・聖喬治（Andrew St George）是作家、學者以及麥肯錫的顧問，著有十本語言學、傳播學和管理學專書，包括為英國海軍司令部撰寫的《皇家海軍的領導方式》（*Royal Navy Way of Leadership*）。他在國際間的合作對象有商業組織、公共服務系統和政府單位。

亞恩・蓋斯特（Arne Gast）主持麥肯錫吉隆坡辦事處涵蓋亞太地區的組織諮詢業務，是亞伯欽（Aberkyn）的共同創辦人。亞伯欽是麥肯錫在變革助長領域的特別「總部」，過去幾年已經發展成八個全球樞紐。

比爾・尚寧格（Bill Schaninger）是麥肯錫費城辦事處的資深董事。他是集成組織解決方案的主席，也是全球人才管理諮詢業務的負責人，合作對象包括全球各式各樣的客戶組合。

夏洛蒂・雷利亞（Charlotte Relyea）是麥肯錫紐約辦事處董事及麥肯錫學院負責人。在主持麥肯錫學院之前，夏洛蒂是麥肯錫客戶能力培養措施部門的共同負責人，以及麥肯錫科技、醫療、電子通訊、行銷與銷售諮詢業務的負責人。

克里斯・加農（Chris Gagnon）是麥肯錫達拉斯辦事處的資深董事，主持麥肯錫於北美的組織諮詢業務，並共同負責全球諮詢業務。他與客戶的合作集中於整合式「組織策略」，將文化、人才、設計和變革管理予以結合。

柯爾尼利厄斯・張（Cornelius Chang）是居住在新加坡的副董事，主持麥肯錫學院的亞洲業務。他爲全球許多行業的客戶提供領導力、人才，以及文化和變革參與等方面的支援。

大衛・史沛瑟（David Speiser）是麥肯錫蘇黎世辦事處的董事，負責麥肯錫學院的「主管計畫」。他爲眾多行業的龍頭公司提供策略、組織、併購、資源分配和領導力開發等方面的服務。

艾蜜莉・岳（Emily Yueh）是麥肯錫紐約辦事處董事及麥肯錫學院主持人之一。她的工作重心是組織、主管領導力開發和績效轉型，服務對象有領先的金融機構、製藥廠和教育機構。

法里登・多提瓦拉（Faridun Dotiwala）是麥肯錫的董事，以麥肯錫孟買辦事處爲基地，主持麥肯錫在亞洲的人力資本諮詢業務。他的工作領域包括領導力開發、建立企業學院、執行長和最高層團隊發展與對準目標，以及在組織中塑造大規模文化轉變。

菲利波・羅西（Filippo Rossi）是麥肯錫巴黎辦事處的資深董事，具有學習方法學相關的諮商經歷超過二十餘年，服務領域主要是重工業。菲利波領導麥肯錫健康生活風格措施，範圍包含營養、運動、睡眠和壓力管理等四大支柱。

弗洛里安・波爾納（Florian Pollner）是麥肯錫蘇黎世辦事處的專家董事，主持麥肯錫在歐洲、中東和亞洲地區的「領導力與學習」客戶服務部門。EMEA（歐洲、中東、亞洲）是麥肯錫致力於領導力開發的實體單位，弗洛里安是其共同創辦人與領導人。

高譚・庫姆拉（Gautam Kumra）是麥肯錫位於新德里的印度辦事處管理董事，他領導麥肯錫在亞洲的組織諮詢業務。麥肯錫在轉型化變革方面的研究與見識，有賴背後的眾多思想家，高譚是其中之一。

潔瑪・達奧里亞（Gemma D'Auria）是麥肯錫中東辦事處的董事，負責組織諮詢業務。她在當地設計並協助推動多個大型的領導力開發工作及企業學院，範圍橫跨公、民營部門，參與的領導人多達數千名。

海孟・張（Haimeng Zhang）是麥肯錫香港辦事處的資深董事，並且領導亞太組織諮詢業務。他支援跨國客戶從事組織方面的業務，主題包括最高團隊效能、領導力開發計畫設計，以及人力資源轉型。

喬涵娜・拉沃伊（Johanne Lavoie）是麥肯錫加拿大業務的董事和領導力大師級專家。她最近於《麥肯錫季刊》（*McKinsey Quarterly*）撰寫有關內在靈敏性和人工智慧的文章，著有《中心領導力：以清晰、目的性和影響力領導》（*Centered Leadership: Leading with Clarity, Purpose and Impact*）一書，並在TEDx發表演說，主題是在斷裂時代（disruptive times）整合動與靜。

茱莉亞・史波林（Julia Sperling）是麥肯錫法蘭克福辦事處的董事。身爲醫學博士和神經科學家，她在麥肯錫負責的工作是將立基於神經科學的現代成人學習技術，應用到領導力開發計畫中。

瑪麗・安德拉德（Mary Andrade）是麥肯錫卓越學習設計和開發中心主任，總部位於洛杉磯。她是麥肯錫和學習產業在二十一世紀學習方法學、方法與設計領域的先驅。

麥可・巴齊戈斯（Michael Bazigos）是麥肯錫組織解決方案部門的前副總裁，並共同主持組織科學措施，文章散見於《麥肯錫季刊》和《領導力研究期刊》（*Journal of Leadership Studies*）等專業及商業雜誌。

麥克・卡爾森（Mike Carson）是麥肯錫的董事，也是亞博欽的創辦人，領導亞博欽的在地樞紐全球化網路發展，工作地點在倫敦和阿姆斯特丹。

米歇爾・克魯伊特（Michiel Kruyt）是麥肯錫組織諮詢業務的董事及領導人之一、麥肯錫變革領導者之「家」亞博欽的共同創辦人，目前亦是共同負責人。

尼克・范丹（Nick van Dam）是麥肯錫的董事暨全球學習長。在企業學習與發展領域，他是深獲國際認可的顧問、作家、演說家及思想領袖。

拉梅什・斯里尼瓦山（Ramesh Srinivasan）是麥肯錫紐約辦事處的資深董事，主持麥肯錫學院並身兼包爾論壇（Bower Forum）的院長，此論壇是麥肯錫爲執行長所開設的學習計畫。

其他協助者

其他有許多善心人士對本書助過一臂之力，無法一一備載，但是我們想要特別對以下諸位表達感謝：艾倫・韋伯（Allen Webb）、艾立森・湯姆（Allison Thom）、阿瑪迪歐・迪・羅竇維科（Amadeo Di Lodovico）、艾胥理・威廉（Ashley Williams）、安・布雷克曼（Anne Blackman）、克勞德蒂・盧希恩（Claudette Lucien）、艾爾斯・范德荷門（Els van der Helm）、艾瑞卡・勞辛（Erica Rauzin，協助編輯虛構故事部分）、芬南達・馬友（Fernanda Mayol）、賈桂琳・布雷希（Jacqueline Brassey）、茱蒂・賀遮伍德（Judith Hazelwood）、凱伊凡・奇安（Kayvan Kian）、琳達・侯維厄斯（Linda Hovius）、馬維卡・辛（Malvika Singh）、瑪莉・敏內（Mary Meaney）、尼可拉・朱瑞希克（Nikola Jurisic）、瑞克・克爾克蘭（Rik Kirkland）、羅伯・梭尼森（Rob Theunissen）、羅蘭・史洛特（Roland Slot）、薩哈・約瑟夫（SaharYousef）、史卡特・凱勒（Scott Keller）、提姆・迪克森（Tim Dickson）、威尼斯・史密卡克（Venetia Simcock），以及麥肯錫的編輯出版團隊：關・賀貝恩（Gwyn Herbein）、達那・山德（Dana Sand）、凱蒂・圖那（Katie Turner）、史尼哈・瓦茨（Sneha Vats）、貝琳達・余（Belinda Yu）、普雅・亞達夫（Pooja Yadav）。

緒論

真正驅動績效的領導力

安德魯・聖喬治＆克勞迪奧・費瑟＆
麥可・雷尼＆尼古萊・陳・尼爾森／執筆

本書將虛構一家公司，利用它來講解領導力開發的實踐歷程。該公司名為新古典時尚（New Classic Look）服裝公司，簡稱NCL公司。它是一家專業服裝公司，母公司位於上海，執行長是卡洛琳・藍道夫（Carolyn Randolph）。在她的領導之下，公司的業績成長飛快，業務遍及五十餘國，年收入達到六十億美元。近年來，公司的股價勝過大盤，股東們皆預期成長將會持續下去。然而，自從設計主管於去年退休，NCL公司想要在高速變幻的市場中與最新流行趨勢並駕齊驅，已經顯得力不從心。卡洛琳深感公司需要進行全面改造，才能維持優勢的地位。

在我們的故事中，公司的管理階層在近期完成了一套雄心萬丈的策略，想要重新刺激成長，而卡洛琳對他們執行策略的能力卻深表懷疑。最高層的管理團隊似乎老態龍鍾，身處瞬息萬變的市場竟與之脫節。卡洛琳不認為公司在未來能有強大的「領導者梯隊」（leadership bench）足以接手公司。卡洛琳為了使該策略可行，並且協助NCL公司達成績效目標，決定啓動一個野心龐大的領導力開發計畫。

卡洛琳並不孤獨，我們共事的許多管理高層同樣感受到組織中存在領導力差距，對於績效具有負面的影響。而且，許多組織都努力想要彌補這個差距。我們發現：**絕大部分的領導力開發措施，均未能達到預期的目標，最後也無法強化績效**。彌補領導力差距固然極其重要，但實際上說易行難。在本書的第二部分，我們將會再次認識卡洛琳、她的管理團隊，以及NCL公司。然後，我們會詳細追蹤他們的領導力開發歷程，看看NCL公司如何才能在整體組織中提升領導力的效能，協助他們使整體營運策略能一帆風順。

〉為何有這本書？

一言以蔽之，**領導力透過促進績效而提升其價值**。大型組織的上上下下有數百名領導者，每天會做出幾千個決策。這些決策牽涉到數以百萬計的互動，每一次互動可能支持或是傷害了組織的主要行動。因此，組織當然會設法引導其人員的互動，使他們的行爲能與組織的策略及目的一致。優秀的組織都能理解各層級的領導者與其周遭人事物的關係中，最重要的是什麼。

然而，此處產生了一個新的領導力挑戰：儘管全世界的組織在領導力開發上，合計投入了數十億的資金，它們依舊不斷宣稱缺乏執行策略所需的領導人才。或許你的組織正是其中之一：你是不是也了解組織對於有效領導者的需求，但所採行的開發計畫卻無法滿足需求？

我們寫作本書的目的，是在組織內部培養更多且更優秀的領導者。我們的重心在於大規模領導力，以及整體組織中的領導力開發。我們發現，當前大部分組織的領導力開發方法，即使對於被選中的個人來說很重要，但若要應用在整體組織中，偏偏就是窒礙難行。

我們了解哪些觀念能奏效，也將自己鼓吹的作法付諸行動。麥肯錫企管顧問公司是全世界名列前茅的領導人才最大生產基地，光是以內部而論，我們每年都投入超過五億美元，用以培養本身的知識和領導者。相較於其他顧問公司，我們已經見到更多學員前往其他公司擔任執行長職位，沒有任何公司能與我們分庭抗禮。目前有四百五十名以上的麥肯錫畢業學員正主持市值數十億的組織，此外，在公家機關擔任高階主管的畢業學員更是不勝枚舉。我們在公司內部應用的知識，也會應用到專業顧問服務上。我們爲八十八家財星（Fortune）百大企業服務過，其中有一半是針對人力資源與領導力主題。麥肯錫是位居全球「前五名」的領導力開發機構，每年在世界各地執行的領導力開發計畫超過一百個。

我們會不斷檢討並比較爲客戶所做的一切，也會進行廣泛研究。本書的內容結合了165個組織超過375,000名員工的資料、對500名以上管理者的全新研究、本公司歷年來的諮詢業務經驗，以及我們開發內部人員所使用的方法，目的正是爲了破解大規模領導能力的密碼，那是眞正驅動組織的體質健康與績效的力量。我們的方法是依據以下的觀念：就組織的健康與績效而言，卓越的領導力比我們以往所認知的具有更深遠的重要性。本公司提供的，**是系統性且基於事實的方法，用以開發整體組織的領導力，**目的在於確實提高績效。大規模領導力是我們所要的答案。

本書是數百名同事及朋友的共同成品，他們來自麥肯錫還有其他地方，同心協力整合並提升我們對於領導力的思想，爲客戶提供更優質的服務。我們的見解讓自己引以為傲，同時我們也深知領導力是一門方興未艾的科學，關於人、組織與社會如何運作，仍會不斷地產出新穎的資料。

本書的寫作對象，是當前及未來的全球廣大領導者。無論你是組織、部門或團隊的領導者，或只是普通個人，而你想要增進領導力知識、了解如何在工作上有更良好的表現，本書都與你息息相關。它能協助管理者和現任領導者，嚴謹地審視自己的領導力開發方法，知道如何讓領導力與整體策略結合得更好，並且透過領導力效能提高績效。如果你是領導力開發人員，例如人力資源長（chief human resources officer, CHRO）或是學習與發展部門主管，本書也包含相當充分的細節，為如何施行計畫提供了相關的藍圖。至於個人以及渴望成為未來領導者的人，本書則是為你呈現廣泛的背景知識，包括**領導力對組織的重要性、優秀的領導力應該是什麼樣貌**，還有哪些作法能幫助你成為更好的領導者，而哪些作法無濟於事，以及想在當前的組織環境下成功，你需要什麼特殊技能。

本書可應用於商業、非營利組織和政府機關。若是在大學或商學院的領導力課程採用本書做為教科書，也具有諸多好處。

首先，我們期望本書能協助你建立績效更高、更健康、更能永續發展的組織。此外，也希望傑出領導力的學術與實務，將可普及整個社會。有人說世界正面臨「領導力危機」，[1] 我們相信：促進對於卓越領導力的追求，本身即是崇高的目標。

〉為何領導力很重要？

有效的領導力對組織來說至關重要，是執行長們在人力資本方面的首要之務，在整體組織上也是居於優先事項的前三名，②這一點毫無意外可言。但是，領導力究竟有多重要？我們指出，就組織績效和健康而論，卓越領導力的重要性，比我們以往所認知的更加深遠。首先，領導力效能會直接影響績效。它的測量方式，是藉由許多度量項目獨立進行的，這些項目是關於觀察到的組織作為，測量的結果可當作未來績效的預測因子：**領導力效能愈出色，組織的績效也會愈好**。領導力效能最高四分位數的公司，其平均股東整體報酬率（total return to shareholders, TRS）比最低四分位數的公司高3.5倍。③在重大轉型期間願意投資開發領導者的公司，達成績效目標的可能性則有2.4倍。④因此，領導力效能可以單獨測量，而且它對於組織績效具有正面影響。（譯註：本書以「四分位數」（quartile）分析統計結果，此處所謂「最高四分位數」〔top-quartile〕是指「前四分之一」，「最低四分位數」〔bottom-quartile〕則是指「後四分之一」。請參見附錄一之研究方法說明。）

其次，健康（我們的定義是組織對準目標、任務執行及自我更新的能力）能使優異的組織績效長期維持。（我們在第一章對於組織健康的各項成分有更詳細的定義。）我們採用「組織健康指標」（Organizational Health Index, OHI）做為測量組織健康的工具已長達十餘年時間，資料庫中累積了五百多萬筆受試者的資料，來源遍及世界各地的各行各業。我們發現，健康是預測未來績效的最佳因子，它包含組織渴望獲得的許多特質，有策略對準（strategic alignment）、人才保留、能量、目的、承諾、創新、指揮、責任歸屬及外部定向等。本書指出，**領導力效能本身即是組織健康的主要驅動力**，而且組織健康最高四分位數的公司無法達到領導力效能最高四分位數的情形，是極其罕見的。

〉組織領導力的挑戰

領導力研究已經有數千年歷史，對於歷史上的英雄、偉大的男性及女性的高度讚賞，也有長遠的歷史。過去一個世紀以來，已經產生了許多關於領導力的學派。許多學者談到「領導力的浪漫」，[5]以及這個詞往往預設了比生命更偉大的特質。研究發現，舉例來說，人們會傾向於採用無法控制的或外部事件，來解釋不良的公司績效，而當談到優良的績效時，則又歸功於先見之明和領導力的特質。[6]

如今，領導力建議在坊間已不虞缺乏。單單「領導力」這個主題，大學（和企業）就有數以百計的課程，大量的領導力教練和利基顧問也應運而生。在網路上搜尋一下「領導力」，搜尋結果可以得到千千萬萬筆文章、書籍和影片資料，其中有許多是過去幾年內出版的。

那麼，這對組織來說應該易如反掌囉？可惜並非如此。組織不但淹沒在領導力建議之下（而且這些建議毫無用處），各種理論術語更是令人窒息。我們發現了巨大的加倍差距，可稱之爲組織領導力挑戰。

首先，在執行長眼中，領導力通常是人力資本方面最迫切的當務之急（整體上也是優先事項的前三名）。我們的最新研究顯示，有三分之一的組織認爲自己缺乏具有領導力且數量充足的人才，無法執行組織的策略和績效目標。更有三分之一的組織提到，除了短期策略和績效目標之外，他們連能夠迎向未來三到五年所需的領導能力都付諸闕如。[7]

其次，視環境背景不同，大約有50%到90%的領導力開發行動並不成功。這項研究發現，在許多不同研究中都是一致的。例如，我們最近針對管理階層進行的一項調查得知，只有55%的管理人員相信，他們在領導力開發所付出的心血，能滿足並維持預期的目標。若是我們只看回答「強烈同意」選項的受訪者比例，則下滑到了11%。[8]另一項研究針對五十個組織、近一千五百名資深經理進行訪談，有四分之三的人並不滿意其組織的學習與發展功能。[9]英國有一家商學院對資深經理進行抽樣調查，只有7%的人認爲任職的公司有效開發了全球領導者。[10]顯然其中存在了巨大的問題。（另一個很有趣的落差是：領導者和被領導者的觀感相比之下，絕大多數領導者均大幅高估了自己的領導效能，以及他們的領導力開發行動表現的有效性。）

這些組織當然會在領導力開發方面投入金錢，藉以解決領導力差距問題。我們在2017年的一項研究顯示，美國的公司爲了培養人員的能力，2017年在每個人身上的平均花費是1075美元，相較於2016年則是814美元。[11]這筆支出有很大比例是花在與領導力相關的開發（有統計指出總金額超過五百億美元[12]）。以典型爲期四週的主管領導力課程爲例，光是學費就要價四萬到五萬美元（每天兩千到兩千五百美元）。[13]意思就是說，有數十億的金錢付諸東流，不是無效就是效果不彰。

這兩大難題並肩齊步，進而造成雙重打擊：一方面是組織缺乏現在或未來需要的領導力，另一方面是努力要開發更多、更好的領導者，卻宣告失敗。[14]說不定你的組織正是其中之一，也就是你知道組織需要有效的領導者，然而你實施的開發計畫並沒有滿足需求。

某些人聲稱「領導力開發」這一行已經失靈。⑮雖然這是言之鑿鑿的說法，但是我們確實認爲更有成效的領導力開發方法是必要的，主要原因有三。第一，領導力的文獻大多是以個人爲目標，專注於如何增進個人或少數人的效能。這些文獻通常會談到領導者必須展現出來的重要行爲，例如眞實性、果斷和策略思考。改進個別領導者的效能固然很重要，可是如今的組織必須全體都能夠快速適應新世界，市場的速度一日千里，只能「由下向上」地些微提升個別領導力的方法是不夠的。爲了眞正且迅速地增進眾人的領導力效能，組織必須大幅拓寬思考的範圍，並且以協調的系統方式回應需求。

第二，領導力研究通常是「一成不變」的，也就是往往從高績效的組織橫向擷取一個實例，然後專注於它的各項領導力特質。橫向取材所得到的領導力特質當然很重要，雖然其中遺漏了重大問題，也就是不同組織之間的差異，但是還算有效。然而，爲了提升大規模領導力效能，組織必須針對特定的環境脈絡，了解並開發各自的重要領導力行爲。

組織之所以出現領導力效能差距，第三個原因是領導力總是普遍被視爲且大多被書寫爲軟性學科，而扎實的數據往往很有限。很多研究都是基於軼事趣聞般的事件，或者少量的抽樣。領導力開發只有少數的績效標準（除了聲譽之外），因此顯得眾聲喧譁。理論上說，任何人都可以在一夜之間弄出一套領導力開發諮詢業務。我們需要的是更科學以及更嚴謹的作法。

〉應對組織領導力挑戰：大規模領導力

我們經由研究和經驗，得知哪些作法有效。我們的方法在一開始是讓組織能全員提升其領導力效能，以及眞正促進績效。「大規模」意味著觸及的領導者和員工人數達到臨界量，直到瀕臨引爆點（tipping point）。過了這一點，往後的改變會成爲自我維持的狀態，組織的領導方式也會產生徹底的變化。

身處瞬息萬變且充滿不確定性的時代，組織必須快速而大規模地開發領導者，其迫切性莫此爲甚。大型組織全體上下每一天所做的決策，即使沒有幾千也有數百個。隨著組織成長（或萎縮），組織本身必須與時俱進，組織人員所做的決策品質之良窳將會導致組織的興衰。

管理階層有許多手段可以改善領導力效能，包括領導力開發計畫、人才招聘、升遷、解雇、接班規畫，乃至於組織架構與流程變更等。我們的焦點在於領導力開發措施，因爲它能爲領導力效能帶來有意義且近在眼前的改變（此外，或許還有極端的聘用及解雇決定）。如上所述，**本書的重心是藉由領導力開發措施提振組織的整體領導力效能**（雖然重點不在於開發個別領導者，但它必然是全體系統性行動的一部分）。我們是以下列三種方式著手：

1. 我們從數百名領導力開發諮詢業務人員及參與者，獲得獨家的研究資料，以此爲基礎提出清晰明確的見解。同時，我們的見解伴隨神經科學對於成人學習的最新研究，**闡述了領導力開發措施的主要成功因素**。我們測試超過五十種關鍵行動，藉此發掘哪些因素是眞正重要的。我們提出以下四條相關原則：

(1) 專注於帶動超越比例價值的關鍵轉變。
(2) 藉由廣度、深度和速度，使臨界量的領導者參與。
(3) 利用奠基於神經科學的現代化成人學習原理，構思行爲變革計畫。
(4) 將計畫整合到廣大的組織系統，並測量計畫的影響。

然而，世上沒有不勞而獲的「萬靈丹」，組織必須依序完成許多事項，方能修成正果。採用我們的方法，組織的領導力開發計畫能從平均10%到50%的成功率，逆轉成近乎百戰百勝。領導力開發是一門如假包換的科學，**我們所呈現的是，如何從見解到行動，接著讓改變在整個組織內大規模成真**。

2. 我們針對特定組織而專注於眞正重要的關鍵行爲，同時就這條原則，提出與之相關的「情境領導力」（situational leadership）最新評價。情境領導力一詞絕非標新立異，它已經被許多關於偶然性（contingency）或環境性（contextual）領導力的研究重鑄或重塑過。[16] 然而，我們務實地利用資料，精確地定義組織的健康環境，並且設定有效的領導能力。這麼做可是史上頭一遭。**我們的最新研究，顯示了組織以其自身的環境而論，應該開發哪些特定行為，才能提高它的領導力效能**。此外，我們還討論了組織若要使期望的行爲獲得最佳支持，應該培養的心態及技能爲何。
   這項最新研究打開了新局面，因爲它分門別類討論了多項特性，不論是以行爲、心態或技能而言，這些特性在任何場合都能構成有效的領導力。本研究指出，在組織發展的個別階段，有哪些最適合的條件（行爲、心態和技能）。學術上經常爭辯著領導力模範的案例純屬環境使然或是常態，事實上，我們的研究使這種爭辯在相形之下顯得毫無意義。資料清楚地顯示，在不同環境下，兩者是可以並存的，而且始終視環境而定。我們也相當篤定地說明了哪些行爲總是會削弱組織的長期健康，以及哪些行爲在特定情況下會危害組織。

例如，我們發現健康程度排在最低四分位數的組織（最不健康的），應該更專注於根據事實而做決策，以及有效解決問題。然而，健康程度屬於最高四分位數的組織（最健康的），則是應該致力於激勵人心，讓他們能有最佳的表現。（在第一、第二兩章，我們會深入討論組織健康及測量健康的方法。）這些見解有助於組織採用合乎特定環境的領導力行爲，進而促成最良好的績效。

3. 我們說明如何造成系統性的改變。我們從4D開始著手，4D是指Diagnose（診斷）、Design & Develop（設計與開發）、Deliver（實行）和Drive Impact（推動影響），代表我們所施行的領導力開發計畫各個階段。在每一個階段，我們將此計畫與廣大的組織環境連結，並且強調人才招聘、接班規畫和績效管理的重要性，藉此解釋此計畫是如何運作的。領導力開發只是管理階層可運用的眾多工具之一，其他工具如人才招聘、接班規畫和績效管理，也同等重要。而且，這些工具往往與領導力開發行動同步並行，共同構成整體措施的一部分。**具備了這些知識，你便能採取更加全面的方法，提升組織的領導力效能**。

有人會說，以上所列的主要成功因素都是老生常談。於是問題來了：爲什麼組織並沒有採用這些因素？主要原因有三：

- 第一，執行長和董事會只有短期鎖定這些因素，但是缺乏持久的專注。相較於設計並長期維持一個整合型計畫，專注於能夠實現立即回饋的少數、高調、人人可見的措施，可是容易多了。
- 第二，人力資源長／學習長（CLO）可能必須專注於簡化訊息，以確保能夠更集中精神地將領導力發展和組織成就連結起來。
- 第三，如同任何組織行動，或許實踐某個觀念往往比最初產生觀念更艱難。了解領導力開發的最佳作法爲何，無法保證能夠成功施行。

有趣的是，我們也發現組織通常都編列了學習和發展預算，可用在領導力開發方面，經費垂手可得。因此，我們必須做的是讓預算花在刀口上（不盡然是指定新經費來進行領導力開發），才能使投資獲得更好的回報。

〉領導力開發措施的影響

如果執行無誤，領導力開發措施可以造成深遠的影響，其影響是雙重的：

- 大幅增進領導力效能
- 影響整體組織的業務

我們往往能在很短的期間內看到重大的轉變，例如在計畫開始與結束時，採用360度回饋調查，評估參與者的領導力效能。此外，我們看到參與者在執行「突破專案」（Breakthrough project）工作時，表現出顯著的績效提升。例如，有一家全球化學品製造商在兩百多家工廠進行全球領導力轉型計畫，獲得了年度淨收入增加超過十五億美元的成果（展開計畫時的市值大約是四百億美元）。

另一個實例來自一家能源與建設公司。該公司以三十名資深高階主管和兩百名中階經理爲對象，實施爲期七個月的領導力計畫。參與者在正常工作以外，從事較困難或額外的專案，以他們的表現所受到的影響來說，獲得了收入增加兩億五千萬美元的成果（幾乎占收入的3%）。

長期來看，成功的組織會**將其措施全面擴展到組織的各個層級**，因此得以維持領導力效能上的轉變。而且，透過這個方式，也會產生附加的業務影響。例如，在亞洲有一家大型保險公司實施了爲期六個月的領導力開發計畫，對象是「核心領導職位」人員，包括四名副總裁、三十三名地區經理和兩百一十名部門主任。然後，公司在70%的參與者身上觀察到了正面的行爲改變。該計畫被進一步施行到整體組織，獲致的成果包括了核心業務關鍵績效指標（KPI）提升了25%，以及協助三十間先前無法達到績效目標的辦事處成功翻轉。所有採行領導力開發措施的公司，共通之處是都提高了組織領導力效能。本書內文各處都納入了這一類個案研究以便闡釋觀念，有的實例較爲簡短，有的則篇幅較長也更深入。

〉本書的組成

本書共分為三個部分：

- 第一部（第 1 ～ 6 章）：定義領導力，以及在特定環境下，有效的大規模領導力需要怎樣的心態和行為。此外，也討論我們的領導力開發哲學及指導原則。
- 第二部（第 7 ～ 12 章）：進一步詳細描述我們採用的方法，搭配個案實例以及依據我們的集體經驗而虛構的個案，討論執行長卡洛琳．藍道夫及其公司。我們認為這是最好的呈現方式，能夠說明從內外兩方面來看領導力開發計畫，分別會是何種樣貌。
- 第三部（第 13 ～ 14 章）：討論我們的方法對於整體系統發展可能會產生的一些問題。

在附錄中可以找到支持我們觀點的研究和方法學。以下是本書的大綱。

第一部　定義領導力

第 1 章　基礎：環境、技能與心態

領導力的研究史長達數千年，已存在各種定義與學派。我們經過多年研究、實踐及開發領導力之後，依據一組可觀察的行為來定義領導力，而該行為會受到領導者的環境、技能和心態的影響。我們深知優秀的個別領導者和優秀的領導力是如何形成的，

同時專注於組織環境與個人環境，進而得到關於**大規模領導力**的見解。

第2章　大規模領導力菱形

本章討論領導力知識之四大支柱，包括最新研究。此外，亦介紹我們的領導力開發四大核心原則，這四大原則相互結合，組成了大規模領導力菱形。

第3章　核心原則之一：專注於關鍵轉變

組織環境的不同，代表了所面對的領導力挑戰亦有差別，我們從不同角度檢視，包括從「組織健康」這個主要視角，指出哪些領導力行爲最舉足輕重。我們的最新研究涵蓋375,000個資料點，根據這樣的基礎，我們點明哪些具體的領導力行爲有助於組織邁向更高等級的健康，各組織該採取的行爲則取決於組織健康目前所處的等級而定。

第4章　核心原則之二：使組織人員參與

領導力開發行動經常是零零星星、斷斷續續的。本章討論利用足夠的廣度（必須觸及誰）、深度（接觸必須多密集）及速度（各種措施多快付諸行動），開發臨界量領導者的重要性。

第5章　核心原則之三：為行為變革構思計畫

領導力開發計畫的設計，不只是爲了獲得知識或培養技能，更必須極大化工作上的行爲改變。爲了達成開發領導力的目的，紙上談兵的作法已經完全無用了，我們需要的不只這些。我們提出七個有神經科學依據的成人學習原理，組織應該在開發領導力的過程中，應用這些原理。

第6章　核心原則之四：整合與測量

能力的養成只占了大規模領導力成功所需行動的25%，成功的計畫與整體組織密不可分。對這些計畫進行測量是必要的。我們討論溝通、塑造角色楷模、測量和強化系統，以求組織運作方式的轉變得以長長久久。

第二部：我們的實踐方法

第7章　成功開發領導力的藍圖

實行領導力開發措施的方法有很多，關鍵在於確實遵守前述的四大原則。本章概述常見的實踐方法並劃分爲四個主要步驟：即Diagnose（診斷）、Design & Develop（設計與開發）、Deliver（實行）和Drive Impact（推動影響）。我們提綱挈領地說明每一階段的典型成果及如何實現。

第8章　卡洛琳・藍道夫登場

本章我們引入虛構的新古典時尚（New Classic Look, NCL）服裝公司的故事，這是一家面臨領導力危機的公司。該公司展開了全組織的領導力開發旅程，目的是改善組織健康以及達成績效目標。

第9章　設定領導力期望

有太多領導力開發措施都是始於由下而上的「需求分析」，

完全未能與組織策略連結。本章將會說明，如何透過領導力模型，將策略轉化爲必須的領導力特性與能力，同時定義開發措施所期望得到的成果。接下來，評估目前的領導力優勢、差距與根本原因。這是設計開發計畫之前的首要之務。在個人層次，這項工作包括了解領導者目前會有某些行事作風的背後心態，以及根據領導力模型，某些心態和行爲在未來應該如何改變（這是「從○到○」的轉變）。

第10章　設計實踐藍圖

我們的研究顯示，要設計出成功的領導力開發措施，需要來自多方面的貢獻，包括「末端使用者」、外部最佳實務和專業設計知識。此外，預先設計「學習遷移」（learning transfer）是非常重要的，「學習遷移」是讓學習能發揮作用而提升績效的過程。

第11章　實行領導力巔峰計畫

關於如何協助成人學習並改變行爲，神經科學能告訴我們最新的觀念。此外，科技也是極爲舉足輕重的角色，可以重新界定計畫如何實行，而且最佳實務包括了遊戲化（gamification）、隨選（on-demand）學習，以及對參與者的每日「觸發」。

第12章　推動影響

有超過四分之一的組織並不會測量領導力開發的回報。

本章說明了如何在參與者評估、行爲改變和業務績效等三個面向，採取與其他措施同等嚴格的程度，來衡量領導力開發的投資回報率（ROI）。此外，修改正規的人力資源系統而加強領導力模型（例如績效評估、待遇、接班規畫）、使用「畢業」來培養未來領導者，以及將想要的領導力期望更深植於階層組織中，這些都是非常重要的工作。

第三部　常見問題

第13章　領導力開發常見問題

本章列出的問題，包括了投資報酬、各組織層級和各行業的領導力開發有何差異，以及招募新人的重要性。

第14章　領導力相關趨勢常見問題

本章列出的問題，包括了對於未來最重要的領導力行爲提出定義、千禧世代如何與眾不同（以及如何因應）、領導力風格是否有性別差異，還有科技如何改變領導力開發。

附錄

本單元包括情境領導力研究的輔助材料、詳細闡釋支持每一項領導力行爲的技能和心態，以及如何促進個人的學習與表現。

我們希望閱讀本書是充滿見地而令人愉快的經驗，並且本書能有助於你的組織提高領導效能和績效。

PART 1

定義領導力

Leadership defined

| Chapter 1 |

基礎：環境、技能與心態

安德魯・聖喬治&克勞迪奧・費瑟&
麥可・雷尼&尼古萊・陳・尼爾森／執筆

兩千多年前的古羅馬作家普布里烏斯・西魯斯（Publilius Syrus）說過：「在風平浪靜的大海中，誰都能掌舵。」如今的組織生活中，風平浪靜的日子已經不多見了，隨時都會來一場騷動。遇到茫然不知所措的情況時，出色的船長能發揮其精良的判斷力，並且鼓勵他人追隨其領導。他們從經驗中學習，更準備好應付下一場暴風雨。領導力非常重要，組織必須在其成員中找出並培養這項特質，才能克服狂風大浪的大海，讓組織生存下來。

本章將介紹我們對於領導力和領導力開發的思想基礎。首先，闡述領導力效能和組織健康與績效之間的關係，其次簡要回顧領導力開發理論與哲學的歷史。最後，我們會提出領導力的定義，以及它對組織及領導力開發的意義。

〉領導力為何重要？

根據我們的研究與實務，**我們知道表現最好的組織在領導力方面是其他組織無法望其項背的**。若優秀的領導力發揮到極致，就能夠獲得非比尋常的成果。反之，不良的領導力則會讓團隊、組織，甚至是國家脫離常軌。長久以來，領導力的證據往往憑藉直觀，只有敏銳的觀察者能一目了然：拜訪任何組織，不出幾分鐘就能感受到它的良窳（乃至它的領導者是否稱職）。但是，這種感覺的用處不大，除非有數據足以支持其洞見，將它轉化爲具有附加價值且確實可行的建議。

據說，領導力之所以很重要，理由是：更清晰的方向、更棒的計畫、更快的執行、更好的人才發展，諸如此類的。這些因素大致可以歸入「組織績效」和「組織健康」兩大類。若要檢討領導力的重要性，當然必須討論這兩個概念，我們將會逐一說明。

領導力驅動著績效

領導力效能和績效之間，具有強烈的直接相關性。以三年爲期，在麥肯錫的組織健康指標（OHI；下一章會談到更多）中得到最高四分位數的公司，其平均股東整體報酬率（TRS）比最低四分位數的公司高3.5倍。我們檢視了十四項個別的領導力行爲（下一章會詳論具體的領導力行爲），發現領導力行爲得分爲最高四分位數的公司，比起得分爲最低四分位數的公司，平均股東整體報酬率高了1.4～7.2倍，此結果的確切倍數取決於檢視的行爲項目而定。例如，以組織有效解決問題的能力來看（這是我們檢驗的領導力行爲其中一項），得分最高四分位數的公司，其平均股東整體報酬率，比同一項目得分最低四分位數的公司高6.6倍。①

有其他研究也能支持上述的結果：整體領導力效能（領導力成果）表現爲最高四分位數的組織，在EBITDA（earnings before interest, tax, depreciation and amortization，稅前息前折舊攤銷前利潤，即未計利息、稅項、折舊及攤銷前的收益）方面，是最低四分位數公司的將近2倍。[2]在重大轉型期間有投資於開發領導者的組織，達到績效目標的可能性高了2.4倍。[3]那些有開發自我控制（self-mastery）核心的領導者，覺得自己做好了在變局中領導的準備者有4倍，對自己的領導力表現感到滿意的可能性則高了20倍。[4]

領導力攸關組織健康

領導力攸關組織健康。組織健康是指組織對準目標、執行任務和自我更新，以長期維持優異表現的能力。健康狀況不佳的組織通常會面臨嚴峻的挑戰，例如欠缺方向、客戶流失、員工士氣低落、留不住人才和毫無創新。反過來看，健康狀況優良的組織，往往表現極為出色、領先同行、市場占有率不斷攀升、吸引傑出人才，並且能和敬業、積極進取的員工共事。在麥肯錫，我們使用「組織健康指標」（Organizational Health Index, OHI）來測量組織的健康狀況，這個度量工具是根據九項結果（測量對效能的感知程度）以及三十七項管理實務（測量每項實務的頻率，請參見圖1.1）。

在過去超過十五年間，我們已經編整了十億筆資料，這是來自五百多萬名受訪者的回覆。他們分屬一千七百多家組織，遍布全球九十幾個國家，而且能平均代表所有地區。我們過去十年的研究顯示，組織的「組織健康指標」得分是預測股東報酬率的強力因素。經過我們以「組織健康指標」測量的組織，其中得到高分的公司在之後的三年往往能創造較高的股東報酬率。

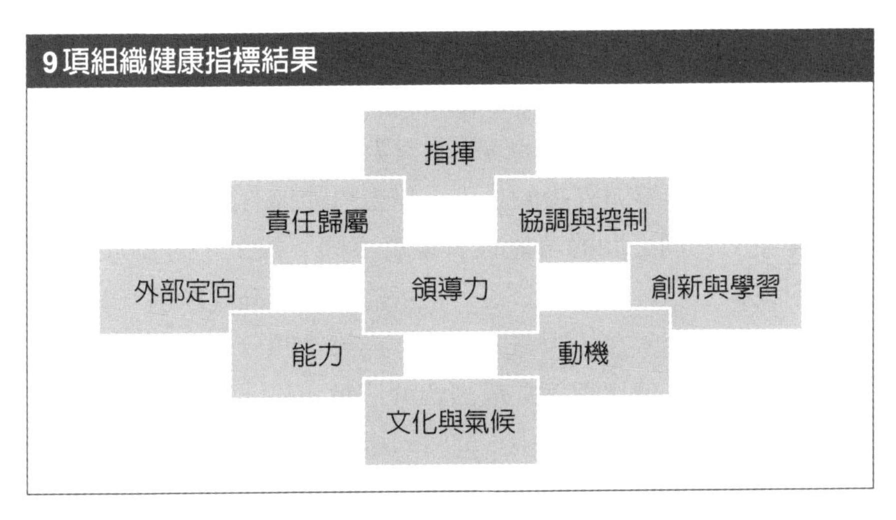

37項組織健康指標實務

指揮
1. 共同願景
2. 策略清晰
3. 員工參與

領導力
4. 權威型領導力
5. 諮詢型領導力
6. 支持型領導力
7. 挑戰型領導力

文化與氣候
8. 開放與信任
9. 內部競爭
10. 運作紀律
11. 創意與創業

責任歸屬
12. 角色清晰
13. 績效合約
14. 後果管理
15. 個人所有權

協調與控制
16. 員工績效考核
17. 運營管理
18. 財務管理
19. 專業標準
20. 風險管理

能力
21. 人才招募
22. 人才開發
23. 流程導向式能力
24. 外包型專業知識

動機
25. 有意義的價值
26. 勵志領導者
27. 職涯機會
28. 金錢獎勵
29. 獎賞與認可

創新與學習
30. 由上而下創新
31. 由下而上創新
32. 知識分享
33. 捕捉外部觀念

外部定向
34. 客戶焦點
35. 競爭者洞見
36. 事業夥伴
37. 政府與社群關係

圖1.1　組織的健康狀況，是透過37項管理實務所驅動的9項結果而界定

組織領導者的效能和該組織的「組織健康指標」得分之間有強烈的相關性，其R^2爲0.78，意即領導力的統計分析結果，能夠解釋整體健康得分中將近80%的變異數。請參見圖1.2。

具有特定領導力等級的公司，是否可能擁有最高四分位數的整體健康？它們之間的可能性有顯著不同：如果「領導力效能」是第四或第三四分位數的公司，不可能具有最高（即第一）四分位數的健康程度。在「領導力效能」爲第二四分位數的公司中，只有27%的組織健康程度在最高四分位數。以「領導力」而論，具有最高四分位數的公司中，65%的組織健康程度在最高四分位數，超過了組織健康最高四分位數公司的25%，帶來240%的優勢，參見圖1.3，「領導力」顯然是組織健康的關鍵成分。

我們已經看到**「領導力效能」是整體組織績效與健康的明確驅動元素**。那麼，在什麼情況下、哪些領導力行爲才是最好的？組織又該如何大規模開發這些行爲呢？這是接下來幾章的主題。在我們解決這些問題之前，必須先了解現有的各種領導力理論、我們如何定義領導力，以及我們的定義對於領導力開發的意義爲何。

〉回顧領導力相關理論

一位好領導者該具備哪些條件呢？如果你去請教五位專家，可能會得到六個答案：抱負、勵志、想像力、創造力、眞實性和正直。說不定答案會是：任何條件都行。現在是檢視現實的時刻，有好消息，也有壞消息。先說壞消息：我們的答案不是一個詞那麼簡單。好消息則是：我們已經找到墊腳石，能讓組織在整

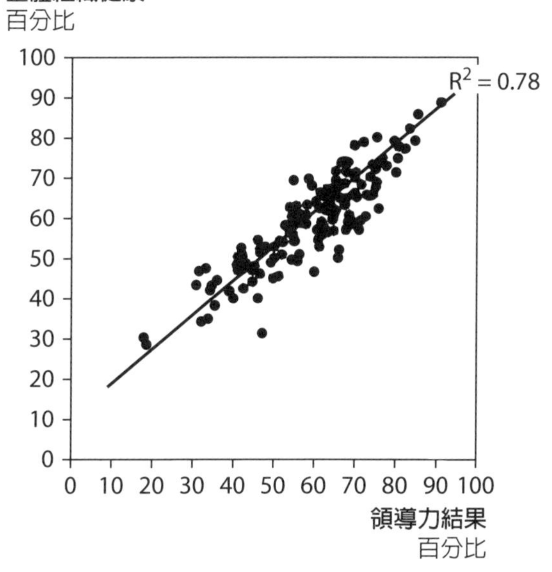

圖 1.2　整體組織健康

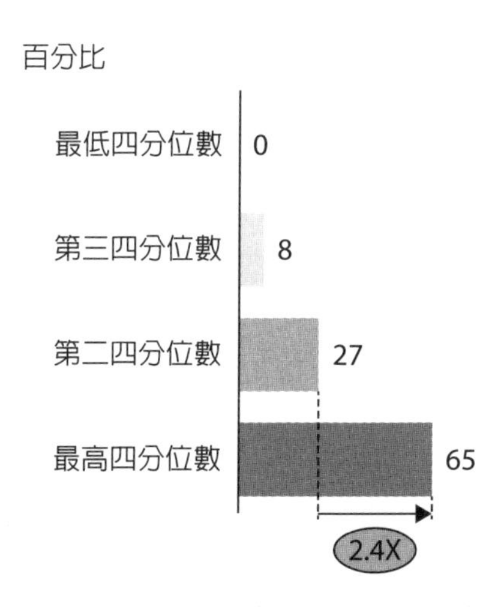

圖 1.3　具有各領導力等級的公司，其整體健康為最高四分位數的可能性

個機構內更有效率地開發領導力。早在古希臘剛剛誕生民主精神時，領導力就一直是人們探索的主題。大約兩千五百年前，柏拉圖的著作《理想國》（*Republic*）一書，在雅典公民之間點燃了激烈的辯論。對於如何遴選及教育理想國家的守護者，他的規則極其嚴格以致爭議不休，無論是當年或今日皆然。一夜之間，領導力便成了街談巷議的話題。

現今全美國的大專院校提供的領導力學位課程數以百計，在亞馬遜網路書店搜尋的領導力主題書籍，結果會超過六萬種，[5]在2016年，「領導力」一詞在美國的新聞標題中出現兩萬五千次以上，[6]而在1990年代才幾百次而已。

為了使這場熱烈的討論有條不紊，我們特別指出領導力的五個思想派別。雖然這種分類方式難免顯得簡化，但我們相信這是具有啟發性的作法。

基於特質的領導力

根據這個理論，領導者是與生俱來，不是後天培養的。天生領導力理論的支持者認為，智力或性格等不會改變的人格特質，決定了個人的領導力效能和表現。

這個思想派別最膾炙人口的版本之一是「偉人理論」（Great Man Theory），它是由維多利亞時代的蘇格蘭學者湯瑪斯．卡萊爾（Thomas Carlyle）發展出來的。卡萊爾堅信全世界的歷史是「偉大男人的傳記」（他沒有把女人包括在內）。或許有些人比其他人更善於領導（並且領導得很好），但是該理論的局限在於它的決定論觀點：除非你天生就是優秀的領導者，否則永遠無法成為領導者。

行為領導力

這一派理論的基礎，是假設領導力乃是行動而非品格，領導者並不是從天而降就成爲領導者，而是憑藉他們的行爲所表現出的力量。該理論根植於十九世紀的行爲心理學，認爲有效的領導力是由一系列理想行爲定義的。比如說，一個強而有力的領導者可能擘畫了令人信服的願景、勇敢採取行動，以及迅速做出決定。該理論的缺點，是假定同一套行爲在所有情況下都是最理想的。但是，在具體的商業場合，某些抽象定義的「理想行爲」，無論是怎樣的行爲，都可能與領導者的意圖無關或甚至有害。我們很難否認所有領導力都涉及人與人之間的互動和交流，因此一切領導力都與行爲有關。然而，世上沒有一體適用的行爲榜樣，行爲必須恰如其分、適得其所，才能有效。

情境領導力

這個理論主張：只有在特定的情況下，優秀的領導力才會應運而生。追隨這個理論的人相信，現實生活中的不同情況，會召喚出領導者不同的特質或行爲。他們否定了領導力是基於任何單一的最佳心理特性或一套理想行爲。該理論以經驗研究爲基礎，指出在某種情況下的領導者，未必在其他情況下也能擔當此一角色。情境領導力理論在實務上大受歡迎，其主要缺點是認爲領導者能夠根據情況之不同而調整自己的風格，也就是當環境或團隊發生變化時，領導者亦可隨即輕易地改變自己的行爲。事實上，即使是最優秀的領導者，也有可能難以適應不斷變化的環境或新型挑戰。⑦

功能領導力

該理論將領導力理解爲特定技能的組合，這些技能可幫助一群個人形成單一團隊而有效發揮作用。這些技能使領導者能夠執行某些基本功能，例如監督、組織、指導、激勵和介入。功能領導力理論支持者的思考，兼顧了行爲和情境因素這兩個面向，主張領導者應根據特定組織單位的具體要求，來策畫其行動方案，然而，此派理論的局限性也是雙重的。

首先，有眾多反對者認爲它過於簡單，因爲它將領導力化約爲一種或多種技術。其次，現實生活中的領導者往往很難找到正確的方法去迎合正確的需求、難以改變自己的風格以適應不同群體的需求，或者同時遇到這兩種困難。就這一點來說，功能領導力理論和情境領導力理論類似。⑧

心理領導力

此理論承認一個事實，那就是通往優秀領導力的道路上，布滿了重重阻礙，而且許多領導人認爲他們的效率不如自己所相信的能夠和應該達到的程度。心理領導力的支持者認爲，因應之道在於領導者必須探索無效領導行爲的肇因何在，並且克服內在對於改變的抗拒，藉此實現自我控制。心理領導力理論的批評者則指出：它所依賴的是推理和解釋，並非觀察與測量，而且若是由不恰當的人來進行推理及解釋，可能會很危險。心理領導力開發是利用內省和自我檢查進行的，因此需要具有深厚心理學專業知識與經驗的從業人員。

以上這些學派匯聚了領導力的諸多觀念，除此之外還有大量著作採取了其他各式各樣的角度。有大量文獻是來自個別（通常也是成功的）領導者，他們分享了自身的經驗。這些研究文獻中，有些是基於部門的分析（例如來自軍方的），也有涉及文化差異的區域研究。最近亦出現基於性別的研究，探討男女之間的差異和相似之處。

這些理論試圖透過單一視角來解釋領導力，因此都有其局限性，無論它們採用的視角是性格、行為或情境。於是，現代領導力模型改以從多個角度論述領導力的實際定義，例如美國陸軍的「Be（本質）＋Know（知識）＋do（行動）」領導模型。⑨此模型在本質上是跨學科的，因為它聚焦於性格和特質（Be）、技能（Know），以及行為和行動（do），並且對於環境中的行為具有清楚的認識。「Be + Know + do」模型源自數個學派（天賦、行為和情境），但我們在這裡要說的重點是：**沒有任何一種模型或理論足以涵蓋整個領域**。

儘管我們相信奧卡姆剃刀（Occam's razor；也稱為「簡約原則」）的價值，亦即「最簡單的科學解釋，通常是最好的解釋」原則，但是我們也發現，雖然以上這些學派各自添加了重要的思考角度，卻都無法呼應我們在組織領導力研究上所遇到的多種現實工作。我們把發現的個別差異列入考量：我們為全世界許多最頂尖的領導者服務，發現沒有兩位領導者是同一個模子刻出來的。有些人性格內向，有些人性格外向；有些人身先士卒，有些人擅長發掘其他人的優點；有些人靠細節壯大，另一些人則是能綜觀大局。然而，這些截然不同的人都是各自領域的優秀領導者。事實上，各式各樣的人都能成為成功的領導者。

任何理論都應該能夠解釋過去，同時有助於預測未來，若是僅從單一面向和靜態觀點談領導力，是不可能辦到的。反之，**我**

們採用的觀點是來自深入研究、實際工作參與，以及公司內部營運，還有與客戶共事所取得的成果。沒有任何一個答案能應付所有情況；同理，也沒有任何一個模型夠健全或夠靈活，而足以容納工作上的眾多變數。隨著領導力的挑戰日益複雜，訴諸「兼容並蓄」的研究方法愈來愈有吸引力。

請記住一件事：我們始終都必須具有組織視野，從組織內部及整體組織來思考領導力，而非局限於個人領導力。想要提高整個組織的領導力效能，組織的高階管理者必須**從組織、全系統層次思考**。能採取這種思考方式的組織，其成就將遠遠不同於只是思考如何提高個別領導者的效能。

我們對組織領導力的定義，立基於多個思想學派，也是務實的定義。我們從多個學派汲取靈感，主張採取周延且實用的方法。其實我們並非提出新的領導力模型，而是以現有思想爲基礎。我們對組織領導力的定義如下：

領導力是在特定環境下的一組行為，能使組織一致對準目標、促進執行任務，並確保組織自我更新。這些行為可透過相關的技能和心態實現。

我們的定義借鑑了領導力思想的所有學派：如行爲派（行爲和技能）、情境派（在特定環境下）、功能派（對準目標、促進執行任務和組織自我更新），以及基於特質和心理學派（心態）。它以領導力文獻中的現有研究爲基礎，例如蓋瑞．尤克（Gary Yukl）將個別領導者分爲任務型、關係型、變革型和外部型，並且強調情境變數與行爲靈活性的重要性，亦即領導力行爲適應特定情境的重要性。這是屬於由來已久的情境領導力思想傳統，如肯・布蘭查德（Ken Blanchard）或約翰・阿戴爾（John Adair）對於軍事實務的研究，即是這個思想傳統的實例。⑩但是，我們對於哪些因素在「組織現場」能眞正發生作用的研究與實踐，則是更進一步探索了這個思想傳統。下一頁的圖1.4總結我們的領導力模型，其中包含環境、行爲、技能和心態等四個關鍵要素。

我們相信，領導力唯有在整個組織中透過被使用、被感受到和觀察到的行爲，才能變得有血有肉而具有生命。我們的研究正是將主要心力投注在這些可見、可感的行爲之上（從下一章的二十四種領導力行爲開始）。我們的研究顯示，環境決定了哪些行爲是最受渴望和最有效的。我們以這些觀察到的行爲當作分析單位，並將組織的健康狀況（及其所在的行業和經濟狀況）做爲表現該行爲的主要環境。我們的重點在於提高組織層次的領導力效能，進而幫助組織實現績效目標。廣泛來說，我們認爲組織領導力有四個前提。

1. 領導者使組織對準目標、執行任務及自我更新

領導力體現於行動中。對我們來說，它的形式是對準目標、執行任務及自我更新，亦即領導者針對組織人員和運作方向做出決定（我們稱之爲對準目標）、看到自己的意圖已經實現（我們稱之爲執行任務），以及思考下一個組織活動（我們稱之爲自我更新）。從對準目標、執行任務到自我更新的循環週期，可能是短期（在危機情況下），也可能是長期（環境或優先順序發生變化的情況下）。

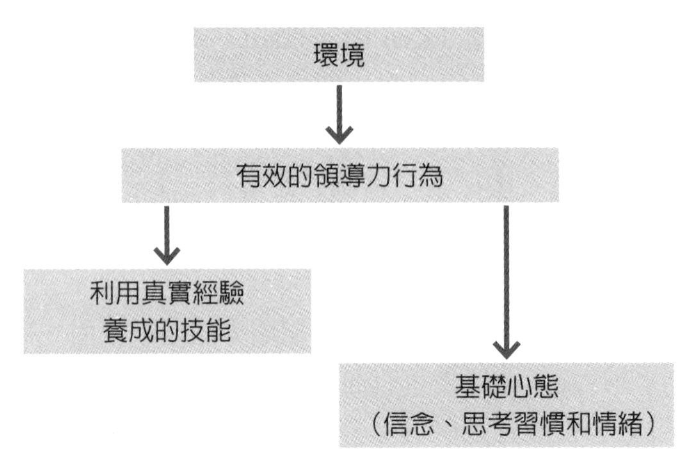

圖1.4　領導力的四大元素

因此，所有領導力都在追求完整實現這三個階段。這三個階段可以有多種表達方式，例如，「對準目標」可能包括提出願景和激勵人心，「執行任務」可能涉及安排與測量績效，而「自我更新」則可能需要一種重視創意、創新、適應、學習和發展的領導方法。

我們想要強調第三要素「自我更新」的重要性。在我們的定義中，它可以用一個短句代表，那就是「持續變動的環境」。組織環境已經發生變化，而且還會不斷變化下去。因此，領導力的一個關鍵要素即是表現出韌性和靈敏性，才能持續蓬勃發展。⑪在前文我們已經證明，組織和團隊必須重視組織健康的不同要素，參見圖1.5，藉此展示全部三個面向。而且，由領導者協助實現這些成果，是天經地義的事。

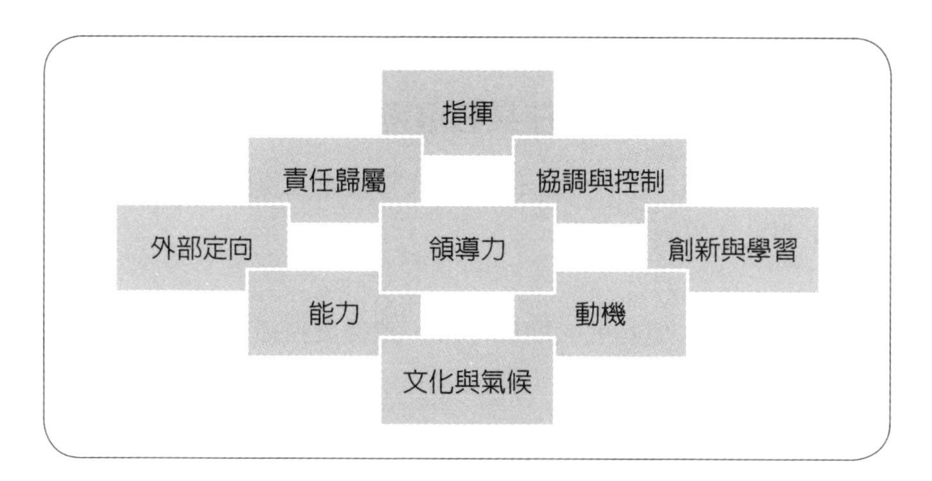

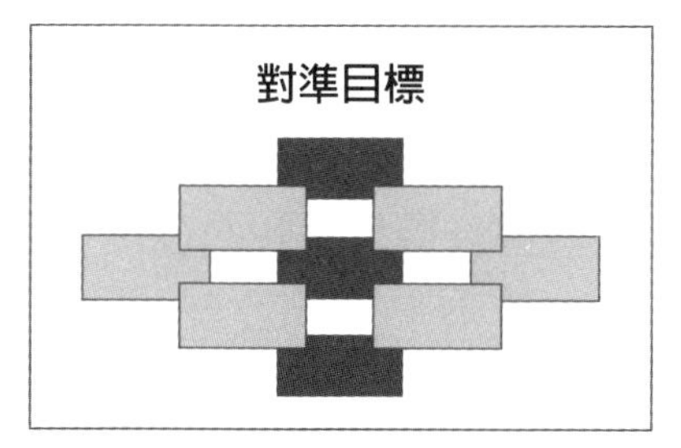

組織具有激動人心的願景和清晰表達的策略，並且廣獲組織內文化與價值觀的支持。

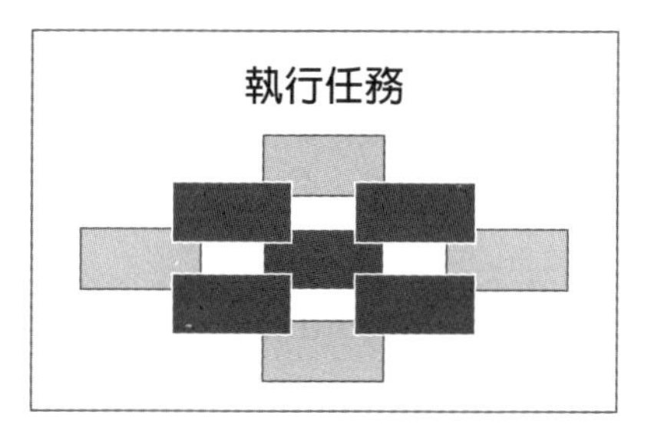

組織在執行其策略和提供服務方面，表現出卓越的能力。

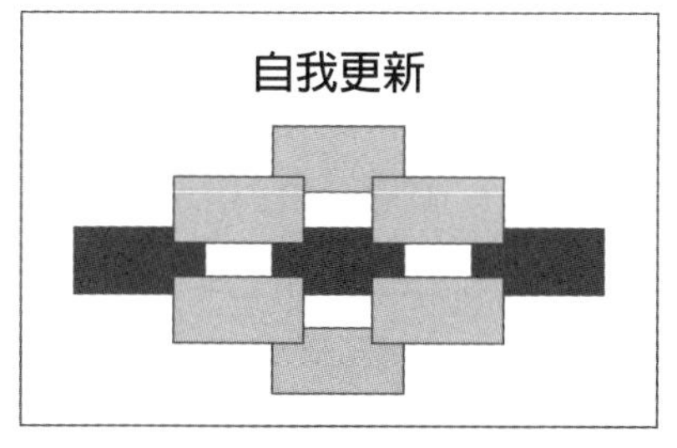

組織對於內部情境與外部環境，能夠有效理解、與之互動、回應及適應。

圖 1.5　以組織健康的結果，測量對準目標、執行任務和自我更新

2. 一切領導力都發生在某個環境中

我們的定義非常關注於**領導力行為如何因具體環境不同而有別**。主要是基於兩點理由：

⑴ 在行業、成熟度、地理位置、總體業務績效等方面，每個組織的環境均有所不同。因此，在組織層次上，每種環境都需要不同的行爲。

⑵ 組織策略通常是經由明確的關鍵績效指標（KPI）以及清楚定義的界限，由上而下融入組織的各個單位。因此，每個部門提供給組織人員一致對準的共同目標，將會大不相同。這意味著領導者應該表現哪些最爲相關的行爲，與組織內部的特定環境脫離不了關係。

如果醫師不顧病患的不同症狀，一律開立相同的處方，你還會信任對方嗎？可能不會吧。我們堅信：組織各有相異的環境因素，例如企業策略或特定職銜在組織中的位階，因此絕不存在標準領導力行爲。

我們與獵人頭公司億康先達（Egon Zehnder International）的研究，即證明了這一點。我們將億康先達公司針對五千五百多名高階主管的管理評估，比對麥肯錫的「增長的精微性」（Granularity of Growth）資料庫，可以從股東整體報酬率看出「領導力」這個獨立因素對增長的影響。領導力的素質絕對至關重要。相較於其他公司的管理者，績效最佳公司的高階主管，表現出更強大的領導力。然而更重要的是，我們發現不同的環境需要不同的領導力組合。[12]

我們舉「成長策略」爲例。思想領導力和業務領導力，可以幫助商業公司採取大膽的行動，使公司在併購方面有出色的表現。例如，想要預測公司是否能透過併購而增長，「市場洞察力」是最有力的預測指標。反之，「人員領導能力」和「精通組織知識」，比較有利於有機成長（organic growth），它包括以傑出的方式執行特定策略而獲得成功。爲了實現有機成長，領導者必須善於發展組織能力，並且展現團隊領導力。以上這些見解，都與情境領導力理論先驅拉爾夫．斯托格迪爾（Ralph Stogdill）的研究一致。斯托格迪爾在〈與領導力有關的個人因素〉（Personal Factors Associated with Leadership）這篇影響深遠的評論中提到：「即使有能夠行遍天下的領導力，那也爲數不多。」⑬因此，領導者的情境意識，以及讓自己的行爲恰如其分地適應情境的能力，對於成功的領導力來說是不可或缺的。

讓我們來看美國一家能源公司執行長的例子。當市場管制放寬時，該公司頓時陷入史上最嚴峻的財務危機，而該執行長則幫助公司從安居在管制年代的一份子，轉型成爲自由化全球市場的競爭者。他堅信領導力應該密切呼應經濟現實：「你必須將一切事物放在商業模式的背景下思考，自問：你的眞正顧客是誰？你能展開業務嗎？你需要怎樣的合作夥伴才能發揮作用？你到底在做什麼？這項工作應該在哪裡完成？」⑭從此以後，這位執行長被《哈佛商業評論》（*Harvard Business Review*）評選爲「全球表現最佳的執行長之一」。

我們的經驗顯示，在處理特定情況時，了不起的高階主管往往會考慮許多面向，才能確定需要表現有效領導力的相關環境爲何。例如，有以下這些面向：

- **大局**：本行業和競爭舞台有何特徵？
- **受命**：利益相關人是誰？他們的期望爲何？
- **策略**：公司或業務部門想要實現哪些目標？
- **組織**：其結構、流程、系統和文化是什麼樣貌？
- **團隊**：以技能、意志和心理素質而言，這是怎樣的團隊？

3. 利用真實經驗養成的技能，使有效領導力行為成為可能

由一名飛行時數爲零的航空專家駕駛的飛機，你願意搭乘嗎？從未眞正一起演出的樂團舉辦的音樂會，你會購票入場嗎？我們不會。當然，你可以利用模擬器學習駕駛飛機，也可以靠觀看虛擬課程學彈吉他。以某個程度來說，這些都所言不虛。但是，你遲早必須駕著飛機升空、必須和樂團登台表演。

在特定情境中展現有效領導力行爲的能力，取決於是否擁有正確的技能（和經驗，但我們將經驗視爲技能的累積）。領導力是個人藉由正式培訓和在職學習，而累積出來的領導力心得與智慧。光是靠技能方面的閱讀，無法培養技能，閱讀只是能在某個程度上加速學習而已。正如管理學家亨利．明茨伯格（Henry Mintzberg）所言：「領導力就像游泳，無法只靠看書就學得會。」[15]想要養成任何技能，都必須接受正確的培訓和最適合的實習，打下良好基礎。這個道理的重要性是毫無疑問的。不過，成功的領導者必然會在執行實際業務時，藉機磨練自己的新技能，而且會讓人看到他們這樣做。

在任何情境下，領導者不一定具有正確的技能。無論是哪一種情況，組織都必須冒險並支持個人發展這些技能。在某些低風

險的情況，例如重組小型部門，這可能不成問題。但是遇到高風險的情況，例如收購及整合主要競爭對手，如果你的人員曾經有過類似的經驗，而且從中學到相關技能，會是比較有利的。除了就地培養領導者，從組織內部調動領導者或者從外部聘用，無論是長期性或臨時性作法，都是可能的替代方案。

領導者要定義目標、吸引人才、分配責任、監督指標成果以及做出決策。就這方面而言，我們跟隨領導力行爲學派的主張：領導力就在於你的所作所爲。[16] 重要的是你身體力行，而非裝模作樣。一般成年人在經過非常基礎的培訓後，通常只會記得上課內容的一成，而他們從實作中學到的東西則能夠記住三分之二（第五章有更詳細討論）。此外，急速養成的領導者，不論他多麼有才華，當身處在第一線之際，往往很難把實習經驗轉化爲改變後的行爲，即使是最深刻的實習經驗亦然。

在過去將近十年的時間裡，我們和數十位資深領導人相處過，他們都是在多種國家文化、行業和組織中創造變革的人。他們重組跨國大企業、翻轉瀕臨破產的公司、透過放寬管制來率領以往居於壟斷地位的企業，以及協助重塑整個國家的經濟。儘管他們肩負的任務各不相同，而且在歷練過程中汲取的經驗教訓也是形形色色，但是他們都同意一件事：這些經驗教訓只有在現實生活中才學得到。現實生活沒有練習、沒有指導手冊，也沒有培訓計畫可以爲你做好實戰之前的準備。正如1950年到1967年期間，擔任麥肯錫常務董事的馬文·鮑爾（Marvin Bower）所說：「培訓執行長的唯一途徑，就是成爲執行長。」

簡而言之，**優秀領導者的技能是在工作崗位上打造的**，而領導者累積的經驗和技能，可以幫助他們表現出更有效的領導力行爲。

4. 領導者必須善用內省與自我覺察發展出正確的心態

領導者通常必須使其行爲適應新任務、擴充知識以理解環境的變化，或者加強技能以勝任新角色。但是，某些情況則要求領導者有更重要的發展。試想一名高階主管即將升任董事，在全新的企業文化中承接任務，或是在極端不確定的情況下擔任領導者職位。根據我們的研究，對自己的表現感到最滿意的領導者，是那些善於了解和掌握自我的人。他們知道如何調節自己的能量、掌握自己的意義與力量來源、克服恐懼，以及與他人建立連繫。[17]

以上這些及類似的能力，截然不同於教科書中學到的技能。整體來說，它們構成了我們所認爲的領導力之隱藏層。這樣的思路乃是受到領導力心理學理論的啓發。[18] 我們固然能夠觀察到行爲並且交流知識，可是心理內涵卻依然深藏不露。我們用冰山來比喻的話，行爲是「水面以上」的部分，僅占實際存在的兩成左右，而潛伏在水面以下的，還有心態和信念、價值觀，以及需求和恐懼，參見圖1.6。我們之所以關注心態，原因在於**心態乃是行為的終極驅動力**。因此，正如我們必須確保領導者在特定環境下能具有正確的經驗和技能，我們也必須理解並應付水面以下的問題，才能發掘出所需的領導力行爲。

有大量文獻闡釋了心態的力量以及潛在的需求與恐懼，包括羅伯特・凱根（Robert Kegan）和麗莎・萊斯可・拉赫（Lisa Laskow Lahey）的《變革抗拒》（*Immunity to Change*）、伊恩・米托夫（Ian I. Mitroff）和哈洛德・林史東（Harold A. Linstone）的《無限的心靈》（*The Unbounded Mind*）、彼得・聖吉（Peter Senge）的《第五項修練》（*The Fifth Discipline*）、卡蘿・杜維克

A
B
可觀察到的行為
• 你在做什麼或不做什麼？你如何行動？你在說什麼？
情感與思想
• 你有什麼感覺或情緒？你在思考或想像什麼？你在恐懼什麼或擔心什麼不好的結果？
價值和輕重緩急
• 你最重視什麼？此刻對於這個情境、你自己及他人，你的信念是什麼？
潛在需求
• 你真正想要獲得及表現什麼？你是否覺察到任何深度的需求、欲望、意圖或動機？你想要創造什麼經驗？

圖 1.6　心態驅動著行為

（Carol S. Dweck）的《心態致勝：全新成功心理學》（*Mindset: The New Psychology of Success*）、愛德華．羅索（J. Edward Russo）和保羅．舒馬克（Paul J.H. Schoemaker）的《決策陷阱》（*Decision Traps and Winning Decisions*），以及提摩西．高威（W. Timothy Gallwey）在《比賽，從心開始》（*The Inner Game of Tennis*）中的先驅研究。⑲ 此外，神經科學方面也有最新的突破。它以神經可塑性（neuroplasticity，即大腦在一生中利用形成新的神經連結，而進行自我重組的能力。我們會在第五章深入探討這個主題）解釋成年人如何學習、情緒的作用，以及我們如何養成新習慣。

高階管理人教練和部分心理學家，經常會採用各種變形的「冰山教導法」，其主要目的是想找出驅動水面上行爲的那一組強而有力的核心信念。這些核心信念通常都是個人並未意識到其存在的，唯有透過仔細地探詢和反思，它們才會現形。同時，這些核心信念會受到一系列潛在需求和恐懼驅使。例如，許多年輕員工遇到問題時，可能不會主動向主管求助。有些人可能會竭盡全力地掩蓋自己被卡住的事實，然後在晚上花很多時間試圖自行突破。他們或許是抱持限制性信念，認爲尋求幫助會被視爲軟弱無能。如果我們更深入地挖掘，往往會發現某種潛在的信念，像是相信尋求幫助會導致績效考核得到差評，這是害怕不良評價所致，而害怕不良評價又可能是由於害怕失敗才引發的，它的起因可能是來自家庭、同事或員工本人的壓力。（冰山模型這個心理學模型，是以簡化的形式表達觸發行爲的要素，事實上還有其他要素需要列入考慮，例如人格特質、動機等。）

位於水面以下的某些元素，是在人生早期形成的，因而難以改變；但是我們發現，光是覺察其存在，就足以大幅提高領導力效能。覺察可以幫助我們了解行為的無意識根源，讓我們得以有意識地反思這些根源，並且謹慎地改變。我們對組織健康的研究顯示，**刻意將人的心態當作檢視的對象，是領導力效能不可或缺的前提**。在我們的兩千五百多名高階主管樣本中，只有大約三分之一的人表示，他們曾經為了實現組織轉型的目標，而明確評估需要改變的心態。有這麼做的組織，其成功的可能性是其他組織的四倍。[20]

以一家專業服務公司為例。該公司要求高階主管與資深客戶進行更具挑戰性且更有意義的討論。訓練師在深入探究水面以下的部分時，發現了一個現象：這些領導者雖然在各自的領域都能表現優異，然而當對話超出其狹隘的專業知識時，他們會本能地感到不自在，而且顯得缺乏信心。只要這些領導者意識到這一點，並且深入了解其原因，便能採取具體步驟而致力於督促自己改變。

另外，有一家大型歐洲工業公司發起一項措施，要將資本支出和資源分配的責任，下放及分散到工廠層級，卻一開始就遭到強大的抵制。當這些問題被搬上檯面，他們很清楚地看到業務部門主管憂心忡忡，擔心新政策會讓他們現有的沉重壓力雪上加霜。他們不信任下屬，也對放棄控制權的新想法感到不滿。直到他們確信新方法確實可以節省時間、能為更多的初級管理人員提供學習機會，再加上有更多心胸開放的同事和導師挑戰「英雄式」領導力模式，當初所遭遇的障礙才逐漸消失，權力下放政策得以順利推行。

有人會理所當然地認為，領導者手上有足夠的工具，也受過充分的訓練，能幫助業務主管們認識自己和他人的心態，進而找出並改變其限制性信念。遺憾的是，我們發現事實並非如此。

即使我們採用如冰山教導法這類工具，想要轉變領導者自己和其他人的行爲，在組織裡仍有許多工作要做。組織在施行開發計畫時，往往忘了去找出最深層、潛藏在「水面以下」的思想、感覺、假設和信念。

對於會受環境限定的領導力來說，這一點很重要。組織若希望培養某些領導力行爲，即必須積極培養最有助於實現這些行爲的基礎心態。首先是要確定組織所期望的心態爲何，隨後則必須評估目前組織內部的心態，再將這些心態連結到期望的心態（我們稱之爲「從◯到◯」的轉變），並且設計介入措施以創造轉變。本書的第二部分將會更詳盡討論我們的方法。

從領導力開發的角度來看，自我知識至關重要，其理由有數個。首先，它是洞察力的來源：探索自己的性格或心理構成，有助於了解自己賴以生存以及重視的事物是什麼。其次，這是力量的來源：清楚知道自己的心態是如何形成的，有助於將自己的特質和才能運用到任務執行。第三，這是社會能力的來源：自我覺察能使我們意識到自己與眾不同之處、幫助我們了解他人的本質，以及打下合作的基礎。

儘管沒有任何特定類型的人格是注定具備領導力的，但是我們發現優秀的領導者通常能敏銳意識到自己獨一無二的特質和才能，同時也知道如何利用這些特質來造福他人。因此，領導者能夠理解其基礎心態、專注於優勢及轉變限制性信念，是推動有效領導力行爲的核心力量。優秀的個別領導者想要徹底實現自己的領導力潛能，有時候會遭遇內在的阻礙，但是他們願意面對這些障礙。因此，我們認爲使領導者產生覺察，會比規定其行爲更有益，而且應該幫助他們在工作環境中發揮優勢而非彌補弱點。**我們堅信，領導者最有力的工具，既不是公式，也不是檢查表，而**

是開放的心靈。

關注行爲、技能和心態，是在「Be + Know + do」領導力思想學派的三個要素之間，建立連結的另一種方式。[21] 技能和心態在此處的角色非常重要，因爲它們可以消除知識與行爲之間的鴻溝。它們未必是工作場所固有的，因此需要學習、實作，然後變得熟練。

還有一點很重要而且必須注意的是，我們的領導力定義具有另一個含義：**領導力與組織的每個層級都有關係**。我們不會因爲領導者、經理、主管、第一線員工等人的位階不同，而對他們有差別待遇，在組織的各個層級都有領導的機會，也都具備成功的先決條件。組織是一個完整的個體，爲了提升績效，所有層級的領導力不僅脫離不了關係，而且都是至關重要的。以一個典型的組織來說，領導／行政團隊每天所做的決策，只是所有領導力決策的一小部分。眞正提高組織績效的，是在各個層級的優良領導力累積的總和。

缺乏足夠的領導力，任何組織都無法生存。無論是財務或非財務方面，領導力都是組織績效的關鍵推動力，然而這是一個複雜的主題，而且往往被傳奇化了。領導力看起來似乎有很多眞相，取決於你的觀點如何。隨便你走到哪裡，人人都能對這個主題發表一番高見。

本章摘要

為了探究有效領導力是如何構成的，以及組織可以採取哪些措施來改善領導力開發，本章奠定了研究的基礎。我們回顧領導力的歷史，並且考察了五種不同的思想學派。我們認為，領導力開發無法歸入其中一、兩個類別，而是需要多方兼顧的。我們結合不同理論與專屬的研究、自己的領導力經驗發展顧問工作，以及數百名客戶的參與，對領導力提出獨到而務實的觀點（和定義），使我們能夠了解，是哪些元素在個人和組織層次驅動著領導力效能。

總結來說，我們的領導力觀點指出了三件事：第一，在組織層次上的有效領導力，是指對準目標、執行任務和自我更新的行為。第二，組織環境決定了組織所需要的特定行為。第三，這些行為乃是藉由正確的技能和正確的心態而實現。組織必須了解其環境以及需要的目標行為，並且大規模部署相關的技能與心態，才能驅動有效的領導力。

以下的章節將會回顧我們的研究和實務。這些研究和實務支持著我們開發（由環境限定的）正確領導力行為的方法，以及該行為所需的基本技能和心態。

| Chapter 2 |

大規模領導力菱形

高譚・庫姆拉&米歇爾・克魯伊特&
拉梅什・斯里尼瓦山/執筆

我們所做的一切，都是基於一系列清晰而直接的原則，這些原則來自我們廣泛的實務經驗、理論知識，以及在該領域的反覆研究與測試所得。在領導力開發方面，我們考量整個系統的發展，**目的是以適當的速度與規模，在組織層次創建或加強領導力效能**。此一目標的實現進度，通常是以涵蓋全組織的工具來測量（例如，前文已介紹過的組織健康指標）。

提高個別領導者的效能，當然是這個過程的正面推動力與成果，卻不是我們在本書所要解決的問題（個人目標有其他方式可以實現）。本章將審視我們的知識基礎、領導力開發的四項原則（合稱爲「大規模領導力菱形」），並且說明這些原則如何共同融入整體系統中。接下來的四章將會更詳細地闡述每一項原理。

請你務必牢記：任何領導力開發措施的主要目標，都是透過組織整體的領導力效能而提高績效。「結構化的領導力開發計畫」是實現這個目標的幾種方法之一，也是我們此處所關注的對象。然而，創造領導力效能的關鍵成功因素，是在全組織範圍內採行整體性方法，它不僅包括領導能力開發，亦涵蓋接班規畫、流動性、招募新人等。本書的第三部分（常見問題）會集中介紹其他重要措施。那些絕對不是次要措施，只不過並非本書的首要重點。

〉麥肯錫的知識支柱

領導力開發既是一門藝術，也是一門科學，這個領域充斥眾多理論和思想（可能有人會說太擁擠了）。此外，當不同理論似乎相互矛盾時，我們該怎麼辦？

在領導力開發上，我們知道必須同時遵守全部的四項核心原則，放棄或忽視其中任何一個原則都會帶來不理想的結果。那麼，這些領導力開發原則來自何方？又是靠什麼支持和滋養的？

我們的核心原則以經驗和知識的結合爲基礎，是一種實踐的智慧。在第一章已經說到，我們定義領導力時，借鑑了不同的思想學派，而且採用具有多重面向的實務方法。打造領導力開發原則時，我們也是維持相同的作法。我們向大量理論取材，以實用原則爲依歸，萃取其中的精華，再與我們最好的實踐方式結合。

我們會定期檢討和借鑑全世界最新的領導力理論與趨勢，並嚴格關注一些可靠以及有科學根據的材料。在第一章中，我們回顧了領導力理論的不同學派。此外，我們也保持彈性與積極的態度，不僅在相關領域進行新研究，而且透過內部知識網絡和外部諮詢委員會，定期挑戰自己的思想。

我們大量仰賴組織科學。麥肯錫對組織的研究，使領導力效能、組織健康和績效之間有了深刻且可操作的關聯。我們的情境領導力研究（在本章和下一章介紹）有助於判斷特定環境的需求，而我們的領導力開發、組織健康指標（OHI）與轉型變革措施，則是爲創建和維持成功的變革計畫，提供了腳踏實地的方法。

此外，我們的「組織解決方案」（OrgSolutions）團隊在其他許多領域消弭了組織相關主題與科學之間的鴻溝，這些領域包括利用大數據進行「人員分析」（people analytics）和組織科學計畫（Organizational Science Initiative）。我們還會習慣性定期檢查各個領導力計畫的現況與得失，範圍涵蓋各個部門、地域，以及現有的國際化與多樣化客戶。

我們應用了神經科學在成人學習原理的最新見解、積極心理學、正念基礎的開發技術，以及如何管理個人能量以達到最大的學習效果。我們也向機構內部的神經科學家和專用的公司學習（Firm Learning）團隊，還有外部專家與顧問廣泛汲取經驗。

我們透過每年在全世界執行的一百多項領導力開發活動，不斷收集哪些作法實際上可行的心得回饋。也就是說，服務客戶的同時也不忘學習，是我們重要的知識支柱，而且我們服務的客戶人數每年都在迅速增長。此外，我們定期在眾多領域爲多樣化客戶舉辦高階管理人員論壇，包括針對執行長的包爾論壇（Bower Forum）、針對經驗長（CXO）的主管變遷大師班（Executive Transitions Masterclass）、針對資深領導者的變革領袖論壇（Change Leader Forums）和中心化領導力計畫（Centred Leadership Programme），以及針對任期中途領導者的青年領導者論壇（Young Leaders Forum）。每年我們都會舉辦六十多個論壇，參加的領導者超過一千名，他們來自六十多個國家／地區的三百五十多個組織。

最後一點，當領導者必須進行必要的領導力轉變，我們已經針對其需求在哲學、心靈、心理學、發展理論、人類學、道德和價值觀等方面，開發了多領域方法，這些方法與我們的多面向方法類似。

其中有兩個領域值得特別強調：

1. 有愈來愈多的研究顯示，組織的發展階段與組織內部的領導力效能有關。我們與組織及個人合作時，也有愈來愈多的工作著眼於根深柢固的信念，以及阻礙個人和職業發展的潛在心理障礙。
2. 我們已經感受到一股日益強烈的趨勢，尤其在任期後半的執行長身上更是顯著。這股趨勢是愈來愈深奧的疑問與深刻反思。於是，我們往往轉向哲學與心靈教誨尋求洞見。

〉最新的領導力開發研究

我們在本書的導論中提到組織領導力挑戰：有三分之一的組織認為他們缺乏具有領導力且數量充足的人才，來執行其策略和績效目標。此外，有三分之一的組織表示，除了短期策略和績效目標之外，他們連能夠迎向未來三到五年所需的領導能力都付諸闕如。① 同樣令人不安的是，只有大約55%的高階主管表示，他們在組織中的領導力開發措施達到並維持了預期目標。若是我們只看回答「強烈同意」選項的受訪者比例，則果然下滑到了11%。② 換句話說，組織並不認為他們具備現在或將來所需的領導力，也不知如何彌補差距。

我們的方法涵蓋了與提高領導力效能有關的廣泛主題，並且經過不斷測試與改善。③ 我們在前文也討論過，**在組織層次開發**

領導力必須採用系統性方法。例如，我們對領導力開發計畫爲何失敗的研究，指出了四個主要錯誤：那就是忽略環境因素、計畫行動與實際工作脫節、低估了心態的影響，以及未能充分測量結果。④

2016年，我們擴大研究範圍並在該領域全面測試五十項領導力開發行動，對象是全球五百多名高階主管和領導力開發諮詢業務人員。我們的研究設計有一項明確的選擇，即追求全面性。因此，我們測試了五十多項行動，沒有遺漏成功開發領導力所需的行動。這項最新研究大幅增加了我們現有的知識。我們致力於組織內的有效領導力開發措施，這項研究也提供了重大見解。整體來說，其中有三個主要見解。

1. 大規模領導力開發需要採取涵蓋四個關鍵領域的系統性方法

我們審視研究結果，發現某些行動比其他行動更重要，而且攸關計畫的成敗。例如，我們根據事實而進行研究，比較領導力開發措施成功與失敗的組織，他們能否專注於對績效眞正重要的行動，前者的可能性比後者高8.1倍。（所謂成功的領導力開發計畫，是指實現並維持了該計畫的預期目標。）

我們還看到，最關鍵的行動可歸納爲四個關鍵主題：(1)**根據組織的地位和策略，使計畫符合環境特性**；(2)**確保開發措施涵蓋整體組織**；(3)**利用最新的成人學習原理，設計行為變革和學習遷移**；(4)**將行動整合到整體組織之中**。這些主題符合我們所進行的其他領導力開發研究，以及我們在實務中的所見所聞。p.69的圖2.1呈現了十個最重要的領導力開發行動，並依四個關鍵主題進行分組。每一個主題的倍數，表示在採用關鍵行動時，領導力開發計畫成功且持續的可能性是多少倍。這張圖對組織的意義是：組織在制定領導力開發計畫時，必須確保涵蓋全部四個領域。

2. 領導力開發沒有「必殺技」，成功得靠做對許多事

領導力開發行動與計畫成功率之間有明顯的關聯。在p.70的圖2.2中，X軸是行動數，Y軸是成功率，曲線顯示採取的行動數量能提高效果。如此看來，成功的組織不僅能做到上述四個主要領域，而且能確保在每個領域的行動深度。

有幾點值得一提：首先，必須採取大約二十四項關鍵行動，成功機率才會超過30%。其次，必須採取超過四十項關鍵行動，成功機率才能提高到80%；第三，如上所述，採取全部五十項行動的組織，其成功率可提高到99%。

3. 第三個洞見就是我們的方法行得通

在我們所調查的組織中，有一部分組織能夠全面且確實地採行五十項行動，這些組織自始至終都能達到並維持其領導力開發目標。本研究在本質上即是假設這些行動具有功效，就這一點來說，這些組織能夠「翻轉局面」，將五五波的成功機率拉高到幾乎百分之百，這樣的結果是有道理的。但是，這仍然足以確認我們的方法是有效的。（請注意：所謂成功的領導力開發計畫，是指達到並保持計畫的預期目標，包括回答「同意」和「強烈同意」的受訪者。）

增加領導力開發計畫成功可能性的前十大關鍵行動

關鍵主題	因素	採取關鍵行動的可能性增長倍數 *1
根據組織的地位（OHI）和策略，使領導力開發措施符合環境特性	根據實事求是的研究，專注於真正攸關績效的最關鍵領導力行為。	8.1
	根據領導力模型，確定未來應如何改變心態與行為。	5.5
	利用領導力模型，將組織策略轉化為必要的領導力素質和能力。	5.4
領導力開發措施涵蓋組織全體	確保領導力開發措施涵蓋組織全體，並且依據領導力開發策略而構思開發計畫。	6.9
	確保領導力策略和領導力模型的範圍遍及組織的所有層級。	6.4
領導力開發措施善用最新的成人學習原理 *2	積極鼓勵個人實行有助於成為更優秀領導者的新行為。	6.1
	不論是個人或群組的專案，若是能拓展參與者的能力、要求他們在一段期間內於新環境應用所學，領導力開發計畫即連結了計畫內容與這些專案。	4.6
領導力開發措施融入組織的正式與非正式機制	在籌畫領導力開發措施之前，針對要培養的領導力技能，檢討組織目前的正式與非正式機制。	5.9
	使正式的人力資源系統適應於領導力模型／預期行為的強化（例如招募新人、績效考核、待遇、接班規畫）。	5.6
	最高層團隊根據領導力開發計畫，為期望的行為以身作則示範，例如擔任計畫講師、專案贊助人、導師或教練。	4.9

*1 比較領導力開發措施成功與失敗的組織，前者採行關鍵行動的可能性倍數。

*2 其他重要因素包括參與各論壇的個別現場實作（3.6倍）、以優勢導向（3.4倍）、教導（3.2倍）和重視心態的影響（2.9倍）。

圖2.1　最重要的領導力開發行動

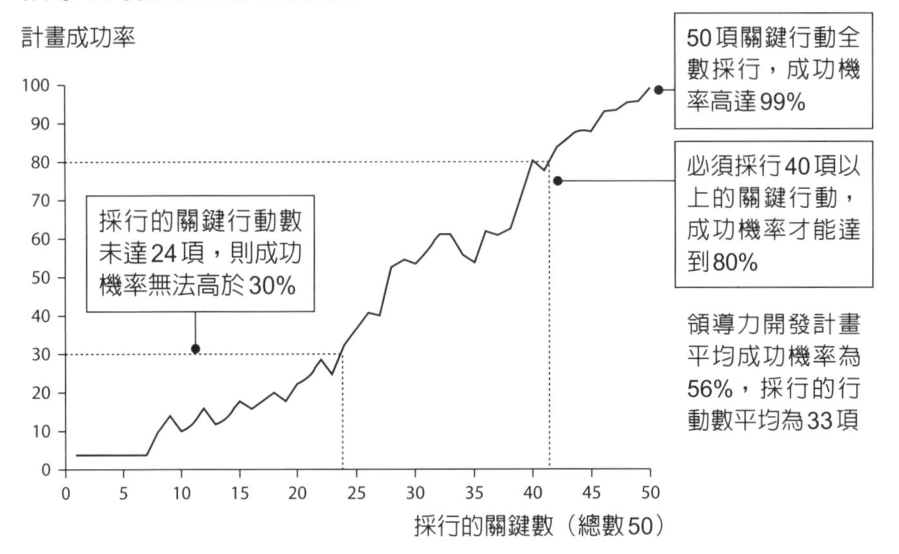

*1 在績效和組織健康兩方面「還算成功」或「非常成功」的領導力開發計畫；位移間距為平均五項關鍵行動。

圖2.2 必須採行四十項以上的行動，才能使成功率高達80%

〉核心原則：大規模領導力菱形

現在來談核心原則。這些原則支持我們的方法，而且爲了使領導力開發能順利成功，必須始終遵守這些原則。正如前文所討論的，我們的最新研究指出了四大關鍵領域，以及大規模領導力開發所需要的行動深度。我們的原則受到上述的最新研究啓發，然而，它們仍有賴於許多來源才得以形成。

以下所概述的核心原則，源自我們從過去到最近的研究心得、在組織現場的見聞，以及擔任諮詢業務工作者與世界各地個別客戶打交道而形成的判斷力。這些是從已知的原因及理性推論產生的，並且經過多年的研究、實踐和修正，最後才大功告成。如同任何出色的理論模型，它們不僅可幫助解釋「正在發生的事情」，也能預測未來的需求。

這些原則匯集了我們對領導力開發這個主題的思考，也構成了我們的領導力開發方法的基礎（本書的第二部分會詳細說明）。它們是關於個人和組織層面的「應該做什麼」（特定環境下的轉變）、「應該由誰做」（使組織參與）以及「應該如何做」（制定開發計畫使行爲改變程度最大化，而且能整合與測量）。我們將這些原則統稱爲「大規模領導力菱形」，請見圖2.3。

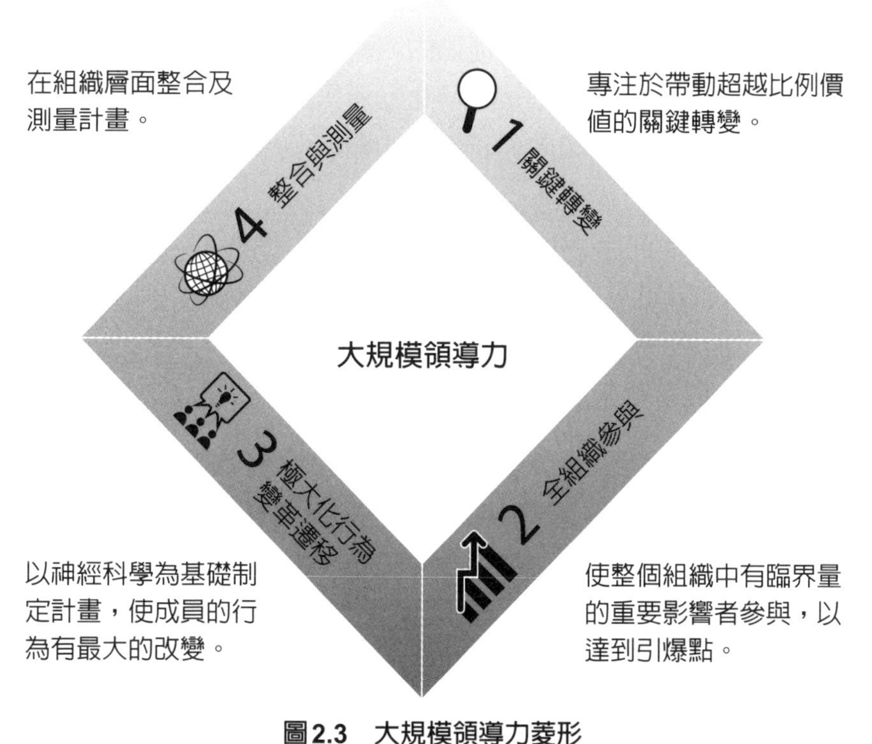

圖2.3　大規模領導力菱形

此「菱形」是不斷循環的過程，當組織實施這四項原則時，會不斷調整它們，因此這是持之以恆、永無止境的過程。隨著環境變化，組織所需要培養的行爲、技能和思維方式，也會跟著改變。以下我們會個別闡述這四項核心原則，並於隨後四章進行更詳細的討論。

核心原則 1：專注於帶動超越比例價值的關鍵轉變

將領導力開發與組織環境和策略連結，並專注於對績效可產生最大影響的三到五個轉變（行爲、技能和思維方式等方面）。

我們從最新研究得知，**領導力開發通常與組織的地位及策略脫節**。高階主管告訴我們，他們的組織通常不知道要針對特定需求而善用領導力模型，把策略轉化爲所需的領導技能。許多組織沒有將注意力放在對績效眞正重要的關鍵領導力，反而是採行通用、空泛的領導力模型。

我們所找到的，常常是一長串的領導力標準，包含數十種能力組合而成的極度複雜網絡，以及宣告企業價值觀的陳述。它們都可以用簡單明瞭的口訣幫你背誦（例如3S、4T或其他助記符號），每一個看起來都言之有物。然而，事實上經理人與員工看到的是琳瑯滿目的各種命令炒成一鍋字母大雜燴，既不夠具體，也缺乏輕重緩急的安排。

但是，成功的組織並不會推出領導力心法，或者爲了創造領導力心法而進行領導力開發。他們將領導力開發與組織的策略連結起來，**只要領導力開發能與策略恰當連結，就會得到明顯更好的結果**。我們的研究發現，成功開發領導力的組織，比失敗的組織**更有可能專注於對績效真正重要的行動**，其可能性高8.1倍。

在規畫領導力開發計畫時，組織應該自問一個簡單的問題：「本計畫的目的是什麼？」比方說，如果答案是支持以收購爲主導的成長策略，那麼該組織需要的領導者可能是點子王，而且有能力爲新成立或新擴充的業務部門，設計致勝策略。如果答案是抓緊必要機會以追求發展，那麼該組織可能會希望高層有能力培養內部人才。

一旦組織確定了領導力期望，而且與環境建立連結，即可著手安排輕重緩急。組織並非萬能，無法兼顧每一件事。因此，最好只關注眞正重要的事物，亦即三到五個最關鍵的行爲（以及技能和心態），藉此支持組織的策略，這才是對組織最好的貢獻。我們持續進行的轉型化變革研究和經驗確實顯示，想要成功施行變革計畫，組織應該專注於三到五個最關鍵的轉變。我們的最新研究也發現，領導力開發措施成功的組織，有3.2倍的更高可能性會專注於三到五項關鍵轉變。以上兩者可謂不謀而合，而且與我們在諮詢業務上的見聞非常一致。組織往往貪多務得，其結果是關鍵轉變無法實現，也難以維持。

然而，組織應該關注哪些行爲？當我們開始大規模進行情境領導力研究時，所問的正是這個問題。我們在2016年進行的一項研究，調查了165個組織的375,000名員工，**研究發現，只有少數領導力行為會影響組織績效，而且這些行為會因環境而異**。例如，扭轉陷於危機的組織所需要的領導力，不同於擴張和增長階段的組織。

但是，光有特定的行爲（以及技能和心態）還不夠。在當前的環境中，組織策略有時會迅速變動。新科技和新競爭對手的出現，也可能一下子就使本來業績良好的組織陷入危機。除了因應特定環境的行爲，組織還需要適應性，亦即能夠適應不同情況，以及迅速調整行爲的心理彈性。不僅個別領導者需要，整個組織內也必須有足夠多的這類領導者。想具備適應能力，就要先有高度的自我覺察和學習心態。我們發現，具有自我覺察和學習意識的領導者，準備在變革中擔當領導者的能力高了4倍。下一章我們會詳細介紹不同情況下最有效的特定行爲、技能和心態，以及我們開發領導者適應能力的方法。

核心原則 2：使整個組織中有臨界量的重要影響者參與，以達到引爆點

組織必須確保計畫具有足夠的廣度、深度和速度，才能改變整個組織的領導力行為，並使全體員工認識出色領導力的樣貌。

如今有許多領導力開發計畫是心血來潮偶一爲之的，而且只針對組織的一小部分範圍。爲了持續轉變領導力行爲，組織需要的是結合廣度、深度和速度。

首先是廣度。我們的研究發現，成功採行領導力開發措施的組織，有6.9倍更高的可能性，會確保領導力開發措施能涵蓋整個組織，而且能因應整體領導力開發策略的背景，構思其領導力計畫。我們也發現，成功的組織有6.4倍更高的可能性，會確保其領導力策略與模型可觸及組織的所有層級。

實際上，這意味著迅速觸及組織各個層級的臨界量關鍵影響者。**想要達到引爆點，就需要有臨界量的關鍵影響者展現出新行為。到了這個地步，變革將會自行持續下去，組織也得以成功轉型**。是否需要引爆點，取決於許多因素，包括訊息的黏著性及行動者的互動程度。流行病學、社會學和市場行銷等領域的引爆點理論顯示，群體內必須有10%到30%的個體改變行爲或被感染，

改變才能成爲不可逆轉的。根據我們的經驗，並不需要達到整個組織的10%到30%，而是達到臨界量的關鍵影響者。若組織的成員想知道成功（或生存）的重要因素，就會向關鍵影響者尋求線索。

關鍵影響者憑藉自己的角色、可信賴的關係或性格，能夠影響組織中其他人的行爲。關鍵影響者，包括高階管理人員，例如：執行長、最高階（N-1）主管、次高階（N-2）主管（以及執行長以下的後續級職），以及頂尖人才、有力人士和關鍵角色（例如：分公司經理、工廠經理）。我們發現，改變行爲的影響者必須達到5%到15%的比例，視組織的性質而定，例如規模、行業、跨度和層次的數量。

第二是深度。**養成豐富多樣的領導力才能是需要時間的，新行為要經過長期不斷實踐，才可發展成能力、本領**。但是，大多數領導力開發計畫，未能將領導力開發視爲需時數年或數十年的歷程，隨著時間累積才得以培養出種種能力。反之，大多數領導力開發計畫的持續期間往往很短，只有幾週到幾個月，短暫而片斷。不僅如此，許多計畫樂於將重點放在「年度寵兒」型的目標，只要是時下最熱門的領導力就撿進籃子裡當菜。如此一來，新見解和行爲永遠無法發展成能力。

第三是速度，**愈快見效愈好**。根據我們的實務經驗，組織宣告推行領導力開發措施後，如果員工無法在半年到九個月內看到有意義的變化，往往會開始質疑這些措施對組織以及自己的價值何在。因此，通常比較有益的作法是，不僅要從高層（N-1）開始，而且要從高層的直接負責人做起，常見的是總監或副總裁等級。

以專業服務機構或軍隊之類的組織來說，他們知道領導者必須在組織內部受訓而成長。因此，他們投入時間、精力、人力和金錢，長期培養自己的領導者。這種作法為個別領導者帶來持續的發展歷程，組織也得到按部就班且安全的領導者供應來源，同時形成了整體組織的領導力文化。在第四章，我們會更詳細談到組織如何思考廣度和深度，才能確保全面系統的領導力變革。

核心原則 3：以神經科學為基礎制定計畫，使成員的行為有最大的改變

設計領導力開發措施時，要能明確重視神經科學方面的最新原理，協助個人「在工作崗位上表現得更得心應手」，使教學的價值以及對組織的貢獻達到最大。

「成人學習」這個詞由來已久，我們應用成人學習的不同之處，在於設計領導力開發措施時所關注的重點。領導力開發措施的明確目標，應該是如何使員工將最多學習成果轉移到個人的日常工作。而且，領導力開發措施也必須善用基於神經科學的最新成人學習原理。

如今有許多領導力開發措施都是基於過時的培訓觀念。成功的領導者被問起如何學會領導時，總是侃侃談論那些掌握逆境並度過難關的故事，這些歷練最終使領導者在日常工作有更好的表現。這是因為其領導力（正如其他各項能力）的形成，來自個人必須在特定環境下處理實際問題。當人們找到可以應付嚴峻情況的新行為，並且在日常工作中重複實踐新行為，久而久之它就變成了能力。然而，大多數領導力開發計畫卻不是這樣生效的。時至今日，仍有許多人仰賴著「老師和教室」（講師和研習班）模式，這對領導者日常工作的幫助著實有限。

然而，**我們設計的開發措施明確以實現最大程度的「學習遷移」為依歸**。學習遷移是指個人將某個環境下所獲得的知識或技能，轉移到另一個環境並協助提高績效的過程，我們藉由最新的神經科學研究成果，實現這個目標。神經科學在過去二十年已經取得重大的突破，使我們更了解大腦以及成人的學習方式。例如，我們知道神經可塑性（大腦形成新神經通路和功能的能力）不再局限於童年時期，而是一輩子都持續存在。⑤我們還知道如何顯著增強成人的學習遷移，以及它對領導力開發措施具有何等意義。基本上，我們持續採用的成人學習原則，一共有七個：

- 使參與者延伸到個人的舒適區域之外
- 利用自主學習和自我發現
- 應用在職學習，透過重複和實作形成新技能。
- 提供積極體制，連結正面情緒與學習。
- 確保介入措施是優點導向
- 重視基本心態（全人方法）
- 使用反思和教導，確保回饋循環運作無礙。

我們對領導力開發的最新研究，支持著我們的看法：成功推行領導力開發措施的組織，有6.1倍更高的可能性會積極鼓勵個人，使其實踐有利於成爲出色領導者的新行爲。

與成人學習有關的另一個關鍵成功因素，是組織將內容連結到專案（無論是個人或群組的），延伸參與者的工作範圍，要求他們在新環境長期應用所學（5.4倍）。其他重要因素（在前十項清單之外）包括：在論壇間隔期間穿插個別現場實作（3.6倍）、以優勢導向（3.4倍）、教導（3.2倍），以及重視心態的影響（2.9倍）。若是能綜合以上因素並正確設計，領導力開發措施將可獲致高度的學習遷移。

此外，**組織還可以採用許多有神經科學依據的最佳作法，不僅可提高學習效率，也能加強員工的整體生產力**。這些作法與一心多用、心態、偏差、正念和身體健康有關，我們將在第五章詳細介紹上述要素。

核心原則 4：在組織層面整合及測量計畫

組織必須確保：廣泛的組織生態系統，能直接支持並加強領導力發展計畫所促進的行為、技能和心態轉變。

許多領導力開發計畫都是孤立的措施，與旨在轉變組織的其他管理措施脫節。最近我們參加一場討論會，與會的一名學習與發展部門主管曾被委派培養領導力的任務，當時必須展現其成果。但是，若要培養新領導力，必須改變及學習新行為。若只是單純接受培訓，很少人會改變行為。那位負責學習與發展的主管，一開始就注定不會成功，因為他的職責並沒有結合範圍更大的授權，讓他可以去調整組織的其他要素。確實，我們有時會看到組織文化措施和其他健康措施，完全與領導力開發涇渭分明，這麼一來，不僅降低每個措施的效能，最壞的情況是造成員工的困擾。

如果上級能解釋新行為並以身作則，而且組織的獎勵機制、榜樣和文化能夠強化這些行為，那麼大多數人都能改變行為並學會新能力。**為了大規模創造持久的影響，組織必須調整系統、流程和文化，使領導力計畫得以施行**。不幸的是，大多數領導力開發措施均是孤立運作，未能融入包含這些要素的整體方法中。

我們的研究指出，如果領導力開發除了包含相關措施，還能融入一系列組織措施之中，即可獲得最大的成功。這一系列措施包括三個要素：

- 組織中的高階領導者，尤其是執行長和高階管理團隊，成爲這些行爲的榜樣。我們發現，相較於領導力開發計畫失敗的組織，成功的組織有4.9倍更高的可能性，是由高階領導者配合領導力計畫，親自示範所需行爲，例如，擔任計畫講師、專案發起人、導師或教練。
- 以結構化和愼重的方式，在整個組織內全面進行溝通、增進理解並說服員工相信所需的領導行爲和能力。
- 諸如績效管理系統、人才審核系統、組織結構及關鍵流程這一類正式機制，可以加強所需的能力變革。我們的研究發現，相較於領導力開發計畫失敗的組織，成功的組織有5.6倍更高的可能性會調整人力資源系統，藉以強化領導力模型／所需行爲，例如，招募新人、績效考核、待遇、接班規畫。與此相關的另一項行動（在清單的前十名之外），是確保計畫目標、測量工具、追蹤機制和治理皆已明確制定並實施，而那些成功組織採取這項行動的可能性更高3.3倍。

個案研究：塑造美好時刻的文化

背景與挑戰

這個組織是中東和北非地區最大、最傑出的企業集團之一，業務遍及十六個市場，擁有約四萬五千名員工，分屬十二個不同業務部門。該集團確定了長期策略的方向和新的營運模式，因而使控股公司（企業中心）的角色發生重大轉變，同時必須在整個集團中尋找並培養當下與未來的領導者。

此外，該組織還面臨了以下幾項困難：各個營業公司的文化混亂、未來領導者人數不足，以及渴望改善組織健康狀況，才能長期維持績效並確保公司可以維持「能勝任目標」的地位。

解決方法

從一開始，我們的計畫是建立麥肯錫與客戶組織之間的策略合作夥伴關係。首先，我們巡迴訪問全球領先的企業學院，並且以它們做為衡量標準。其次，我們設計了最先進的領導力學院（Leadership Institute）藍圖：領導力學院將成為頂尖人才的孵化器，以及未來領導力供應管道的引擎。同時，領導力學院也將成為組織文化和價值觀的守護人，並且提供世界一流的培訓和發展，以解決整個集團最為關鍵的領導力需求。

我們詳細定義了結合組織的遠景、策略目標，以及組織轉型議程的領導力模型。這個領導力模型共有六個模型主題，其中包括「思考客戶」、「思考集團」和「培養人才」。領導力模型主題依組織層級劃分為可觀察的行為，並且整合到整體組織的人才開發與績效管理框架之中。

我們隨後設計並實施五個轉型計畫，其重心是整個集團的頂尖人才。這些計畫的每一項都與領導模型緊密結合，而且和參與者在組織內面臨的具體挑戰有關。與此同時，我們在領導力學院開發內部促進的容量和能力，使轉型行動能夠維持及擴大。

最後，由領導力學院推動一項全組織的文化計畫，內容包括為新員工進行成功的入職培訓，並且發起一系列國際演講者活動，以及其他共同體養成措施，藉此激發頂尖人才群和整體組織的活力。

影響

領導力學院影響深遠，而且在很短的期間內即獲得重大進展。在前三年，領導力學院的領導力之旅，接觸到四百名頂尖人才；有九百名新進人員參加了為期三天的入職培訓計畫；為期一天的認識新職活動，吸引了一萬九千名第一線員工；此外，更經由文化塑造措施與四千名員工互動。這些計畫一直很受歡迎，在領導力計畫效能方面，以滿分為十分來說，我們得到了平均9.3分的好評。

在組織層次，領導力學院於前三年內協助提高公司的「組織健康指標」（OHI），增加了十四個百分點，使組織從第三四分位數升等到第二四分位數的中段。同一期間，領導力成果在「組織健康指標」的表現亮眼，一共增長了十三個百分點，從第四四分位數躍升到第二四分位數。至於個人層次，參與者的回饋強調了該計畫對「生活變革」的影響，而整體集團內的頂尖人才也特別指出，這些計畫是他們繼續對組織充滿熱情與承諾的主要原因。

檢討與反省

我們的計畫得以成功，關鍵因素之一是執行長與高階管理團隊對人才培養議程的堅定承諾。這樣的承諾動員了整個集團（人員和資源），才能在創紀錄的時間內設立領導力學院。

儘管我們行動迅速，但絕對不是草率魯莽地推行計畫。打從一開始，我們就確保能以長遠的眼光從事領導力開發。在啓動計畫之前，我們已經花費時間構思計畫、確保最高層團隊能參與且與領導模型保持一致。而且，我們也設計了後續計畫。

另一個重要的成功因素，是領導力學院能使整個組織都投入領導力開發。除了最高層領導團隊全程參與領導力計畫、為行為變革以身作則，領導力學院還實施了入職計畫，涵蓋所有現職人員與新進員工。此外，領導力學院亦推動文化計畫，將領導力模型和價值觀融入組織，進而確保領導力學院不僅能成為供應未來領導者的渠道，而且是組織文化和價值觀的守護人，使組織策略能夠更廣泛實現。

〉整合系統

本章概述的四項原則，爲領導力開發提供了整合系統。**我們的研究和經驗顯示，必須同時兼顧四項原則，才能提高整體組織的領導力效能。即使已遵守其中的三項，領導力開發的效果往往也會大打折扣**。而且，核心原則是連續過程的一部分，隨著環境變化，組織需要培養的行爲、技能和心態也會有所不同。

實施領導力開發措施的方法很多，例如論壇舉辦的天數、使用準確的學習模組、安排在現場或遠程的輔導員。解決方案的可運用空間，通常會受限於預算，但是關鍵在於將四項原則納入計畫之中，無論是哪一個組織層級或預算規模如何，都不例外。如此一來，應該能大幅提高成功推行領導力開發措施及維持變革的機會。

有一點很重要而應該注意的是：儘管我們的知識基礎大致上保持不變，但是知識庫卻不斷地成長。因此，我們的想法也會隨著事實變動而調整。我們定期更新研究與實務心得，也會進行新研究以測試、精進或驗證方法。我們制定的這些原則，一方面能經得起時間的考驗，另一方面也足夠靈活，能納入新知識。

新研究不斷在進行，組織環境也不停地變動，因此適用於核心原則一的特定行爲轉變，亦會跟著不同。科技是很特別的主題，它貫穿各個領域，對四項核心原則均具有重要的意義。

我們會在後續章節重點討論科技，但此處先舉例簡單說明：依核心原則一，科技已成爲領導力開發計畫中愈來愈重要的一部分，因爲組織再也無法忽視先進分析學和數位化帶來的機會與威脅。依核心原則二，科技正成爲關鍵工具。組織可以利用科技來識別頂級人才，並在計畫進行中運用行動應用程式和虛擬實境等方法，達到「關鍵量」的目標。

利用成人學習方法達到學習遷移最大化，是核心原則三的基礎。我們搜集到愈來愈多與大腦學習有關的證據，加上開發新科技進行學習（例如使用穿戴科技得到立即回饋），成人學習方法也會隨之進化。此外，科技將能提供新方法，來整合及規範領導力開發計畫（核心原則四）。雖然有以上各種變化，但是在任何情況下，所有核心原則仍然適用。

本章摘要

本章所述的四項原則，構成了「大規模領導力菱形」，這個模型是我們領導力開發工作的基礎。以下四章會更詳細討論每個原理，包括我們對每個主題的最新研究與思考。本書的第二部分將闡釋領導力開發措施如何整合及實施這四項原則。

| Chapter 3 |

核心原則之一：專注於關鍵轉變

比爾・尚寧格＆克里斯・加農＆
海孟・張＆麥可・巴齊戈斯／執筆

在本書第一章，我們指出領導力效能與組織績效密切相關。我們將領導力定義爲一組能激勵群眾的行爲，使他們在持續變動的環境下行動一致，成功執行共同的目標。換言之，**領導力是關於大規模對準目標、執行任務與自我更新**。我們看到：領導者展現有效行爲的能力，來自於他們了解及適應環境的能力、他們的技能和在職經歷，以及心態。

在前一章，我們強調組織必須大規模促成這些行爲、心態和技能，才能促進眞正推動績效的有效領導力。我們闡釋了大規模領導力菱形，其中第一項核心原則的重心，在於那些眞正推動績效且與環境結合的關鍵轉變。在本章，我們將深入討論重要的特定行爲、技能與心態。

首先，我們會討論這項核心原則的重要性，以及不遵守這項原則會有什麼後果。其次，我們要拆解環境這個黑盒子。我們知道組織必須對準目標、執行任務及自我更新，而我們將會看到，以上每項要素的實現程度與方法，都會因環境而異。我們會檢視可供探索的組織環境有哪些不同的可能性，並且利用「組織健康」這個可貴的觀點，更近距離地認識環境。

第三，我們會檢視「情境領導力階梯」（situational-leadership staircase），根據健康環境來描繪對組織最有效的行爲。我們發現，行爲可分爲「基線行爲」（baseline behaviours）與「情境行爲」（situational behaviours）兩種，前者適用於任何環境，後者的效能則是環境限定的。我們會討論組織如何「更上一層樓」，提高其領導力效能。

第四，我們會評論適應性的重要性，它攸關在不同環境之間有效過渡。第五，因爲環境不同，最能支持預期行爲的技能與心態也有別，我們會探索這些技能與心態的潛在推力。最後，我們會討論本項核心原則對於領導力開發計畫實務的影響。

核心原則 1：專注於帶動超越比例價值的關鍵轉變

將領導力開發與組織環境和策略連結，並專注於對績效可產生最大影響的三到五個轉變（行為、技能和思維方式等方面）。

〉為何有環境限定的關鍵轉變？

我們在2014年的《麥肯錫季刊》發表的論文指出，忽視環境因素是領導力開發計畫失敗的主因。[①] 我們的最新研究亦支持這個看法：我們根據事實的研究得知，成功施行領導力開發措施的組織，有8.1倍更高的可能性會專注於攸關績效的最關鍵領導力行爲。相較於未能成功施行領導力開發措施的組織，成功的組織有73%會應用這項行動，前者則只有9%。換句話說，未採行這項行動的組織，幾乎無法成功施行領導力開發措施。

我們的研究也包括其他重要行動，例如透過領導力模型，將組織的策略轉化爲必要的領導力素質與能力（有5.4倍更高的可能性，會被成功施行領導力開發措施的組織執行）、根據領導力模型來確定未來必須如何改變心態與行爲（5.5倍），以及就內容與傳遞的環境特性，量身訂作組織的措施（4.2倍）。值得一提的還有：有些技能與心態是支持行爲的必要條件。除了行爲轉變，我們也看到專注於潛在技能和心態的重要性。因此，在討論環境限定的轉變時，範圍包含行爲、技能和心態。

我們的經驗同樣支持以上的看法。我們見識過太多培訓措施是建立在如此的假設上：培訓措施可以一體適用，同一套技能或領導風格走到哪裡都吃得開，完全無視於各組織的策略、文化或執行長的命令爲何。很多談論成功公司特質的熱門書籍，在提出建議時也犯了同樣空泛的毛病。有眾多個別領導者與整體組織，只是依據通用而廣義的領導力模型，並非專注於眞正與績效息息相關的重要領導力。②

以我們認識的歐洲一家大型服務業集團執行長爲例。當市場成長飛快時，他們的紀錄也跟著有輝煌的表現。但是，在最近一次經濟大衰退期間，他卻失去了清楚的方向感，或者無法對集團的業務部門要求財務紀律。他反過來不斷鼓勵創新和新想法，這兩項都是以往讓該集團大獲成功的招牌文化。然而，他終於因爲績效不佳而遭到拔官。

再舉另一個歐洲零售銀行（retail bank，編註：指服務對象是一般大眾、中小企業及個人小戶）爲例。他們正憂心如何提高銷售業績，此時最爲重要（也最缺乏）的技能，是說服並激勵同事的能力，而且要避免正經八百的上級管理權威。不靠正規的上下屬關係卻能影響別人，稱得上是藝術，但這與許多組織的僵化結構格格不入。

這家公司當時的重要工作，是由銷售經理出面說服資訊部門變更系統與工作方法，因爲現行系統與工作方法讓銷售單位的經理負擔沉重，經理們迫切需要有時間引進加速銷售的重要措施。當經理們順利將心力投入改變系統與工作方法，該銀行的生產力提高了15%。

本項核心原則第二部分的重點是眞正關鍵的行爲轉變。組織不應該只是羅列能夠推動策略的領導力行爲，也必須訂定輕重緩急，然後一次只專注於三到五個重要的行爲轉變。成功推行領導力開發措施的組織，有3.2倍更高的可能性會專注於這些關鍵轉變。這個現象與我們的轉型化變革研究發現一致，也符合我們在實務上的見聞。組織往往想要一次多管齊下，但這意味著重要的轉變無法實現，就算實現也無法持久。

〉打開組織環境的黑盒子

「情境領導力」的觀念並不新穎。有個道理很多人都懂：當組織遇到迫在眉睫的危機，靠共識驅動的領導力就派不上用場。創投業者知道，充滿熱情的創業家能領導組織在早期從白手起家到蒸蒸日上，但無法保證能長期領導下去。但是，我們所見到的那些著重在組織環境的文獻，大多數依然提出一體適用的處方。

例如，提倡領導者的正直、不懈和謙虛。為了達到最高的領導力效能，建議組織創建一個領導力本部，以便有完美塑造的接班人可代替去職的領導者。③

上述的人格特質固然重要，但是那些研究的焦點是高績效組織的共同之處，因而忽略了它們之間不同卻有影響力的部分。致力找出並解釋組織之間的共同性，比找出能夠解釋其間差異的因素要容易得多。所以說，重要的是在一開始就能辨識相關的組織環境，然後採用穩健扎實的方法，同時分析它們的共通點與差異之處。

研究問題

我們回顧了從組織層次研究領導力效能的現有文獻，對於兩個問題感到好奇。首先，組織是如何領導的？關於組織文化的研究文獻早已認定，人群的集體行為通常會遍及整個組織和單位，不論這是刻意設計或自然演變的過程，最終都會成為該組織的招牌風格。那些被許多人視為工作方式的行為，也是組織文化的面向之一。這些行為的內容為何，卻是各組織大不相同的。各位不妨自問：我會如何描述自己的組織是如何做事的？

根據我們的研究結果，這一點也適用於領導力行為，而我們的經驗亦足以背書。我們調查許多組織所得的資料分析與測量，支持我們的看法，也就是各組織的領導力組合大不相同。領導者獨特而可靠的行為模式顯而易見，這些模式無所不在，連第一線員工也看得清清楚楚。將研究焦點放在分析個別領導者，會遺漏組織層次的廣泛模式。那些模式會塑造員工的經驗和對領導者的期望，即使第一線員工亦不例外。在每一天無數的「關鍵時刻」，價值就在第一線形成或流失。

許多評論者的注意力，本能地受到高層的領導力行爲吸引（高層領導力行爲當然很重要），但是第一線領導力行爲的可見性與效能，對於創造長期價值而言，是最大的風險，也是最大的機會。這些研究發現引領我們得到一個明確的論點：唯有大規模開發有效的領導力，組織所有層級的全部員工均參與其中，組織才能夠眞正提高績效。④

我們探討的第二個問題是：是否有「正確的領導方式」？或者，領導力是否因組織情境而異？一家面臨生死存亡挑戰、員工士氣低落的公司，相較於另一家營運順暢而必須避免志得意滿的公司，我們可以合理地推論，兩者需要的領導力行爲必定南轅北轍。如果採取「一種正確的領導方式」這樣的標準作風，遇到環境發生變化時，通常會觸礁。

然而，哪些行爲對哪個情境或環境最好？何謂「環境」？它有什麼特徵？也就是說，我們如何確切地知道自己何時處於特定的環境中？最後一點，我們如何看出環境已經改變，以至於可以強調不同的行爲？

過去的領導力研究文獻，有少數對於偶然性的研究涉及了情境因素。但是，它們的重點一律是團隊而非組織。它們對情境偶然性的定義各不相同，舉三個最顯著的例子：有的定義爲領導者和成員的關係以及任務結構，⑤有的定義爲下屬的成熟度，⑥也有的定義爲決策。⑦其他不同的定義還有很多，卻沒有回答到我們的問題。是否有一組行爲可適用於大型單位或企業的廣大層面，而且在特定的因素或環境下會有所不同？

我們聚焦的環境是組織健康

我們可以透過眾多觀點來看待領導力，例如產業、公司生命週期／成熟度、組織大小、所有權結構、地理，以及一般組織／財務績效。此外，也可以從組織內部的環境來看，例如組織的策略、結構、人員，甚至是現有的特定功能或部門。

這些環境分別需要不同的行爲以達到有效的領導力。以產業環境來說：例如在石油與天然氣產業，領導者若是能重視卓越的營運與安全標準，應該會得到很好的成果；如果是專業服務公司，可能該強調更多知識分享和見習。從組織健康的角度而言，我們有充分證據可以證明事實正是如此。

我們已經找到了四大「配方」，它們是由一系列互補的管理實踐組成的。[8] 我們也發現，組織如果能夠強烈表現出與這四個組織健康配方的其中一個一致，比起做不到相同程度的組織，有五倍更高的可能性達到健康指標最高四分位數的成績。[9] 每個產業都有主導的配方，因此只要以產業環境爲準，組織一開始即可明確知道應該將資源的重心置於何處。人們很容易想像，這些更理想的管理實踐對該組織和產業的領導者同樣適用。

其他環境也會因細微差別而有顯著不同。在所有權方面，家族企業與公開上市公司，或是被私募股權投資者收購的組織，需要不同的領導力行爲。在文化方面，差異無疑是具有影響的因素，有很大比例的文獻都是在探討這個主題。在策略方面，成長策略和整合（或裁減）策略需要不同的行爲。在營運方面，領導財務部門和領導行銷部門，本質上很可能不一樣。

此外，還必須具有某些規範性品質，例如表現出對人的關懷、能提供批判性的觀點、爲人正直、有道德精神；這些一向是造就優秀領導者的一部分。組織在開發更有效的領導力時，當然應該將這些品質列入考量，如產業、地理、部門，以及與其他環境的細微差異。我們爲客戶規畫領導力開發計畫的內容時，正是這麼做的。

然而，爲了釐清組織最常面臨的領導力挑戰，以及確定最能提高領導力效能的行爲，我們發現有一種環境已經被證實是最有洞見的：那就是組織健康。這是基於三個理由：

1. 組織健康涵蓋其他所有要素

不論是公共組織、商業組織或政府組織，也不論它們的產業、所有權結構、地理等環境爲何，都有健康或不良的狀態。只要資料充足，我們可以在整體事業單位或部門層級，測量其健康狀態。測量結果所呈現的領導力挑戰與關鍵行爲，同樣涵蓋其他環境，因此可以廣泛應用。

2. 組織健康是穩健的要素

以其他成功組織爲模範，例如向業界最績優的公司看齊，模仿它們的領導力行爲，並非成功的保證。再者，如果你的焦點是財務績效單一目標，而且你拿成長最快或利潤最好的組織當作榜樣，結果可能會被許多潛在影響因素扭曲。反之，組織健康則是和財務及非財務績效都有清楚明確的關係。

3. 組織健康具有實用價值

組織渴望達到最高四分位數，有時是最高十分位數，因此組織健康具有清晰的最終狀態。它如同雷射般明確聚焦於利用領導力（結合其他措施）來提高領導力效能，同時也利用領導力邁向更高的整體健康等級。我們見過無數組織以健康條件鞭策所有層級的領導者，向更高、更偉大的目標前進。

因此，**我們將組織健康視為首要的環境，藉此找出最有效的領導力行為，而且它能涵蓋上述各項次要觀點**。我們長期爲全球不同領域的客戶服務，因而具有全球化觀點。此外，我們也將規範性品質融入了組織（如描繪啓動策略的行爲時）與個人（如制定個人開發計畫時）層次。

你的組織有多健康？

想應用本章的各種洞見，領導者必須精確掌握組織的健康程度，但這一點可謂知易行難。許多領導者認同公司和角色，因此會自然而然地高估組織的健康，以及領導力的效能。

根據我們的經驗，有太多高階管理人員會理所當然地將自己的組織狀態說成「努力從良好變得傑出」。⑩然而，這並非事實。健康狀態高於中間值的組織，不會比低於中間值的多。我們以組織不同層級的角度來看調查所得的資料，發現高層管理人員往往偏袒組織健康，高於基層員工的評價，而後者才是更接近眞實狀態的人。

不僅如此，舉凡問卷調查、訪談以及大量的誠實反省，都可以用來對組織健康進行更有效的評估。既然無法經常得到嚴謹的自我診斷，我們遂開發出一些經驗法則，例如p.95的圖3.1所列舉的內容。它超越猜測，讓人更清楚知道身處某種健康狀態的組織是什麼感覺。⑪

上述評估當然只是組織健康的一種指標，卻是以下各章的共同基礎。我們已經奠定了以組織健康做爲環境的基礎，接下來將**檢視每一個健康指標四分位數真正重要的行為**，以及根據分析結果，組織的領導力挑戰爲何。

〉真正重要的領導力行為

爲了探索不同健康狀態的組織之特定領導力行爲效能，我們測試了二十四項領導力行爲，它們分別屬於對準目標、執行任務和自我更新等主要領導力類別。這二十四項行爲，包含了我們進行「組織健康指標」（OHI）評估時，都會放進去的四個領導力風格（權威型領導力、諮詢型領導力、挑戰型領導力和支持型領導力），⑫ 以及二十項外加的新領導力行爲。我們調查了超過375,000名人員，他們來自165個組織，橫跨各個行業和地區。這是同類資料庫中規模最大的。我們依據自身的實務經驗和不斷進步的學術洞見，測試了二十四項領導力行爲，看看這些人是否能通過情境領導力的嚴格標準。

我們的第二個問題是：是否有「正確的領導方式」？或者，領導力是否因組織情境而異？我們的分析清楚回答了這個問題。我們把分析所得的結果稱爲「領導力階梯」，這是一座領導力金字塔，類似於馬斯洛（Maslow）的階層式需求結構。⑬ 有興趣的讀者請參見本書附錄一，其中對我們的研究方法有更詳細的說明。

在領導力階梯中（請見p.96的圖3.2），部分行爲永遠都是不可或缺的，我們稱之爲「基線行爲」，總共有四項。支持這些行爲，就可以防止組織遇上麻煩，但這些行爲本身無法區分中等績

你的組織有多健康？	不同意 或 強烈不同意	中立	同意 或 強烈同意
領導者擁有吸引人的願景而且能清楚溝通，讓人人知道組織的目標和如何達成目標，以及它對大家的意義。	0	5	10
組織的領導者確保成員都了解組織對自己的期望、具有足夠的權威，並且感到自己有責任實現組織要的成果。	0	5	10
領導者一向都能測量及管理業務和風險，遇到問題時能著手解決。	0	5	10
領導者與外部重要的利害關系人（客戶、供應商、合夥人及其他人）合作，在現在與未來更有效地創造及實現價值。	0	5	10
領導者運用有效的領導風格塑造組織人員的行動，實現更高的績效。	0	5	10
領導者鼓勵而且能駕馭新構想，包括極端創新的點子和逐步改進組織的想法，使組織長期下來能夠進化與成長。	0	5	10
領導者確保組織內具備的機構技能和人才，能執行策略及創造競爭優勢。	0	5	10
領導者能開發員工的忠誠與熱情，而且能激發人員格外投入、有最好的表現。	0	5	10
組織的領導者能培養清楚且一致的價值觀與工作規範，促進有效的職場行為。	0	5	10
總分			

得分說明

絕大多數成員的回應都跟你一樣的組織……	得分
……是健康的（位於最高四分位數），可預期達成並維持績效目標，而且長期下來能創造剩餘價值。	70 ～ 90
……具有良好但不是傑出的健康（第二四分位數），可在一、兩年內達到健康狀態且最後得到市場報酬。	60 ～ 69
……低於平均健康（第三四分位數），但可利用特定優勢急起直追健康與績效。	50 ～ 59
……處於最低健康四分位數，若能迅速確認績效與健康的優先事項並採取行動，可以比其他公司更快獲利。	0 ～ 49

圖 3.1　麥肯錫的「組織健康」測驗

效和頂級績效。領導者需要具備基線行爲以上的其他行爲能力，才能協助組織在領導力階梯更上一層樓。那些行爲我們稱之爲「情境領導力行爲」，共有十一項。

我們的研究指出，爲了使組織的健康狀態從第四四分位數上移到第三四分位數，最有效的情境行爲往往與指揮式、「由上而下」的領導力風格有關，也就是：根據事實做決策、有效解決問題，以及積極專注於復原。當組織處於困境時，顯然最需要上述的行爲。

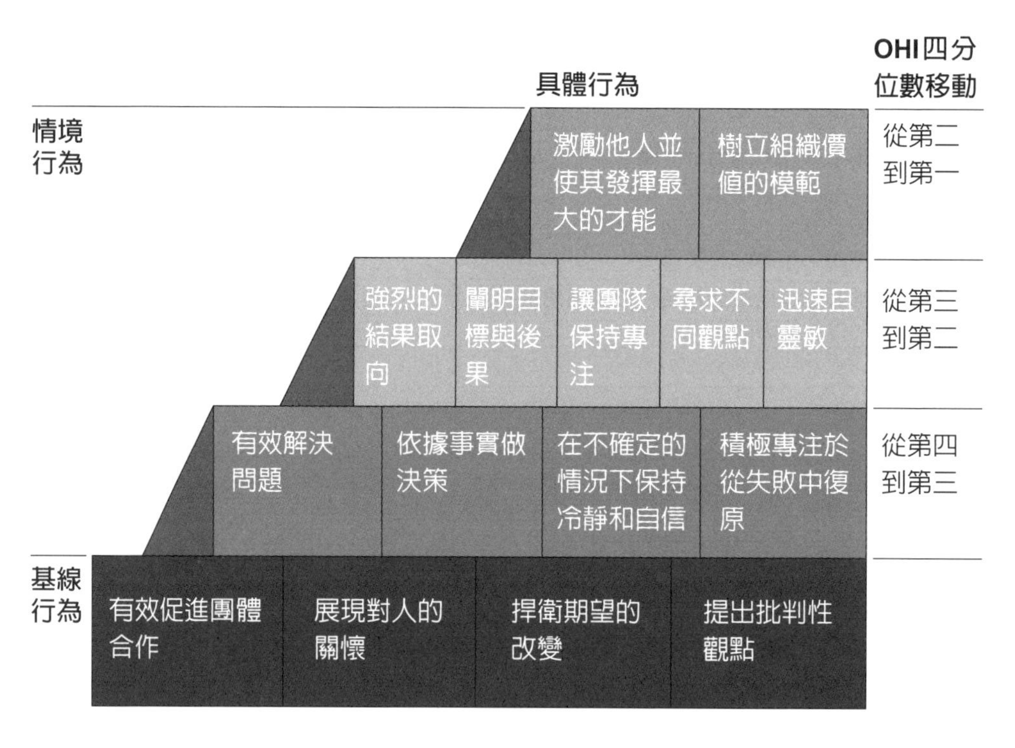

圖3.2　情境領導力階梯

爲了使組織健康能更往上移到第二四分位數，領導者應該集中表現「執行導向」的行爲，也就是：讓團隊保持專注、強烈的結果取向、闡明目標與後果，以及尋求不同觀點。此外，迅速且靈敏地發展也很重要，這通常是緊接在確定執行之後。「執行導向」與「靈敏導向」行爲，無法取代在第三四分位數普遍存在的「由上而下」行爲。領導力階梯意味著每一級台階都是建立在前一級之上。

若要在領導力階梯更往上攀升，建立第一四分位數的組織，達成創新、打敗競爭對手、讓員工投入、吸引優秀人才並超越股東期望，那麼領導者必須增加所謂「鼓舞人心」的行爲，也就是：激勵他人並使其發揮最大的才能，以及樹立組織價值的模範。

綜合以上所述，處於健康狀態後段班的組織，必須培養能果斷使組織回到正軌的領導者，然後打造可靠的執行動力，達成目標並迅速累積成果。最後，是能激勵員工，協助他們發揮最大的潛能。還有，自始至終都必須隨時保持四項基線行爲。圖3.2呈現了領導力階梯的全貌，這個模型與我們在現實世界的觀察完全相符。請參見p.98的圖3.3對於基線行爲與情境行爲的詳細說明。

此外，我們指出某些「負差異化因素」。以行爲的等級觀點來說，處於較高健康狀態的組織對這些行爲的重視程度，少於較低健康狀態的組織（但是絕對數字仍比較多，也就是健康指標四分位數較高的組織，比四分位數較低的組織，出現更多這類行爲）。

應用研究發現時，我們一向會建議組織，**致力於所有領導力行為，等級只是供行為之間排定先後順序而已。**

四分位數移動	領導力行為	說明
從第二到第一	激勵他人並使其發揮最大的才能	挑戰員工去做他們以為不可能的事，並且設法使工作對員工更有意義。
	樹立組織價值的模範	向員工清楚傳達對個人有意義的價值觀，並且挑戰員工去履行組織的價值觀和規範。
從第三到第二	強烈的結果取向	重視效率和生產力的重要性，並且優先從事價值最高的工作。
	闡明目標與後果	將公司願景轉化為具體的策略目標及里程碑，並且清楚連結績效和結果。
	讓團隊保持專注	有紀律且嚴格地營運，並且密切監控效果。
	尋求不同觀點	鼓勵員工(1)貢獻想法，(2)有必要則使重要的外部利害關係人參與，(3)引入「最佳作法」，(4)徵求客戶回饋。
	迅速且靈敏	遇到新挑戰和新問題時，能以新方法或快速調整到新方法來行動。
從第四到第三	有效解決問題	有效解決難題。
	依據事實做決策	根據事實、資料和分析，進行高品質且明智的決策，藉此行使良好的判斷力。
	在不確定的情況下，保持冷靜和自信	面對艱鉅的挑戰時，保持冷靜及頭腦清醒，以便在遇到挑戰或模糊不清的狀況時，更有效地指導組織。
	積極專注於從失敗中復原	從挫折和失敗中快速復原，並且將挫折和失敗視為學習的機會。
基線行為	有效促進團體合作	鼓勵公司的不同部門通力合作以改善組織，在整個公司營造團隊合作感及互相支持。
	展現對人的關懷	建立一個具有團隊和諧、支持和關心員工福利等特色的積極環境。
	捍衛期望的改變	推動公司創新並倡導變革，改善公司的營運方式。
	提出批判性觀點	投入足夠精力去思考公司如何以不同方式做事，挑戰各種假設並質疑現狀。

圖 3.3　基線行為和領導力行為

組織環境不斷在變動，組織的健康狀態也是。有效的情境領導力能適應這些變化的方法，是透過辨別和整理有效領導力所需的各種行爲，進而使組織從當前的健康狀態，發展到更強大、更健康的狀態。下一節我們將探討在不同健康等級中，最有效的領導力行爲有哪些，以及組織如何在健康指標的不同四分位數之間移動。

讓我們更詳細地檢視領導力階梯和逐級移動的過程。

在領導力階梯過渡

重要且必須一提的是，**在情境領導力階梯不同層級的行為，既是累積，也是連續的**。組織在展開提升健康的歷程時，首先必須熟練階梯最底層的各種行爲，然後隨著組織轉變而向上提升。組織起步時，若是位於較高的健康層級，務必確定已熟練（並維持）基線行爲和健康指標較低四分位數的行爲，然後才能開始培養它們各自環境限定的行爲。這麼做的理由是，領導力階梯的功用在於呈現不同環境所相對重視的不同行爲。無論何時，組織都應該完整表現出十五項（或者多多益善）領導力行爲，只不過會因爲環境差異而對各項行爲有不同程度的強調。

基線行為

只要不是在任何方面確實無藥可救的公司，**顯然都需要具備一套有門檻的基線行為**，這一點很重要。由於各組織的健康狀態有別，或許還需要其他行爲。但是無論公司的健康狀態如何，以下幾項行爲都是應該要有的：

- 有效促進團體合作
- 展現對人的關懷
- 捍衛期望的改變
- 提出批判性觀點

若是缺乏這類基本且有益的人際互動，將會造成組織混亂。反之，若是能支持這類行爲，可使組織免於績效一落千丈而陷入困境。但是，中上健康狀態的組織並不會因爲這些行爲而有所差異。組織需要具有其他的行爲，才能在領導力階梯更上一層樓。

發掘：從第四四分位數到第三四分位數

健康狀態處於最低（第四）四分位數的組織，面對的是嚴苛甚至存亡交關的挑戰，諸如創新層次低、客戶忠誠度下降、員工士氣萎靡不振、重要人才流失和嚴重的現金短缺。這類公司往往缺少部分乃至全部基線行爲，務必全面補足才行。根據我們的研究顯示，處在這種救亡圖存狀態下，最有效的領導力行爲是：

- 依據事實做決策
- 有效解決問題
- 積極專注於從失敗中復原
- 在不確定的情況下保持冷靜和自信

諷刺的是，陷於困境的組織，實際的作爲剛好與這些新增行爲背道而馳。有太多最低四分位數公司的領導者爲了解決燃眉之急，總是渴望採取由上而下的矯正措施（例如一次又一次更換資深主管），放棄有事實依據的細致分析，或者基礎扎實的策略。

這可不是好事，因爲我們發現其中有一部分共同行爲是負差異化因素。具體來說，我們發現挑戰型領導力符合負差異化因素的全部標準。它要求領導者盡可能鼓勵員工不要劃地自限，但若在健康指標低四分位數的環境裡被過度應用，反而會降低生產力。打個比方，這就像是病患已經虛弱到無法接受醫療：叫跌斷腿的人去跑馬拉松，並不會醫好他的腳。

從人盡皆知的歷史事件汲取太多教訓，無疑是危險的作法，因爲人的記憶是有選擇性的。然而，當我們並列1990年代早期的IBM公司，以及晚期的美國大陸航空公司（Continental Airlines）這兩大公司的經驗，會讓人感到備受吸引。

當時的IBM公司正值水深火熱，從外面聘來路易斯·郭士納（Lou Gerstner）擔任新董事長和執行長。他將清晰明確、事實導向的解決問題之道列爲優先，我們可舉一個實例來說明他的命令：他堅持主管團隊必須放棄幻燈片簡報，提交的計畫也應該使用沒有術語的白話文寫作。他也拒絕接受公司注定會倒閉、分割甚至清算的說法。郭士納能明辨事實並展現彈性，有助於他和團隊打破公司長期下滑的趨勢、重啓以往被視爲落伍的產品線，許多被認爲遲早會解體的資產，也因此鹹魚翻身，成爲新的成長路線。不僅如此，這一套領導力心態更在IBM公司深入扎根。郭士納的團隊成員安然度過公司重組危機，無不佩服他的作風，並將他那一套作法傳承到各自的團隊。

如同IBM公司，1990年代晚期的美國大陸航空公司也是人心惶惶。據說該公司的員工會將制服上的公司標誌撕掉，以免下班後走在路上被認出來。該公司的部分轉變，是新領導團隊成員秉承有效的態度和行爲，針對每一條航線和每一個航班，逐一深入評估其盈利能力，並且根據現實情況採取果斷行動。事實上，如此毫不妥協的專注態度，讓營運長古瑞格里・布倫尼曼（Greg Brenneman）在感恩節時赫然發現，公司的現金將會在兩個月內告罄。領導團隊憑藉堅強的應變能力，取消無利可圖的航線、實施具體的復原措施（例如發放準時起飛獎金），並在一年內轉虧爲盈。⑭

爬升：從第三四分位數到第二四分位數

根據我們的研究與經驗，向上爬升的公司中，能造成差異的主要領導力特徵，是能夠採行原本就已經在組織的部分層級實行的作法，然後以更有系統、更可靠，也更快速的方式實行。這項轉變要求的領導力行爲，必須特別重視以下幾點：

- 讓團隊保持專注
- 導引團隊追求定義明確的結果
- 闡明獎勵、目標與後果

這些情境亦需要能做到以下幾點的領導者：

- 擁抱靈敏性（速度、穩定性、彈性）
- 尋求不同觀點（關於內部與外部最佳實務），協助確保公司不會忽視可能存在的更好作法。

但是，能夠激勵他人並使其發揮最大的才能，以及樹立組織價值的模範等行爲，在最高四分位數的組織裡看得到的品質，在本階段的環境下，效果往往不太明顯。

我們也發現兩個負差異化因素。首先是，在不確定的情況下保持冷靜和自信。其實對於從第四四分位數躍升到第三四位數的組織而言，這是正差異化因素。但是隨著組織的健康狀態日益提升，移向第二或第一四分位數，營運環境的不確定性會降低，因此不需要加碼專注於這項行爲。第二個負差異化因素是諮詢型領導力，包括徵求員工回饋以及給予員工自主權。當一切都迅速運轉，組織對速度更爲重視，以至於減少了諮詢的機會。

從第三四分位數往第二四分位數提升，是重要而艱難的過程。只有在這一段過程，兩個四分位數之間的相似部分會具有負相關性。（第四四分位數與第三四分位數之間的關係係數是0.67、第三四分位數與第二四分位數之間是-0.71、第二四分位數和第一四分位數之間是0.37。）此現象意味著基本行爲和心態的轉變是必要的，而且應重視前一階段未被重視的許多行爲。

在第三四分位數的有效領導力，需要更多實際動手做、有事實根據的決策和解決問題。在第二四分位數的領導力，則需要賦予員工更多權力及責任。此處說的賦予權力，包含蘿蔔與棍棒，而且能促成組織內外部想出最佳的工作方式。往第二四分位數過渡的領導者，往往很難做到讓員工「有權有責」，卻又不會在日常運作中阻礙不前。

我們認識一家總部位於美國的金融服務公司，可當作一個實例。它的領導階層渴望強化組織的財務績效、核心業務創新，以及運用一套整合健康、績效與領導力的措施，藉此掌握住更多可能受損的價值。一開始，該公司的健康狀態處於第三四分位數，低於中數。它的重要挑戰包括了缺乏清楚的目標或責任制（最顯著的有：任務錯綜複雜或重疊的委員會、高績效者的發展和升遷機會不佳，以及虛弱的財務、營運和風險管理，這一點可從幾種方式看出來，例如缺少穩健的測量工具即是其一）。領導階層普遍採用由上而下的方式經營公司，使問題更加雪上加霜。

爲了克服挑戰，領導者實施一套整合健康與績效的措施。例如，他們提出明確的標準和結果，用來釐清每日的任務。該公司闡述了一個強而有力的策略願景，具體標示營運目標和里程碑，讓公司的大目標（*以及未達成目標的後果*）透明化。領導階層也計畫培養由下而上、以員工爲導向的解決方案，並且積極鼓勵新觀點。這家公司有很多事情都做對了，而這些內部措施無疑更加強它的運作，而且得到確實的結果。不到兩年，它在健康、績效與領導力方面，皆已達到最高的目標，股價成長了250%。

登頂：從第二四分位數到第一四分位數

最後，是從第二四分位數爬升到第一四分位數，也就是達到巔峰成就。此處眞正有作用的兩項主要行爲是：

- 激勵他人並使其發揮最大的才能
- 樹立組織價值的模範

健康狀態位於這個等級的組織，其人員通常都是績效很高、能自我督促及自我管理的。領導者的角色是啓發、激勵及指導他們精益求精，不斷達到更高的績效。此一等級的領導者角色，很像明星運動員的個人教練，不必然無所不知，但是要能告訴員工如何找到解答。

當組織愈來愈健康，組織的任務、願景和文化也會成爲愈來愈重要的驅動力。領導者的關鍵工作，是示範組織所渴望的行爲，並且利用持之以恆的溝通，增進員工的理解和說服員工。

這一階段的過渡只有一項負差異化因素，卻是非常有趣的一項：**闡明目標、獎勵與後果**。它之所以有趣，是因爲它在第三到第二四分位數的過渡階段是正差異化因素。我們發現，這項領導力行爲在達到第二四分位數後已不具作用，往後如果繼續強調這項行爲，對員工會適得其反。達到最高四分位數的組織，其員工都非常清楚組織的目標爲何，他們自己往往就是設定目標的人，而且也對管理系統瞭如指掌。此外，無論如何，他們通常都有內在動機去做手上的工作，所以強調包括財務獎勵在內的外部獎勵，可能會對他們的動機產生負面影響。⑮

為何不從最高四分位數的行為開始？

如果我們能夠辨識較高健康指標四分位數公司的相關領導力行爲，那麼較低健康指標四分位數的公司能否立即採行這些行爲，並達到最高四分位數？根據我們的研究和經驗，這種企圖的下場一向很不好。**組織所強調的行為種類，如果不適合本身的特定情境，會平白浪費時間和資源，而且加劇其不良行為**。更糟的情況是，會使升級到更高健康指標四分位數變得更加困難重重。我們靠直覺就能了解：身陷泥淖的領導者，不應該把第一四分位數的行爲列爲優先，例如樹立組織價值的模範。

我們在某家合資企業觀察到一個可引以爲鑑的例子，因爲健康、績效和領導力等方面的許多原因，那個例子到頭來以失敗告終。該公司的董事會任命一位極具魅力的領導者，他全神貫注於最高四分位數風格的動機行爲。比方說，他與董事長周遊列國，盛讚該合資企業的「創新附加價值」。即使該企業具有類似合併公司的特色，仍宣稱公司「有工作給每一個」對公司的願景充滿熱情的「人」。不幸的是，在發布這些聲明時，該組織在整合的關鍵問題上著墨很少，包括如何協調形形色色的資訊系統和組織文化這方面的各種難題。合資雙方組織的回應方式，都是依然故我、我行我素，彷彿什麼事都沒發生過。有證據顯示，它們也希望什麼事都不要發生。

該合資企業立下更有野心的目標，因而錯失在第一四分位數的環境下應有的目標。它將責任制交由負責業務與行銷的主管，卻從未進行根本原因的分析。當組織遭遇現金危機，他並沒有採取可靠的措施做出實際回應，反而是全球走透透，繼續吹噓他的使命。該企業遭遇現金危機時，所謂「有工作給每個人」是使每個人成爲受害者，有大量員工被解雇，也終結了他的領導力信用。營運方向迷航才一年，該企業就解散了。

連結成人學習

領導力階梯，以及我們在領導力開發方面的廣泛研究和經驗，都與成人發展理論一致。藉由領導力階梯，我們發現組織的領導者必須能掌握許多關鍵轉變，才能使組織從健康指標最低四分位數提升到最高四分位數。

首先，領導者必須果斷（或許是採取由上而下的方式）將組織拉回正軌。其次，必須創造執行及結果導向的動力，迅速且靈敏地發展。第三，領導者必須表現出更能鼓舞人心、教練導向和參與型的領導力，才能使人人都有最好的表現。就領導者的行爲和心態而論，這些健康指標四分位數的過渡時期，都要求領導者有重大的轉變。

這三個轉變與成人發展或意識的基本階段（層次、結構）有相似的方向。例如，關於認知發展的研究，說明其層次變化最先是邏輯，然後是愈來愈抽象的推理。⑯與自我相關（self-related）

階段有關的研究，廣泛地描述了從生存、成果和成就，到集體意義和服務的轉變。[17]從1940年代的馬斯洛到2010年代的羅伯特·凱根、麗莎·萊斯可·拉赫和萊盧（Laloux），他們提出了包括個人和集體的特定發展模式，更清楚說明了其間的關聯。

此外，我們的研究指出，想要跳過某個階段是不可行的，若要轉移到更高階段，則需要超越並包含（而非放棄）前一個階段。成人發展理論也提出類似的進展說法，即成人的發展是漸進式的旅程，必須先完成其中一個階段，才能進行下一個。有興趣的讀者請參閱本書結尾部分的參考文獻，我們羅列了相關資源。

〉在不同環境之間過渡：適應性領導力

不同組織環境下的有效領導力，需要不同的行為、技能與心態。若是在靜態世界裡，前幾節的見解將會根據需要來提供有效的行爲範圍：確定環境爲何並呈現相關的行爲。可惜我們不是生活在靜態世界。無論是哪一方面，我們看到的世界都是不停在變化。新科技使商業模型過時、增強的互連性加劇全球衝擊的影響、人口結構變化產生新的消費者和員工族群，每個族群都有不同的需求。

對組織而言，環境將在未來繼續變化，其結果是這些組織將移入或移出不同的健康指標四分位數。如果組織無法回應環境的變化，則組織健康可能會降級。因此，**領導者必須具有內在的靈活性，能夠適應不同情境且迅速調整行為**。我們稱之爲「適應性領導力」。

適應性領導力要求提高自我覺察和正確的學習心態，因此可同時補充我們在前面幾章所檢視的基線行爲和情境領導力成分。基線行爲和情境領導力，有助於特定環境下的有效領導，而適應性領導力則是可以幫助你在不同環境之間快速且有效地過渡。

適應性領導力在理論上看似簡單，實務上卻是挑戰性十足，在步調快速的環境下尤其如此。本節我們將回顧與組織領導力有關的趨勢，以及這些趨勢對領導者的意義。接著，我們會討論適應性領導力的必要性，並且檢視如何透過中心化領導力方法來培養適應性。

新產業革命

世界日益複雜，組織能蓬勃發展所需的條件，以及爲求蓬勃發展所需的領導力，也隨之變化多端。以往的組織可以長期保持專有的優勢，商業活動以地方型爲主，商業節奏也是悠哉緩慢的。例如，商業公司只在一個或數個行業營運，它們的組織環境相對穩定。

然而，世界大不相同了。當前的環境更短期、更全球化、更快速，也更不穩定，結果就是我們在過去二十年裡，看到組織爲了維持績效而面臨不斷增加的挑戰，對領導者的要求亦跟著提高。價值創造和破壞的速度正在加快，很大程度上是由於知識創造和分享增加了。（例如，典型的《財星》五百大公司，大約要花二十年的時間，才能達到十億美元的市值，如今一家成功的新組織只需幾年即可實現這個里程碑。）

一家《財星》五百大公司的估計壽命，在1935年是九十年、在1975年是三十年，再到2010年則是十四年。執行長的下屬職位從1990年的五個，如今增加到十個。國際商業活動的比例，已從1990年的33%，升高到2018年的66%。以前，回覆時間長達四十八個小時是可以接受的，時至今日，重要議題的預期反應時間通常是二到三個小時以內。[18]

未來將會如何？我們知道世界不停在改變，但是它真的會跟以前大不相同嗎？我們相信是這樣沒錯。我們的研究以及對全球領導者的訪談，突顯了關於組織及領導力成功所需條件的五大趨勢。

1. **互連性提高**。不論是從網際網路統計數字、全球貿易或公司供應鏈來衡量，都可以看出世界的連結愈來愈緊密。這些趨勢可能是一大福音，也可能放大衝擊。
2. **新興市場崛起**。根據目前的預測，到2050年之前，新興七大經濟體（中國、印度、巴西、俄羅斯、印尼、墨西哥和土耳其）的市場匯率，將會比七大工業國組織（美國、日本、德國、英國、法國、義大利和加拿大）高出50%以上。[19]
3. **資本主義性質改變**。我們正在目睹另一種所有權結構興起、資源稀少性增強，以及對消費者和以客戶為中心的要求愈來愈高。
4. **科技破壞**。科技創新將以非線性形式、史上最快的速度進步，重塑各行各業的組織，創造新商業模型、利潤轉移和新勞動力市場。
5. **顯著的人口變化**。全球（尤其是已開發國家）六十五歲以上的老年人人口比例增加；同時，千禧世代和Z世代的勞動力比例也會提高。

以上每一項趨勢都很重要，都要求領導者必須掌握新行為、技能與心態。例如，組織將需要採用更有系統的方法，來理解潛在衝擊、把提高永續性視爲企業的當務之急、提升整個組織的「科技智商」，並使員工的工作流程與新世代的需求保持一致。

然而，將這些趨勢綜合觀之，它們的涵義更加深遠。與工業革命相比，目前的變化是十倍速度、三百倍規模，或者說大約三千倍影響。[20] 我們確實是在一個人稱「後VUCA」的世界裡運作（VUCA是指volatile〔易變〕、uncertain〔不確定〕、complex〔複雜〕和ambiguous〔模稜兩可〕，這個詞在1990年代首先用於軍方〕，而且正處於新產業革命之中。我們深信未來的複雜性有增無減，改變的速度會繼續加快，組織和領導者都難逃受其重大影響力。

適應性領導力之必要

以前的組織可能會長期處在特定的環境中（例如徹底改變或快速成長）。意思就是說，組織所需要的行爲、經驗與心態都相對穩定，而且是其領導者熟稔的。但是，如今變化的規模和步調不停地加大、加快，使組織在更短的期間內，更頻繁地轉移到不同的環境，隨時都有大約三分之一的組織正在進行某種重大重組，其中有三分之一的行動持續超過兩年。[21] 在不同行業以及地區，確實經常有許多組織同時發現自己身在不同的情境中。

新的組織現實，意味著**領導力的影響更勝從前，對組織績效的重要性只會與日俱增**。當今的領導者在多重速度與多重競爭兼備的環境下工作，如何才能保持主動與創意？

我們相信：**領導者必須具有適應性，能迅速掌握環境的本質，然後因應環境而調整其領導風格**。領導者好比男性十項全能運動員，能結合力量、靈敏性和技術，在十個不同運動項目參與競賽。事實上，適應型領導者展現範圍廣大的行爲，憑藉更全面的技能，而且有更高的自我覺察，才能達到巔峰成就。

麥肯錫的研究，支持了適應性領導力的首要地位。爲了研究二十一世紀的領導力，我們訪談了全球一百多位執行長。我們的研究觀察，記錄了瞬息萬變的世界，並且發現領導者必須退一步「用望遠鏡和顯微鏡觀看」，才能在不斷升高的不確定性下進行決策。例如，雷諾日產（Renault-Nissan）汽車公司的董事長暨執行長卡洛斯．高恩（Carlos Ghosn）即強調使策略適應外部衝擊的重要性：㉒

我們需要爲外部危機做好更多準備，而公司的策略不是問題，重點在於領導者知道如何使公司策略適應外部危機的能力。我們將面臨更多的外部危機，因爲我們生活的世界千變萬化，這是一切事物都會被借力使力的時代，而且科技日新月異。你會被完全超出你的領域之外的事物震撼。

其他受訪者重視的是謙虛和對變革抱持開放的態度，認爲這些是適應性領導力的主要成功因素。㉓

我們的轉型化變革研究指出：從組織層次來看，若是能夠嚴謹地管理變革工作、培養變革領導幹部，以及改變組織內部的心態，藉此適應所需的新狀態，相較於無法合理且科學地管理變革工作的組織，其成功的可能性是兩倍。㉔有學術研究及其他應用研究的主題，也是關於適應性領導力與適應性組織的重要性，其研究發現與我們的類似。

回到我們的組織環境框架，**適應性領導力可看作是在不同環**

境之間快速且有效移動的能力。這些環境包括組織健康狀態（例如，公司的多個業務部門分別處於不同等級的健康狀態），也包括範圍更廣的微觀與宏觀環境。舉例來說，前文我們討論了各種健康指標四分位數的組織所需要的不同行爲。領導者可利用適應性領導力，快速適應不斷變化的健康狀態，或者同時領導處於不同健康狀態的事業單位、部門或團隊。

羅恩·海菲茲（Ron Heifetz）教授對「適應性領導力」有深入研究，[25]他的研究重心是如何管理持續變革的複雜性與速度，同時能改進日常效能。他指出，領導者必須增進解決適應性挑戰的能力。適應性挑戰需要克服的是新的思考與學習方法，並非技術挑戰。而且，要應付適應性挑戰，可以利用線性問題解決方法以及既有的解決方案。

海菲茲另外自創了「陽台與舞池」（balcony and dance；譯註：比喻旁觀者和局中人兩種情境。身在舞池中的人無法看見全景，唯有退出舞池站到陽台上，才能旁觀者清。）一詞，他呼籲領導者有時候要「站到陽台上」，才能有更好的視野可以綜觀大局、提高領導力效能。另一個研究適應性的例子，是採取領導力週期（Leadership Circle）觀點，認爲領導力開發必須（最低限度）跟得上變化的速度。如果領導者的內在「作業系統」比周遭環境更進步，就能更有創意地領導（而非處處被動反應），最後可以明顯達到更高的業務績效。研究指出，以績效來說，業績前十分之一的人，創意分數平均爲80分，而最後十分之一的人則平均爲30分。[26]

最後要提到的是，有一家獵人頭公司利用研究以及數千件高階主管評鑑，想要確定攸關高階主管成功的重要領導力特質及技能。他們發現，其中的關鍵在於推動變化的能力，以及謙虛和自我覺察，能調整自己的觀點，適應學到的新見識。[27]此外，他們還發現適應性也適用於組織層次。[28]

適應能力對於個人也愈來愈重要。根據2016年的一項調查，一般人從事每一份工作的時間平均爲4.2年（這代表一生中最多從事十份工作），而且在地理和行業上的差異很大。[29]此外，現今勞動力的重要技能，據估計有三分之一（35%）以上在不久的將來會發生變化。[30]爲了不被淘汰，個人將被迫提高自己的技能。適應性領導力以及它所需要的內在覺察與彈性，是關鍵的推動力。

利用中心化領導力培養適應性

我們在麥肯錫是利用「中心化領導力」方法培養適應性。中心化領導力可以協助人們從自我控制核心出發，涵蓋五個主要面向，請參見p.114的見圖3.4。我們持續進行中心化領導力研究超過十年，至今已深度訪談數千名高階主管，建立五千餘筆資料。我們的研究顯示，中心化領導者（指全面精通中心化領導力的五大要素）覺得自己有四倍的準備，能在變局中擔任領導者，而且有二十倍更高的可能性會滿意自己的領導力表現與整體人生。[31]

中心化領導力方法廣泛關注於如何培養自我覺察，包括認識自己的優缺點、自己的行爲對他人的影響，以及自己的價值觀與信念。它也重視這樣的能力：爲了使他人的思想和行爲變得更有效用，讓人更能表現出「最好的自己」，因而對情境進行詮釋及再詮釋。[32]以下我們詳述中心化領導者培養適應性所應該掌握的每個要素。

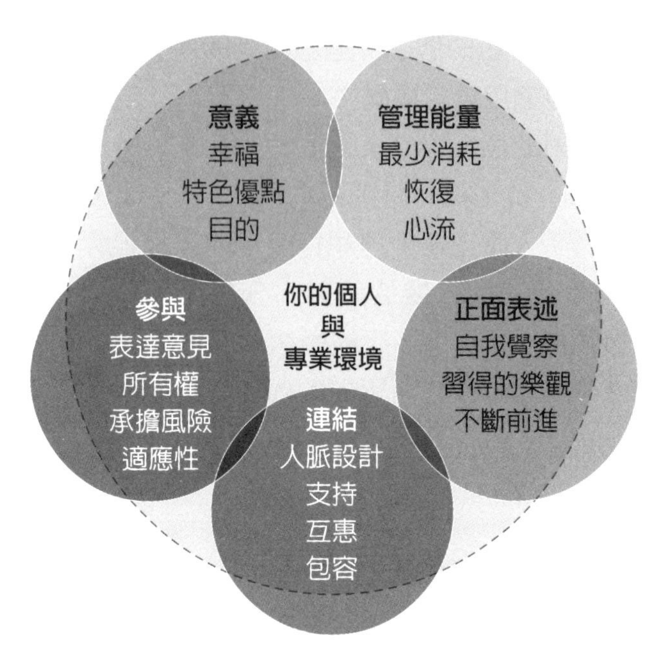

圖3.4　中心化領導力方法

❙ 意義

「意義」是中心化領導力的支柱，也是最有力的因素。爲什麼「意義」對領導者這麼重要？有研究指出，在專業人員身上，「意義」可集體轉化爲高生產力、低離職率，並且提高忠誠度。「意義」帶來的好處，包括更滿意工作和得到超越現實的感受。換句話說，爲了某個比自己更偉大的對象奉獻，便能產生深刻的意義，進而開啓良性循環。

一開始，由於有意義的參與能夠提供持久的成就感，這會讓我們感到幸福。其次，「意義」讓我們能發揮最大的優點。最後，「意義」可以使我們有領導的決心，進而激發出自己原來並不知道的信念、勇氣和信心。我們引導領導者把想像視覺化、找出優點並反省巔峰經驗，藉此幫助領導者找到意義。

正面表述

我們都是透過自己製造的無形「框架」來看待世界，而我們表述世界與處理經驗的方式，會影響工作成果。例如，有許多研究指出，樂觀者比悲觀者更能眞實地面對生活，所以樂觀的心態攸關正確的商業決策。研究顯示，樂觀者不會畏懼於把世界看成它眞正的模樣，他們有自信能應付挑戰，帶領團隊迅速行動。相反地，悲觀者若是遇到績效下滑的困境，很容易就會感到無助，陷入令人疲憊的鑽牛角尖狀態。

我們要以詮釋世界的框架形成自我覺察，看見自己同時「在陽台上和在舞池中」。自我覺察使我們暫時抽身而退，改變對情境的感知以及反應的方式。我們利用冰山教導法、反思需求和恐懼、學習樂觀，以及其他各種技術，幫助領導者認識自己的表述框架，以及如何有意識地改變框架。

連結

若是你擁有強大的人脈，又有盡責的導師，就會有更多升遷機會、更好的待遇和更高的職場滿意度。因此，培養關係良好、互相信任及意義深刻的社群，幫助自己把潛能發揮到極致，是非常必要的。這當中的關鍵因素是人脈設計、支持、互惠與包容。能以這種方式與他人產生連結，可得到歸屬感，使生命更有意義。

馬克・韓特（Mark Hunter）和賀米妮雅・伊巴拉（Herminia Ibarra）在《哈佛商業評論》的文章提到：領導者之所以不同於

經理人，「是能夠判斷該去哪裡，並且爭取必須去那裡的個人和團體。」㉝如果你的導師是那種願意比導師角色付出更多的資深同事，也就是願意冒險幫助學徒或爲學徒製造機會，務必與這類同事建立個人關係。

參與

許多人認爲老天有眼，只要苦幹實幹必定會有回報。這當然有可能，只不過通常不會發生。所謂參與，是指做出很多行爲（如清楚表達意見、處事方式、提出承諾），爲自己創造強烈的存在感。完全投入工作的人，會將自己的意圖、注意力和情感，與工作保持一致。他們的發言清晰無誤，也樂於承擔責任。透過這些作法，他們的苦幹實幹才會被看見並被珍惜。我們協助領導者表現參與的方式，是要他們寫下個人的承諾、爲他們想做和不想做的事排定優先順序，以及成立個人的「迷你董事會」，要求自己負責。

管理能量

你不必工作到筋疲力盡。管理能量的作法，包括清楚知道哪些活動會消耗你的精力、如何恢復能量，以及如何讓自己更常維持在「心流」（flow）狀態，達到最極致的表現。米哈里・契克森米哈伊（Mihály Csíkszentmihályi）是積極心理學創始人之一，他研究過數千人，從雕塑家到工廠作業員都有。他發現那些經常體驗到心流狀態的人（心流是指全神貫注在當下的活動，以至於沒有注意到時間消逝），不但生產力比其他人更高，也更能從工作中獲得極大的滿足感。而且，工作讓他們感到充滿活力，並非疲憊不堪。使人活力充沛的重要技術有：詳細安排你的能量來源和用途（內向與外向的人不同）、找出加速心流的工具和方法，以及利用正念。[34]

本書的主題並不是深入討論中心化領導力的要素（有興趣的讀者，可以參閱喬安娜·巴許〔Joanna Barsh〕和喬涵娜·拉沃伊〔Johanne Lavoie〕於2014年出版的《中心化領導力》〔*Centered Leadership*〕一書），此處的重點僅是中心化領導力如何培養適應性（最主要是透過自我覺察和保持開放的學習心態），以及中心化領導力對領導力開發的意義。

組織想要培養適應性，可藉由旺盛的成長型文化，以及期望（或要求）員工都能持續不斷地發展，同時協助員工具備持續發展所需的正確技能與心態。[35]組織要做的事包括支持員工，例如利用回饋、領導者成為行為的榜樣，或者使組織的獎勵系統和組織的目標保持一致。在設計領導力開發計畫時，我們認同適應性的重要地位，也十分重視探索和反思，將中心化領導力的所有要素融入全程計畫之中。我們的計畫當然會以「認識自我」為重要基礎，領導力養成的過程通常是先「領導自己」，然後「領導他人」、「領導組織」，最後才是「領導變革」。本書的第二部分會再詳細討論這些。

請勿把培養適應性，與每一個健康狀態下所需的行為、技能和心態混淆。不論是在微觀或宏觀層次，適應性領導力是一組元素，它們都能幫助領導者在不同組織環境下，滿足有效領導力的需求。因此，適應性領導力不只是組織在健康指標四分位數狀態轉移時，能協助領導者，廣泛來說，即使是在進入不同的新環境之際，以及組織「應對未來」的整體營運方面，它也是同樣一大助力。

〉關鍵推力：技能和心態

我們在第一章已經看到，**有效領導力行為需要因應環境而有正確的技能和心態**。在本章前文，提到了不同環境下最有效的特定領導力行爲，這些行爲能協助組織往更高階段的健康等級提升，包括四項基線領導力行爲和十一項情境行爲，分別因應四個健康指標四分位數的需求。我們也討論到促進適應性的重要意義，重點在於行爲和必要的行爲轉變。

然而，任何行爲都有賴於正確的技能與心態滋養。沒有這些推力，該行爲將難以有效且持久。針對情境領導力階梯的每一項行爲和適應性（也包括組織想要提振的任何領導力行爲），找出那些心態轉變和技能的類型，然後融入領導力開發計畫，是我們在諮詢業務上的重要工作之一。以下我們舉例說明這項工作的樣貌，這個實例是關於第一項基線行爲，也就是有效促進團體合作。有興趣的讀者請參見本書附錄二，對於哪些技能和心態可能有助於促成基線行爲、情境行爲和適應性領導力，會有比較全面的討論。

爲了促進預期的行爲，我們的重心是實務而非理論，並且以具體、現實的技能和心態，來加強實務。但是，請注意此處所舉的實例純屬說明之用，並非固定不變的。此例是根據我們的經驗和特有的觀察，認爲它應該被當作思考的起點。我們不會宣稱此例已經無所不包，我們所討論的行爲，一定還有很多現成的研究與工具可以補充。事實上，當我們將培養技能的元素與心態轉變，融入領導力開發計畫時，都會廣泛引用其他資源，進行補充設計及修訂。

有效促進團體合作所需的技能和心態

第一項基線行爲是有效促進團體合作，這是最基本的領導力行爲之一。缺乏這項行爲時，最能看出它的重要性。它需要幾種重要心態：

- 「團體合作能獲得更好的結果，勝於每個人單打獨鬥的總和。」
- 「我們需要共同的方向，以及能相互信賴而馬到成功。」
- 「每個人的好惡不同、工作風格也有別（每種風格都同樣有效），不必然都跟我一樣。」
- 「爲會議做好準備還不夠，我也必須確保會議的氣氛能讓大家發揮合作精神與創意，以及在會後嚴格追蹤拍板定案的工作。」

這些心態還要搭配幾種技能，我們提出以下六種：

1. **團體合作及組隊**。領導者不見得都能享有挑選隊友的特權，話雖如此，了解手上的任務需要哪些技能，以及目前的隊友是否具備這些技能，依然是非常重要的。
2. **建立共同責任歸屬與承諾的能力**。
3. **了解團隊動力學**。知道如何把不同的工作喜好凝聚成爲高效能團隊。例如，邁爾斯－布里格斯性格分類指標（Myers-Briggs Type Indicator, MBTI）或五大人格特質（Big Five personality traits）這類工具，或許有助於領導者了解及欣賞個人的愛好與行爲。邁爾斯－布里格斯性格分類指標是利用外向對內向（extroversion vs. introversion）、實感對直覺（sensing vs. intuition）、思考對情感（thinking vs. feeling）和判斷對感知（judging vs. perceiving）這四個面向，來測量個人偏好。五大人格特質則是測量個人屬於經驗開放性（Openness to experience）、盡責性（Conscientiousness）、外向性（Extroversion）、親和性（Agreeableness）或是情緒不穩定性（Neuroticism）人格，經常被縮寫爲OCEAN。這兩項工具均有付費版的嚴謹測量，以及免費版的線上簡易測量。㊱

4. **領導者必須能建立開誠布公的文化**，而且能迅速有效地解決矛盾衝突。
5. **領導者必須能協商出公平（最理想是雙贏）的結局**。《哈佛這樣教談判力》（*Getting to Yes*）一書是很實用的資源，它收集的工具有「把人跟問題分開」、「撇開立場，把焦點放在利益」、「爲彼此的利益創造選擇方案」和「堅持客觀標準」。㊲
6. **最後一項是有成效地主持會議的實際技能**，這可以支持領導者有效促進團體合作。「有成效地主持會議」聽起來像是微不足道的事，但是我們經常看到會議裡少了幾個要素。若要有成效地主持會議，包括了會前準備（寄出附有議程的開會通知，確保相關人員出席）；針對必須決策的項目備妥關鍵事實以支援決策者；能在會議進行中促進合作、創意和樂趣；製作及分發會議／行動項目紀錄，並且追蹤後續執行情形。

我們對於「環境下的領導力」所進行的研究，得出了在不同健康環境下最有效的具體行爲。我們通常以這些行爲當作首要的觀察角度，指出能實現組織績效的關鍵行爲。此外，我們也探討適應性的重要地位。本節討論了與這些行爲有關的重要基礎技能和心態，並以一項基線行為舉例說明。其他的情境與適應性領導力行為，請參見附錄二。

〉對開發領導力的影響

基於組織健康的環境限定轉變，以及中心化領導力的要素，都只是領導力開發措施的指南而已，領導力階梯也並非硬性規定的操作手冊。環境是一個廣泛的議題，例外的情形所在多有。基於這些理由，各項原則都必須隨時依據實況調整及補充。所以，我們在實際設計領導力計畫時，檢視的是組織的特定環境，以及對該組織最重要的行為。例如，該組織的行業環境和「配方」、它的成長策略，以及它的志向與策略。

我們將健康當作主要觀點，透過它來檢視領導力行為，但是我們一向都會結合其他次要觀點。除了領導力階梯，必要時我們會思考其他的領導力開發理論。例如，與發展階段（或意識等級）有強烈關係的心理學領導力學派。因此，就領導力而言，組織將這些元素融入計畫之中，幫助個人發展內在複雜性，就可以藉此得利。其次，道德普世主義的擁護者，可以敦促納入價值觀和道德規範，例如正直、誠實和專業精神。我們也考慮到長期培養適應性的重要意義，並且根據「領導自己、領導他人、領導組織、領導變革」的架構來制訂計畫。

科技是最近才出現的跨領域影響力，但是它愈來愈重要，而且發展迅速。我們已經討論過，科技是一股力量，它加快了價值創造和破壞的速度，要求領導者具有適應性。但是，科技本身已成為領導力開發課程中愈來愈重要的一部分，因為它對領導力拋出了獨一無二的挑戰。例如，就我們所知，在未來短短的十年內，人類有一半的活動都會被現有的科技自動化。[38]因此，科技是檢視領導力開發的有力觀點。目前，工作場所變得愈來愈分散，我們正從線性價值鏈變成水平的平台，再變成任何點對任何點的生態系統。許多組織原本一切工作都在內部完成，現在正把愈來愈多的增值活動外包給第三方，例如製藥公司的研發活動。有一種新型態的零工經濟正在興起，它是圍繞著創造價值的互動而形成的。這些互動能快速適應新需求和想法，通常是採取輕資產商業模式，[39]打亂了許多行業的模式。

比如說，全世界最大的住宿供應商沒有自己的房間，全世界最大的計程車公司沒有自己的車輛，全世界最大的零售商之一沒有自己的倉庫。接下來的十年，組織需要培養大量領導者，他們必須善於管理和影響這場科技革命。這些領導者必須了解科技對其商業模式的影響，並且對於正在經歷這場轉變的人具有同理心，因為他們的焦慮與日俱增。領導者必須能在轉型過程中激勵員工。

在回顧不同的影響因素並確定了組織策略的關鍵行為之後，所得出的通常是一個領導力模型，它往往是由三到六個關鍵主題、十到二十項行為組成。隨後，應該根據不同的職業路徑（如通才和專家）量身訂做領導力模型，並且適應不同的組織層級（如個別職員、總經理、高階主管）。本書的第二部分將會更詳細討論領導力模型的創建。

專注於幾項關鍵轉變，也是同樣重要的。一旦組織界定了它的領導力模型（根據期望的行為），接著就應該排定優先順序。在實務上最有效的作法，是將注意力集中於十二到十八個月內的三到五個大轉變。等到整個組織都採用了優先行為，即可著手安排新的優先順序。然而，與此同時，原來的優先行爲應至少繼續保持三年，使改變能夠持續下去。在第二部分稍後的章節，我們會討論如何實現這個要求。

安排了優先行爲之後，我們會花一些時間先確定，哪些技能和心態有助於實現所需的行爲轉變。這些技能和心態或許顯得理所當然，但是往往只有等到缺乏它們及其所塑造的行爲，其重要性才會被突顯出來。比方說，經營一個沒有能力「提出批判性觀點」的組織，會是怎樣的狀況？可能是決策不準確、不完整、劃地自限，而且容易出現「團體迷思」（groupthink；譯註：即個人傾向於附和團體的觀點，以至於缺乏創意、客觀分析等優點）或其他形式的偏差。這樣的組織將會形成集體無能，無法經由理性推論得知原因，進而根據該原因做出決策。

此外，我們不得不一再重申，整個組織都必須實行那些優先的轉變（行爲、技能和心態），而不是局限於最高層團隊或某些部門的義務。個人將因領導力開發而受益（不僅在工作上，在社交和社群生活中亦然），但組織才是最大的受益者。**假使每個組織都能大規模培養這些行為，將會在各種形式的對話、互動和決策中，產生大規模的利益，遠遠超出領導力開發措施的範圍。**

組織若是能正確找到最能推動策略的關鍵行爲、技能和心態，並且訂定其優先順序，必能收穫提升有效領導力的果實。

個案研究：釋放領導力潛能，養成新能力

背景與挑戰

2011年，亞洲有一家行動通訊供應商（服務近三千五百萬用戶）正面臨典型的領導力問題。正如該公司的執行

長所指出的，這是由於整個組織缺乏領導才能：「每當我們考慮進行重組或尋求新的業務機會，都是在同樣的二十個人裡找人來執行。在一家擁有五千多名員工的公司，不可以老是這樣。」同樣地，他們也沒有任何接班規畫，無法從內部確定或提供人才，以填補重要的領導空缺。

因此，它的挑戰是必須具備有規模和深度的領導力。初步評估顯示，它在這兩方面都有差距：在未來兩到三年內，它得找到八十名能夠領導成長或轉虧為盈的領導者。而且，有另外八十名領導者的績效有待大幅改進。這種情況並非此類組織或行業所獨有。

這個差距不能只靠領導力開發計畫來填補。該組織的人普遍認識到，他們必須準備好更廣泛地培養領導者：如招募新人、接班規畫、人才培養和績效管理，這一切都需要改進，而人才和領導力開發是屬於最高層團隊的責任。

解決方法

第一步，是定義該組織領導力的「成功概況」。透過外部基準、結構化訪談和最高層團隊參與、分析和連結策略價值驅動力，以及評估人才管理系統目前使用中的能力，我們開發了一套領導能力。麥肯錫與客戶團隊共同開發了詳細的領導力模型，其中包含七個主題：卓越執行、企業家精神、以人為本、客戶導向、創新、個人價值觀和策略思考。我們將領導力模型中的能力，轉化為具體、可觀察的行為，並且整合到更廣泛的人才管理系統：

- **招募新人**：領導力成為一項重要的評估條件，而且也催生了高階主管推薦計畫，用來甄選有前途的外部人才。

- **績效管理**：隨著日益關注領導力開發，我們也改進了績效管理，將關鍵績效指標（KPI）導向的討論，轉為更全面的討論，不僅著眼於已經實現的目標，還注重這些目標是如何實現的。
- **人才管理原則**：領導力模型本身即包含以人為本的主題，強調承擔人員發展責任的重要性。領導力模式改造是一個機會，可以將人員發展的責任，從人力資源部門真正轉移到組織中的所有領導者。
- **人才培養**：該組織設計並啓動了一套為期六到九個月的計畫，目標是在組織內的各個層級，將具有高度潛力的員工，培養為更有成效的組織領導者。

影響

不到兩年，這一套措施已經在三個層面上獲得成功：

1. **績效提高**：百分之百的參與者及其上級表示，本計畫增強了他們的領導力、實現業務成果的能力，並且為更高階的職位做好了準備。在每個計畫結束時，組織的高階主管對人才的評價，進一步呼應這種觀點。計畫完成不到一年，有三分之一的參與者開始擔任新職位或擴展了職務，並能利用這些進步的技能提高績效。
2. **深度實力**：該組織內的大多數職位均確定了內部繼任者，高階主管開發計畫的兩名參與者，已經加入高階領導團隊，而其他畢業學員則是接手新計畫。2011年時，由於這些計畫缺乏負責人，使得該組織不得不在取消對這些計畫的優先考量。執行長說：「希望連未來的執行長也是來自這個群組。」

3. **增加員工的敬業度**：所有參與者都發現，他們參與領導力計畫的經驗，增加了對組織的投入程度。這些計畫實現了對員工投資的承諾，協助組織克服了一開始就面臨的挑戰，也就是中階管理人員和年輕的高績效人員流失。

檢討與反省

並非所有領導力開發計畫都需要一系列計畫來提高領導力效能。該組織開發了一個領導力模型，這個模型是催化劑，廣泛轉變了人才開發系統，並將這個系統融入招募新人、績效管理、領導力開發計畫，以及讓最高層團隊負起人才開發的責任。

本章摘要

在第一章，我們對領導力的定義是：**在特定環境下的一組行為，能使組織一致對準目標、促進執行任務，並確保組織與個人更新**。這些行為由相關的技能和心態支持。這個定義奠定了領導力開發措施「內容」方面的基礎。

首先，在組織層次的有效領導力，是有關確保對準目標、執行任務和自我更新的行為。其次，領導力所需的特定行為，由組織環境界定（組織必須了解其環境，而最重要的環境是組織健康）。第三，這些行為需靠正確的技能和正確的心態才能實現，而這些技能和心態必須在領導力開發措施中明確建立。

關於環境，我們看到了，最能使各行業、地區的組織具有共通性，而且不會隨著時間流逝的那個選項，是組織的健康狀態。因此，我們以組織健康做為主要環境，透過它來辨識最有效的領導力行為，並且結合每個組織的特色做為次要觀點。

若是在靜態世界裡，情境領導力階梯以及其他環境限定的行為，已經足夠當作有效的工具箱，使高階主管能根據需要而調整行為。但是，世界根本不是一成不變的，我們需要一種更加動態的領導力觀點，才能適應腳步愈來愈快的全球變化。這樣的環境要求領導者擁有更廣泛的行為和經驗。

各種環境的界限可能會模糊地混雜在一起，也可能快速轉移，領導者必須能迅速適應。適應性不是用來取代環境限定的領導力，而是做為推力，使領導者既能進出不同的環境，也能同時保持效能。因此，我們闡述了三類領導力行為：

- 基線行為：這類行為適用於任何環境。
- 情境行為：這類行為的效能由環境決定。
- 適應性行為：這類行為可幫助你在不同環境之間移動。

這些觀點通常以領導力模型呈現，由這個模型詳細說明了，對實現組織策略而言，最關鍵的領導力行為是什麼。組織應該一次只專注於三到五項關鍵轉變，才能使改變可長可久。此外，組織必須確定哪些技能和心態，是最能支持必要行為轉變的潛在推力。

本章已經概述領導力發展措施的內容，下一個問題是「目標是誰」。這是下一章的重點。

| Chapter 4 |

核心原則之二：使組織人員參與

安德烈・杜阿＆夏洛蒂・雷利亞＆大衛・史沛瑟／執筆

當前許多領導力開發計畫都是支離破碎的，它們的重心只有放在組織內的次級部門，而且動作太慢。想要讓整個組織都能持久改變領導力行爲，需要付出廣度、深度與速度都很到位的努力。**領導力開發計畫必須為整體組織帶來改變，不能只在幾個分散的部門產生作用，而是必須在組織內部所有層級，迅速讓臨界量的重要影響者動起來**。爲了達到上述目的，開發計畫必須是經過合理構思、適合於組織，以及確實執行。還有，計畫必須適應組織的文化。計畫能被接受（並且成功），有賴於組織上下是否普遍都能了解優秀的領導力是什麼樣子；對一部分的人來說，更是必須認識最出色的領導力爲何。

我們的核心原則一是關於領導力開發計畫中的關鍵轉變部分，並且將這些轉變與組織環境及價值創造連結在一起。本質上，這是領導力開發計畫的「內容」。核心原則二、三則分別涉及個人和組織層面的領導力開發「方法」。

本章的主題是核心原則二，將要討論的是領導力計畫中的「人」。本項原則的基礎觀念是使組織人員參與。它處理的問題是：誰應該參加領導力計畫、在哪些條件下、參加頻率爲何，以及時間多長。組織是以這樣的方式串聯各部門人員（我們稱之爲廣度），開發計畫的性質、頻率和持續期間（我們稱之爲深度），以及啓動與推行計畫的速度（我們稱之爲速度）三方面的議題。

核心原則 2：使整個組織中有臨界量的重要影響者參與，以達到引爆點

組織必須確保計畫具有足夠的廣度、深度和速度，才能改變整個組織的領導力行為，並使全體員工認識出色領導力的樣貌。

〉為何組織要經歷領導力旅程？

爲何組織和它的領導力開發計畫必須互相密切融合？我們的研究，還有實行領導力開發計畫的經驗，證明了參與及採取組織整體觀點的重要性（我們同樣注意到，缺乏這兩個要素的開發計畫，即使目標遠大，下場不是窒礙難行，就是效果不彰）。

首先，從我們的研究來說，得到了幾個令人精神爲之一振的洞見，因此得知構成領導力開發的要素。此領導力開發的特色，可以說是組織的領導力開發之旅；換言之，就是組織如何與它的領導者及影響者長期互動。那些能在領導力開發計畫獲得成功的組織，在安排領導力開發計畫時，更有可能（5到7倍可能性）

是依據這樣的想法：這是一場組織（而非個人）的旅程。

比方說，我們知道領導力開發措施成功的組織，有6.9倍更高的可能性是採行涵蓋整個組織的措施，而且它所設計的領導力開發計畫，是依據範圍更廣的領導力開發策略。我們也知道，這些成功的組織有6.4倍更高的可能性，會確保其領導力策略與模型包括組織的所有層級。

我們會稱領導力開發計畫是組織內所有參與者的旅程，此想法源自我們研究所得的兩組數據：領導力開發措施成功的組織，有4.6倍更高的可能性，會評估組織內所有層級的領導力差距現況（以及原因）；而且，隨著資深人員正式和非正式地參與領導力開發計畫（擔任演講人、教師、導師），這些組織有4.9倍更高的可能性，會在最高層團隊及其他部門示範預期的領導力行爲。

以上兩點證明「廣度」的重要性（亦即領導力開發措施能納入組織內臨界量的影響者）。而且，研究顯示，在實施領導力開發的過程中，有相當長的時間都需要適當的「深度」（以參與領導力計畫的方式而言）。能力不會在一夜之間養成，人員需要持續的時間和接觸點來培養能力。

遺憾的是，絕大部分（81%）領導力開發計畫實施期間爲九十天或更短，只有一成的計畫超過半年。① 組織實施領導力計畫的期間太短，人員參加的時間太少，因此參與者無法嘗試並檢討新技能，而團隊的行爲也沒有時間發揮支持的作用。這個現象顯示：成功的領導力開發計畫，有41%超過兩個月；失敗的計畫中，只有25%持續了相同的時間。與失敗的計畫比起來，成功的計畫平均持續期間的長度多了35%。②

其次，根據我們的實務經驗，有的領導力開發計畫能在日常的領導力行爲造成可見的轉變，而且影響效果深入基層。這些成效最大的領導力計畫，都是能採取組織整體的思考方式。它們的計畫遍及組織的各個層面與文化，先是專注於臨界量的領導者，隨著時間持續而達到引爆點，最後終於轉變所有員工的行爲。爲了實現這個成果，這些計畫也具備充分的廣度和速度。它們爲每一波預期的轉變投入十二到十八個月的時間，藉此確保能有眞正的轉型。我們甚至見過部分組織從未把領導力計畫當成一時的「介入措施」，而是視爲常態業務流程的一部分。以奇異（GE）公司來說，它認爲領導力形同「房子的水管」，因此它所推行的領導力開發，已經成爲持續進行的例行公事。對組織內所有層級的頂尖人才而言，這都是一場顯而易見的旅程。

不幸的是，我們經常看到反例。有的組織將領導力開發交辦給下面好幾級的單位承辦，組織內的高階主管並未提供必要的支援；有的是高層經理無法「言行一致」，不是袖手旁觀，就是自行開始某個膚淺的領導力旅程。有些組織的領導力開發行動，對組織來說應用層面太狹隘、對個人而言太粗淺，僅限於特定團隊的零星活動，並非全組織的參與。

以專業服務機構或軍隊之類的組織來說，他們知道領導者必須在組織內部受訓而成長。**他們投入時間、精力、人力和金錢，長期培養自己的領導者（和影響者）**。這種作法爲個別領導者帶來持續的發展歷程，組織也得到按部就班且安全的領導者供應來源，同時形成了整體組織的領導力文化。

〉參與的要素：廣度、深度、速度

我們很容易就能看出成功使組織參與的多種因素。我們一再看到「臨界量」的影響，也就是有足夠數量的領導者和影響者，表現出的行爲與期望的策略一致，於是奠定了其他人員的行爲方式。我們同樣看到另一個重要因素：參與計畫的領導者隸屬的部門足夠多樣、參與的人次也夠密集。而且，他們能表現新的行爲，直到這些新行爲反映回來，也就是見到其他人有正面的回應，他們對自我的感覺亦會隨之改變。（若是情況相反，將會帶來極大的風險。有時候我們會看到領導者參加計畫之後，整個人活力充沛。然而，其他未參加計畫的同事對他的新行爲興趣缺缺。這些領導者被澆了冷水，失望之餘往往會走回頭路，恢復以往的舊行爲。最糟糕的情況是乾脆離職。）

其他因素還有：必須有足夠多的高階主管，能談論領導力開發計畫帶來的改變；他們能在可強化新行爲的正式流程中負責工作（例如績效評估、員工考績、360度評量）。他們的角色對廣泛的組織文化也有貢獻，使開發計畫造成的改變得以持續下去。例如，組織內跨部門的領導者聚會，並且以共同的領導力開發經驗爲基礎，建立工作上的關係。這類領導者的人數夠多的話，將會帶來正面的同類效應。

領導力計畫的旅程也必須有充分的強度和充足的時間。許多領導力開發計畫只是零星片面、斷斷續續的。例如，一次只有一個團隊（或一個人）參與、爲期兩到三週。這一類計畫之所以失敗，不只是因爲它並非更廣泛行動的一部分，也因爲計畫的內容不夠周延，無法帶來有意義的改變。而且，領導力措施應該有適宜的速度與能量，否則動力會流失、學習變成浪費之舉，組織方面也會因為見不到改變而感到洩氣。

因此，所謂的「使組織人員參與」，需要具備三個要素：

- **廣度**：參與計畫的人數
- **深度**：參與者投入和保持投入的頻率與性質
- **速度**：計畫初始推行的速度

這三個要素可以確保領導力措施能夠改變臨界量人員，進而由這些人員在整個組織造成行為變革的引爆點。在實務上，意思就是說，在組織的所有層級能夠改變臨界量的領導者（透過廣度、深度和速度）。當表現新行為的領導者人數夠多，達到了引爆點，變革即會成為自我持續的現象，整個組織就被轉變了。以下我們會深入討論廣度、深度和速度這三個要素。

廣度

領導力開發計畫的廣度，是指組織上下參與人數的範圍。此處有一個重要的問題：「要有多少人參與才夠？」有幾種方式可以回答這個問題。其中一個方法是透過網絡理論的觀點。網絡理論是跨學科的研究，集合許多學科的思想，如數學、物理學、人類學、社會科學和傳播學，最重要的是流行病學。它可以應用在生物、數位及社會網絡的一切擴散現象，組織正是數位和社會網絡的複雜混合體。

關於網絡，有許多因子會決定其大小、速度和品質。網絡的大小可以利用節點測量，網絡思想家傾向於區分「靜態網絡」與「無尺度網絡」（scale-free networks；譯註：如果網絡的特性與網絡的大小無關，稱為無尺度網絡），前者如鐵路，後者如網際網路。我們可以從流行病學的角度，思考網絡的速度（或者說網絡內的成長或資訊流傳速度），例如網絡思想家依據感染機率、連結的頻率或密度，以及敏感性和復原率，得出傳播或擴散率。關於網絡品質，社會網絡學家偏好談論弱連結（weak ties）、結構洞（structured holes）和超級傳播者（super-spreaders）。最引人入勝的思考往往能打通不同學科的隔閡，因此物理學家也能寫傳染：「在無尺度網絡，即使不會傳染的病毒也能傳播及留存。」③利用網絡觀點看組織，確實有助於從實務方面思考組織的旅程。

另一個思考廣度要素的方法，是源自演化論和社會學的社會變遷理論，它也能輔助思考為何及如何發生改變。

還有一個思考方式，是檢視網絡內部到達臨界量的時刻。麥爾坎．葛拉威爾（Malcolm Gladwell）的《引爆趨勢》（*The Tipping Point*）一書提出綜合性的觀點，聚焦於「臨界量的一刻、閾值、沸點」。④他發明「少數原則」（Law of the Few）、黏著因素（Stickiness Factor）和環境力量（Power of Context）幾個詞，分別處理傳訊人、訊息和環境等議題。

還有其他思想關注的重點是團隊或個別行動者。例如，約翰．科特（John Kotter）關於組織變革的研究歷史悠久，他認為一切改變都必須由具備恰當力量、專業知識、信用與領導力的團隊帶頭。⑤至於個別行動者，如今利用傳播學和網絡分析，已經能夠描繪出個人的互動程度和價值。⑥

我們已經檢視過構成網絡而傳送訊息的個人。那麼訊息本身的性質如何影響它傳送的距離（與速度）？除了領導力變革的訊息被看成極端、保守、理所當然或出乎意料的程度如何，「黏著」概念也很重要。⑦當我們思考領導力開發計畫如何在組織宣傳及啓動，有更傳統的企業傳播思想可以在這裡應用。

人類學對我們也有價值。我們借重它的觀念來看訊息、行爲或風格，如何在文化中人傳人，像迷因（meme；類似基因理論中的基因角色）一樣有了獨立的生命，會受到差異、突變、競爭與遺傳的影響。

還有一個元素在領導力開發旅程中占有重要地位，那就是組織的狀態。組織的輕重緩急、時機、資源、物質條件配置和準備狀態，都能使領導力計畫行動順利展開或胎死腹中。

組織的性質，也就是它所屬的領域，對於領導力計畫是否能成功有巨大的影響。比如說，公共部門組織通常有多重治理結構，會導致範圍更廣（也更耗時）的諮詢流程；快速消費品（Fast Moving Consumer Goods, FMCG）組織容易推動快速的改變，並且立即見到改變的結果；採礦和公共設施組織有操作及安全優先考量，對於人員如何以及何時集結有實際的影響。

組織的規模與人力部署各不相同，也會影響領導力計畫。例如，零售商和製造商的臨界量百分比可能會比較低；知識型組織由於全體人員的自主性比較強（即所有層級均有高度領導力），必須改變的臨界量也更高。

將傳訊人、訊息和環境這三個觀點合在一起，即構成我們思考領導力計畫範圍的全貌。以大型組織（人員三萬名至五萬名）來說，通常是由頂端的250至750人共同領導。這個人數大約占組織的1%，是「高階領導力」職位可以控制的規模。然而，我們發現這樣並不夠。這些人固然重要，但是深入組織的程度仍然不足。依我們的經驗，必須有5%至15%才行，確切比例取決於組織的個別特性而定。對許多組織來說，這個數字差不多是所有層級「頂尖人才」的總和。

然而，重新思考領導力開發計畫的目的也是合理的：計畫的目標是培養所有領導者？或者只是正在創造價值的那些人？或者是對組織運作很重要的人？在人員配置妥善的組織，所有領導者都有職責，卻不是永遠都同等重要。

同樣地，有人會主張只有一小部分領導者需要參加開發計畫，因爲有不少研究顯示，唯有眞正優秀的領導者才能創造極大的績效與影響。⑧所以問題在於：如何將領導力的卓越，轉化爲領導力的效能？答案是領導力旅程，它確保整體組織均能認識出色領導力的樣貌。如此一來，組織裡其他85%至95%的員工，在預期的領導力行爲方面，就能夠有清楚的榜樣。而且，培養特定能力的行動、溝通和獎勵措施，也可以補充這些員工對於預期行爲的認識與實行（第六章會再詳論）。

領導者的角色也會改變，所以我們相信領導力開發計畫應該能提升組織整體的領導力效能。領導力開發必須從執行長和高層主管開始，隨後向下納入組織內5%至15%的重要影響者。重要影響者是指因爲其角色、受人信任的關係或性格，能影響他人行爲與思考的人。這些影響者包括執行長和最高層團隊、頂尖人才、影響者及重要角色（如分公司經理和工廠經理），不一定身居高位。推行領導力計畫的時間與定位，也非常重要：選擇從最高層開始是充分審愼的作法，可是你必須快速往組織的其他層級移動。

有些人比其他人更有影響力，最好的情形是讓發生改變的影響者適當分布於組織內：不要太稀疏而人單勢孤，也不要太密集而只有影響者，卻沒有觀眾。因此，在組織的各個層級都必須有臨界量的影響者。在每個單位或關鍵區域，皆有最低限度的一群人能互相支持（他們具有充分力量可以互相支持。此處可適用引爆點理論與社會變遷理論）。例如，在一家員工五萬名的多國組織中，我們使頂端的兩千至三千人參與計畫。事實上，這五萬人有一半都參與了營運活動，但他們不是那些我們想要影響的、面對顧客的員工。因此，我們讓後者這類員工的一成人員參與。

深度

組織旅程無法在一夜之間發展完成，建立領導力才能庫也需要時間。新行爲必須經過反覆實行，才會發展成能力和本領。但是，大多數領導力開發計畫未能將領導力開發視爲需時數年或數十年的歷程，隨著時間累積才得以培養出種種能力。反之，大多數領導力開發計畫的持續期間往往很短，只有幾週到幾個月，短暫而片斷。不僅如此，許多計畫樂於將重點放在「年度寵兒」型的目標，只要是時下最夯的領導力都會被撿到籃子裡當作菜。如此一來，付出的行動無法和關鍵轉變保持一致，進而改進績效，而且新洞見和行爲永遠無法形成能力。

領導力開發計畫的深度，暗示一種縱向方法：計畫觸及個人的頻率和程度如何？典型的領導力計畫可能會將一群人員聚集在一起上課，但是這樣的學習方式是狹隘的。參與者最重要的學習方式是實作，因此對於開發領導力，我們往往會思考有哪些目標可以透過日常職務完成，而不是從非工作的角度看它。

學習就是工作，工作就是學習，所以關於利用工作學習，假設有適宜的措施與課程內容，我們認爲理想的天數是兩百五十天。領導力終究是透過領導工作學會的，不是坐在教室紙上談兵。事實上，我們隨時隨地都在受訓中。想要成功培養領導者，我們必須確認學習措施已完全融入其工作中。領導者在工作中接受指導，可以在遇到工作難題時，點選數位課程尋求協助。等到問題解決後，他們也因此學到了新技能，包括領導力的新技能。在充分授權及支持的組織文化中，才能如此經由每日的工作學習，人員也能在職位上日新又新。我們會在第六章繼續討論領導力開發與文化的關係。

將發展的文化（兩百五十天學習）融入，是思考領導力開發（以及一般學習）的一項重要基礎，也有許多組織是透過結構更嚴格的附加領導力開發措施獲益，例如推行全新或改良版領導力模型。儘管「延伸」有利於在職學習，但是有必要留出時間提供反思及同儕學習，以鞏固已經取得的進展。此外，參與開發計畫時，花在教室或更正式場所的時間，可以提供新的想法，以及刺激學習的其他部分。

於是問題變成：這個旅程是什麼樣子？如同我們在前一章所討論的，領導力模型應該能適應組織內不同的升遷途徑與層級。在特定升遷途徑上的個人，隨著在組織內的資歷愈深，對於領導力應該會有更清楚的未來期望。那麼，協助他們實現期望的領導力開發措施，也應該與其配合。這樣的領導力開發會展現爲多重階段的旅程。例如，有一個組織以四個主要階段表達它的大型「領導力管道」：經理、總經理、董事和副總裁，每一階段平均需時四到六年。每個階段新出現的頂尖人才（例如新聘或是內部升上來的人員）必須參與結構化的領導力開發措施，同一階段已經完成主要領導力計畫的其他頂尖人才，則會在職位上收到延伸的任務、帶領新人，以及接受正式的年度「更新」。

說得更精確一點：**在領導力旅程的每一個階段，我們主張採取持續一段期間的現場實作、論壇和教導的方法**，這個作法涵蓋在職學習（現場實作）、工作導向專案（現場實作）、在工作場所以外的安靜環境進行結構化反思與刺激（論壇），以及教導活動和師徒關係（教導）。以天數（廣泛）來說，我們所見到表現不錯的案例，大約是這麼做：領導力計畫的主要部分包括舉辦三到五個論壇，每個論壇爲期二到三天，沒有論壇的時候則穿插現場實作和教導活動。這個作法還可以補充加入每年一次更新領導力的內容和領導者的期望。下一章我們會深入闡釋成功實行學習措施的具體機制。

速度

領導力開發計畫的速度，是指在整個組織內推行計畫的快慢。我們的意思是說廣泛遍及整個組織，並不是在說個人。一般而言，速度愈快愈好。

我們在前一章說到，必須專注於優先的各項轉變十二到十八個月。通常的作法是一開始先讓領導者參與六到九個月的時間，然後在接下來的六到九個月內迅速擴及組織的其餘部分。我們發現，如果在啓動後六到九個月內，組織裡較低層級的人員看見或感受到領導力開發計畫帶來的變化，通常能使他們信服並認爲計畫是成功的。此處的關鍵是採用整體性改變方法，觸及「影響模型」（Influence Model）的全部四個象限（第六章會有詳細討論）。高層領導者和重要影響者以身作則並表現象徵性行動，也同樣重要。

反過來說亦然。如果經過六到九個月，只有輕微或毫無改變，人們會心灰意冷；更糟的是把整個計畫（以及它的發起人與支持者）當成一場失敗。因此，計畫推行的速度緩慢，會有極大的風險，可惜我們在諮詢業務上屢見不鮮。

組織會基於形形色色的因素而選擇推行的速度。我們發現，速度、深度和廣度往往取決於組織的負荷量與財力，但這些向來不是恰當的限制條件。比較好的思考角度，是維持現狀的風險、繼續推行不利的領導風格有多危險，或者無法吸引及留住人才所造成的問題。

組織經常會覺得動作太快是蘊藏風險的：「我們怎麼可能在倉促之間就進行實務和預算安排？」然而，這是高估了它的風險，卻低估領導力失敗的代價。「停看聽」是很危險的，因爲可能遇到不穩定且無法預見的走走停停，而不利於組織整體的發展，使得年度預算方面也同樣遭遇危險。

以速度來說，領導力開發應該始於組織的高層（第一級）。但是，也應該從第二級開始並涉及第一級，才能迅速達到廣度。始於第二級的計畫，不但要和高層有關，也要盡快讓關鍵的「士官長」（中階管理）層參與其中，這些「士官長」人員與日常業務實際運作的關係通常更深刻。例如，有一個八萬名人員的國家軍事組織，推出一個新領導力風氣計畫。它選定一天將八百名（或者說是組織全員的百分之一）高階軍官集合到一處，並且分秒必爭，當場向士官長啓動相關措施（每位高階軍官負責一百二十名士官長），再由士官長推行到士官身上（每位士官長負責三十五名士官）。

其他組織有的則是採行嚴格的時間限制。有一個組織從一級主管展開領導力開發計畫，要在六週內推行並開始見到成果。他們的看法是，在爲期六週的開發時間之後，如果該計畫能夠奏效，他們將在有經營業務的一百個國家中任選一處試行並推廣。

無論計畫的內在品質爲何，都必須能發揮影響力而造成改變。實現這個目標的最好方法，是有大量人員參與。簡單來說：

如果有夠多的領導者改變其行為，計畫就算成功；反之，假如改變太少，即是失敗的計畫。這個現象並不限於領導力開發計畫，凡是組織爲求改變而採取的任何行動皆然。

〉對開發領導力的影響

參與原則會影響領導力開發計畫如何規畫、設計、實行和建立，本書第二部分將會詳細討論這些步驟。組織應該對於執行和必要的行動，也就是旅程，有所了解，進而塑造全程的思考。也應該了解目前的領導力負荷量和未來的需求，藉此知道需要付出什麼行動。如果是透過領導力差距分析的方式，通常效果最佳。想要知道需付出什麼行動，當然也應該先認識領導力開發計畫本身的內在需求：那就是必須有足夠數量的個人改變其思考與行爲方式，改變才會足夠普及。

爲了讓這一切可行，組織必須保證高層管理團隊都能全心全意地投入推動領導力開發計畫、對於組織的領導力差距有共識、與組織同心協力且溝通順暢、確保最高層團隊都能以身作則示範預期的領導力心態和行爲，並且確保最高層團隊的成員自己都願意展開領導力旅程。

我們看到核心原則二具有以下五個主要的意涵：

1. 不論是僅有一小部分員工或全體員工都參與了領導力旅程，組織都應該簡要表明從基層到高階管理層的升遷途徑。組織內的每個層級應該進一步呈現本身的學習途徑，而且參與旅程的每個人都得到按部就班的安排。

2. 在領導力開發措施推行期間，或是其他轉折點，例如主管升職或工作變動時，應該爲足夠的員工提供領導力開發。在改變行動中，應該有5%至15%的人力參與具體的領導力開發計畫（這是縱向學習旅程的一部分）。領導力開發措施是否應該強制參加，取決於組織的文化和目的。但無論如何，這些措施都應該有吸引力，能讓他們因爲個人的價值或名聲，前來參與。
3. 計畫的新內容與課程設計，應該以達到全組織最大廣度爲目標，才能夠涵蓋臨界量的領導者。計畫內容應根據各層級的特色而量身訂作調整，但是必須有廣泛的訴求、應用和接受度。比方說，有個組織選擇的重心是賦予權力，將它當作領導力開發計畫的主題。計畫內容必須因應各層級的特性而調整，納入該層級特定的行爲預期。這樣一來，組織裡人人都能了解優秀領導力的樣貌，以及他們如何具體表現該行爲。
4. 組織必須建立實現目標的動力機制，以促進廣度、深度和速度。最新的學習系統，例如利用筆記型電腦的互動視訊會議、虛擬實境頭戴顯示器和行動應用程式，能以低成本的方式顯著而有效地觸及整個組織。此外，打造實行計畫的基礎環境設施，是能大規模實施的關鍵。例如，可以透過「訓練培訓師」（train the trainer）方法，以及「強力導師制」（五名學徒各成爲另外五個同事的導師）。
5. 領導力旅程應該以穩定的速度前進，所有計畫的設計和內容都應該包含短期和長期面向。意思就是說，在推行的初始階段（比方說九個月）不應該太早就讓人感到筋疲力盡；年度「激勵」也應該能讓人接受新思考、新技術、改變組織環境，最重要的是參與者已提升的學習與潛力。領導力計畫應該繼續拓展參與者的能力。

〉加速的領導力旅程

對部分組織而言，能夠從組織旅程的角度來思考人員參與情況，已經稱得上是跨出一大步，卻不可以從此裹足不前。任何關於組織旅程的討論和影響，都必須將周遭的趨勢也考慮進來。趨勢的要求是很嚴厲的，前一章我們討論到「新產業革命」，如今技能衰敗的速度更是前所未見。請參見圖4.1。⑨ 例如，據估計，目前的小學生到了長大後就業時，會有65%的工作是現在還未存在的。⑩

因此，所有組織都必須定期更新開發措施才行。然而，從組織旅程的角度而言，何時及如何更新才是最好的？是否有某項措施必須在另一項開始之前結束？或者，要同時展開好幾個旅程嗎？ S曲線觀念有助於思考這些問題。S曲線模型是在1960年代發展出來的，支持者宣稱這是理解非線性世界最適合的模型。例如，在組織生命週期、創新和一般技能養成等方面，它受到了廣泛應用。⑪

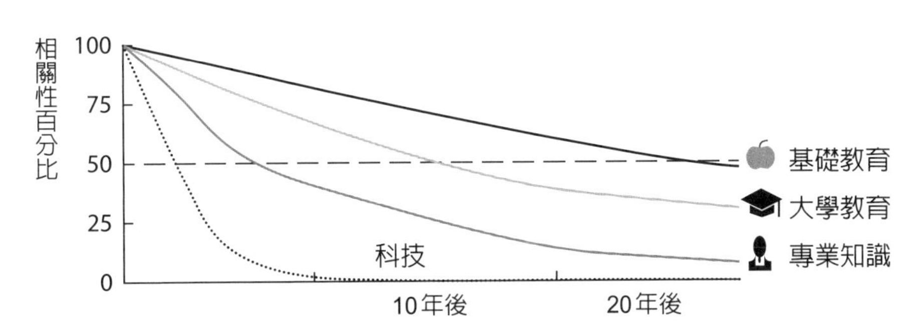

圖4.1　不同類型知識的相關性與時間的關係

讓我們把這個模型運用到學習上。比如，一般人剛開始擔任某個新角色時，他們必須面對許多新要求與新的利害關係人，此即代表新曲線。他們必須培養新技能，一開始會經歷一段陡然揚升的學習曲線，表示知識與技能迅速成長。然而，他們的表現對於業務的影響通常很低。接下來，隨著他們獲得新能力及對新角色的自信，他們的發展和業務影響也逐漸加速，直到面臨轉折點。歷經新角色一段期間之後，他們會抵達上層的平坦區段，也就是在學習和發展上已經停滯不前。此時，任務只是例行活動，而業績成長也顯著趨緩。[12]欲展開另一段曲線的最佳時機，是在前一段曲線的高峰表現之前，而且組織的資源能夠支持他們有新的開始。第二段曲線開始得太早，會浪費第一段曲線的獲益；開始得太晚，則資源和動力已一去不復返。請參見圖4.2。[13]

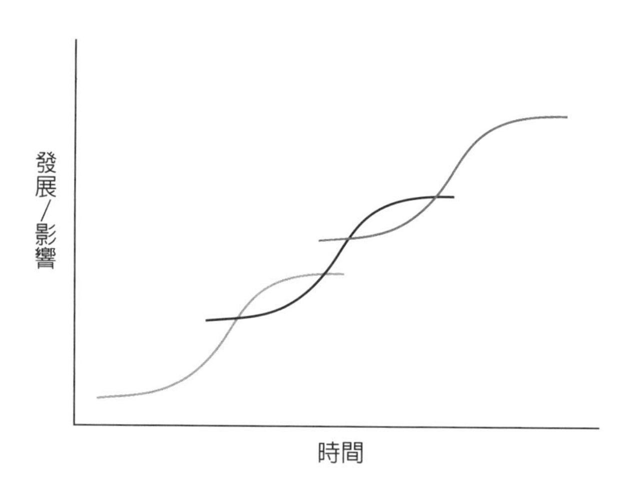

圖4.2　S曲線模型

以領導力開發來說，S曲線代表計畫的自然生命，當一切進行得如魚得水，就該著手規畫及實行下一個曲線。世界愈來愈複雜，技能衰敗的速度愈來愈快，結果就是曲線之間的循環更短。這意味著領導力計畫的推動必須更廣（訓練更多員工）、更深（更強烈和更頻繁的發展互動），也更快（學習及養成新技能的速度，日益成為重要的競爭優勢）。也就是說，未來的領導力開發計畫只會變多，不會變少。

對推行領導力開發的實務人員來說，上述現象的影響在於，領導力開發計畫必須能靈敏且快速地反應外部環境的變動。同時，這也意味著必須更重視在職學習（下一章將會討論），以及將開發措施融入廣泛的學習與領導力文化中（會在第六章討論）。

個案研究：快速且大規模變革

背景與挑戰

我們的客戶是一家領先全球的創新製藥與消費型保健產品公司，獲《財星》雜誌評為「最受讚賞的公司」之一。該公司擁有的員工超過五萬名，分布於一百四十幾個國家。它正面臨「專利懸崖」的重大挑戰，有幾項主力產品的專利就要到期。它的因應對策是實施新策略以提振未來的成長，在公司的核心業務領域分化為幾個不同途徑，要將公司轉型為「專長」產品的模式。它採行一套新的組織架構，使商業化組織與新策略保持一致、研發更流暢，以及增進共同服務的效率。最後，是在攸關未來策略成功的領域，投資能力養成措施。

然而，該公司的重要挑戰有兩個。它針對內部員工的問卷調查顯示，員工認為公司是個高度注重績效，以IQ為導向的組織，在領導大規模變革、賦予員工權力及吸引員工向心力等方面都力有未逮。此外，它還要用截然不同的方式在各個市場大顯身手：針對成熟的市場，這代表會大幅縮減業務；然而，若是針對新興市場，則要在五年內讓業務翻倍。為了讓策略目標與不同市場各自的獨特動態融合，公司在全球分部的高層主管都完全認可轉型行動，是非常重要的。

解決方法

我們的角色是協助組織的眾多領導者理解組織的策略，並將其意義清晰簡潔地傳達到各自的部門與團隊，進而因地制宜，為各部門訂定與公司目標並行的強力策略。我們也幫助他們如何更專注於讓人員參與，實行變革措施。

為了支持組織領導者實行新策略和新架構，我們成立「中央專案管理辦公室」（Project Management Office, PMO），同時推動多樣措施，包括製作綜合型變革說帖和溝通計畫、重新調整績效目標、安排擔任長期示範角色的高階主管，並且啓動變革輔導員網絡。我們還在高階領導層實行「變革加速器」（Change Accelerator）計畫，為變革做好更周全的準備。

本計畫包括為期兩天的研討會，目的是解決變革的障礙、持續與高階主管確認他們推動的措施進展如何，以及由受過培訓的輔導員對領導者提供回饋和指導課程。為了成功實現目標，關鍵在於速度，而本計畫具備了廣度、深度和速度：它在半年內於全球超過一百二十個國家推行，涵蓋一千多名領導者。而且，位於各國的單位會依據自身的規模、複雜性和變革準備程度，採取相應的不同方法。該計畫培訓了七十至八十名內部輔導員支援推行工作，則是表現了規模與速度。

第一階段的研討會聚焦於新策略方向、變革領導者的意義、找出學習資源以吸引與鼓勵員工，以及訂出必須優先實現的關鍵心態與行為（例如提高以顧客爲中心的心態）。第一階段研討會結束後大約十八個月，又針對同一群員工在六個月內再度推出一系列研討會。這些研討會的重心，是協助領導者與新行為轉變徹底融合，並且詳細講解這麼做對於組織結構的影響，還有實行新策略所需的技能。大約兩年後，有第三系列研討會陸續開辦。這些研討會的焦點是再次激勵組織，同時深入培訓變革管理技能。

影響

研討會加上定期確認實行狀況與回饋，是對高階主管推行新策略和工作方式的持續性支持。本計畫在所有領導力團隊建立了變革能力，而且遍及一百二十幾國的業務單位和部門。參與者給本計畫打了極高分（滿分十分，內容和教師均得到九分），還強調本計畫協助他們轉變了心態、提供可行的見解，也讓團隊充滿活力。就整體組織來看，自從計畫開始實施後，五年來公司的股東整體報酬率已超越同行的水準，營業額也提高了25%，成為業界第二大公司。

檢討與反省

本計畫能獲得廣泛的成功，要歸功於四個要素。

第一，該組織以往的部分措施允許位於某些國家的部門選擇不參與，也就是那些措施並沒有涵蓋全球部門。但是，對於本次的領導力開發計畫，全球部門均有義務參加，不可以打折扣。換言之，本計畫以非常有紀律、有系統的方式推動，全公司上下沒有任何領導力團隊置身事外。

第二，本計畫與組織策略及營業目標緊密連結，欲改變管理方式必然是事出有因，並非為改變而改變。事實上，來自第一批國家之部門的回饋，在組織內掀起了正面響應，是本計畫的一股強大「拉力」。

第三，計畫的輔導員並不是只有來自人力資源部（HR）或組織發展部（OD）。中央專案管理辦公室（PMO）也在全球各部門培訓業務主管，以使研討會能夠兼顧前線和中央的變革管理及業務層面。

最後一點，本計畫是在短期間內迅速推動的，不僅本地的業務受到正面影響，全球員工也能在聽聞轉型風聲之後，很快就親身感受並親眼見到改變。如此一來，組織邁向新方向的士氣與信念，便大幅提升了。

〉簡單說明組織內的資源供應

我們經常收到關於成本的問題。領導力計畫涉及如此龐大的人員，成本一定會高到令人吃不消吧？其實並不盡然。組織原本就有學習與發展預算，如果錢都花在刀口上，已經能以恰當的方式涵蓋足夠的領導者。**換句話說，經費就在那裡，只是要懂得正確運用**。

舉例來說：大型組織每年通常會在每一名員工身上投入八百美元的培訓費用（針對一般用途，不限於領導力開發）。⑭以員工有一萬人的組織來說，一個年度的培訓預算即接近八百萬美元。如此規模的組織，其培訓計畫的參與人數應該達到5%至15%，或者約一千人（速度愈快愈好）。這一千人之中，如果有20%的人（兩百人）曾經在任何時候參與結構化的計畫，參與期間約八天，那麼組織內員工每年參與正式計畫的時間總和，就有一千六百天。我們的經驗顯示，一個完全量身設計且施行的計畫，每個論壇一天的成本約爲二千美元（包括論壇、現場實作和教導），一千六百天即等於三百二十萬美元。

這一千人中的其餘八百名領導者，可以參加線上學習課程和一日強化營。假設每人會接觸培訓的時間是兩天，每人每天的成本爲五百美元（由於科技因素，加上是組織內部的輔導員，成本較低），總和即爲八十萬美元。

以領導力來說，組織的其他九千名員工可以透過經理提供的在職培訓、組織的強化機制，以及對領導者「見賢思齊」而接觸領導力開發。而且，他們也可能經由科技途徑參與。一旦他們的領導力被成功開發出來，其邊際成本近乎零。這一點我們會在第六章詳細討論。

將組織頂層10%的人員估爲領導力開發計畫的對象，總成本約爲四百萬美元，是典型培訓預算的一半。另一半預算可用於組織內部職員的費用和提升科技硬體及功能。有趣的是，我們看到組織通常都有編列學習與發展的預算，可供領導力開發之用。因此，經費是有的，只不過必須正確運用。換言之，組織未必要提撥新款項來做領導力開發。

本章摘要

讓領導力和組織的發展措施結合，與組織整體是否有關係？這其間當然有細微的差異，然而，假如領導力的目標是要增進組織整體的領導力效能，那麼答案就是肯定的。

組織必須讓臨界量的優秀領導者和影響者投入，才能在適當的層級改變領導力行為。同時，也能讓組織裡人人都了解到何謂出色的領導力。這一切，從最高層團隊開始是最理想的。他們必須能說明何謂優秀的領導力，並且願意以身作則表現優秀的領導力。整體組織所要展開的，是具有廣度、深度和速度三大特質的領導力旅程。否則，領導力發展會變得零零落落、殘缺不全，對於整體組織也不會有持久的影響。我們還看到更新必要技能的「循環時間」愈來愈短。能夠利用領導力開發措施，使員工互相合作的組織，往往會站在永續發展的角度，隨時隨地想到所有員工。

| Chapter 5 |

核心原則之三：為行為變革構思計畫

菲利波・羅西&茱莉亞・史波林&麥克・卡爾森／執筆

現在，我們對於大規模領導力開發的討論，主題從「內容」和「目標」轉到「方法」。在本章，我們要談的是與個人學習有關的「方法」，下一章則是組織層次的「方法」。

從個人層次來看，組織應如何思考規畫領導力開發措施，才能使「學習遷移」的效果達到最大？組織如何確保領導力發展措施對參與者有效，而且能增強他們的能力，更能勝任日常的工作？沒有人能給你簡短的建議。天資過人的學者渴望解釋大腦的功能，近幾十年來，認知神經科學的長足進展，讓他們的士氣大受鼓舞。這個領域以前所未有的形式匯集了眾多科學家投入，他們來自資訊學、物理學、工程學、生物學、心理學和醫學，只為了這個共同的使命。

這方面的知識呈現指數型成長，最主要的驅動力是使用腦部造影技術，例如功能性核磁共振造影（fMRI）。這方面的先驅者可以追溯到1980年代，當時利用功能性核磁共振造影做爲研究工具的科學著作，如雨後春筍般冒出。那些經過同儕審查的出版品，在2013年是28,600筆，相較於1983年則只有200筆。① 研究所需的成像設備在醫療場所愈來愈容易取得，研究者能夠藉此間接測量腦部活動，測量所得的資料又可以反過來連結到受測者在實驗時的行爲。

因此，在過去二十年間，我們對於大腦以及成人如何發展的理解，獲得了重大的突破。例如，我們知道神經可塑性（在人的一生中，大腦形成新神經連結和功能，進而自我重組的能力）不再局限於童年時期，事實上，我們一輩子都有。如今，我們更了解如何加強學以致用，以及它對領導力開發措施具有什麼意義。

成人學習的理論與實踐並不是新領域，它的正式名稱是「成人教育學」（andragogy），1833年由亞歷山大・卡普（Alexander Kapp）首次使用這個名詞。馬孔・諾爾士（Malcolm Knowles）於1960年代晚期和1970年代在這個領域貢獻卓著，從此有更多人紛紛加入此研究的發展行列。如今，這個領域的不同之處，在於強調現代成人學習原則，它的發展基礎在於對大腦有了更深入的認識，也讓我們能以更具體的方式，將這些學習方法融入領導力開發。

在本章，我們將會檢視應用現代成人學習原則的重要性、大腦對學習的準備與神經科學的關係，討論我們爲了極大化學習遷移效果，在領導力開發方法中應用的七個現代成人學習原則，以及討論組織可用來加強個人一般學習和表現的其他方法。最後，我們會檢討上述這一切對領導力開發措施的影響。

核心原則 3：以神經科學為基礎制定計畫，使成員的行為有最大的改變。

設計領導力開發措施時，要能明確重視神經科學方面的最新原理，協助個人「在工作崗位上表現得更得心應手」，使教學的價值以及對組織的貢獻達到最大。

〉神經學迷思與現代成人學習的重要性

關於人的大腦是如何運作的，基於神經科學的新洞見具有深刻的價值。但是，人云亦云的說法以及來自外行人的解釋，也形成了許多同樣深入人心的誤解。這些誤解在企業界成功獲得一席之地，影響了行爲變革和終身學習措施的設計與應用，以及高階主管對於自己大腦功能的想法。

例如，我們經常聽人說起：人類若非偏重邏輯的「左腦型」，就是偏重情緒的「右腦型」；我們在任何時候都只用到大腦容量的10%；以個人喜愛的風格來學習（例如視覺或聽覺的方式），效果會好很多；孩童時期是關鍵，從此以後別指望學習。

最近一項調查發現，教師們的思考也存在以上這些迷思。②超過九成的英國與荷蘭教師相信單一學習風格偏好的假設，相信大腦只使用10%的教師也有一半之多。這類說法有很多是誤解，我們稱之爲「神經學迷思」，本書沒提到的還有很多。③

避免這些神經學迷思，並且改採有神經科學依據的現代成人學習原則，是很重要的，因為這麼做可以實質影響個人能否成功

改變其行為。例如，有研究指出，經過三個月後，只有10%的參與者能記得教室聽講的內容。然而，透過行動學習（利用敘述、展示和體驗等方式）的參與者，卻有65%的人能記得學習的內容。[4]另一個類似的實例，是流行於1990年代的70：20：10經驗法則。有一群高階主管被問到他們認爲最有效的學習方式，有大約70%的人回答在職訓練、20%說是師徒制和教導、10%認爲是教室和線上訓練。[5]

我們對領導力開發的最新研究，支持了我們的看法：成功推行領導力開發措施的組織，有6.1倍更高的可能性會**積極鼓勵個人實踐有利於成為出色領導者的新行為**。與成人學習有關的另一個關鍵成功因素，是組織將內容**連結到專案**（無論是個人或群組的），**延伸參與者的工作範圍，要求他們在新環境長期應用所學，成功的領導力開發計畫有5.4倍更高的可能性會具有這個特色模式**。

成功的領導力開發組織更有可能採取的其他重要行爲包括：在論壇間隔期間穿插個別現場實作（3.6倍）、以優勢導向（3.4倍）、教導（3.2倍）和重視心態的影響（2.9倍）。

據估計，全球培訓市場的規模超過三千五百億美元。**以錯誤、落伍的假設做為學習措施的基礎，其代價是組織承受不起的**。讓90%的員工在三個月內把所學忘得一乾二淨，並不是非接受不可的結果。爲了提高領導力開發以及組織整體的效能，務必消除這些神經學迷思。

話雖如此，**我們看到有許多組織仍採用過時的學習與領導力開發方法**。有一項研究發現，《財星》五百大公司對於學習與開發措施的配置，有55%是課堂培訓、25%是教導和師徒制、20%是在職培訓，請參見圖5.1。[6]

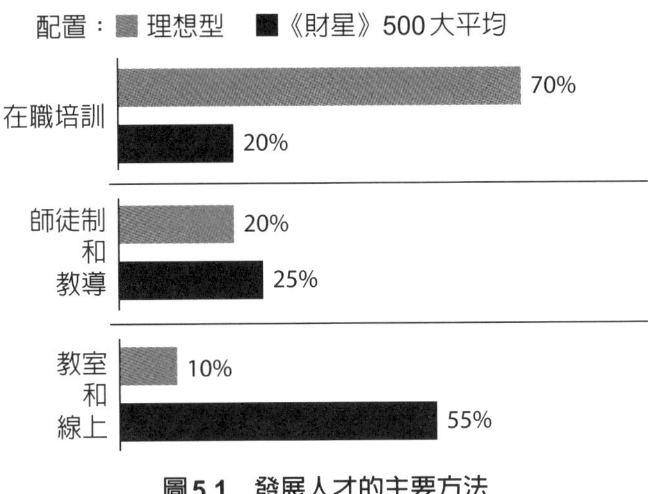

圖5.1　發展人才的主要方法

在諮詢業務上，我們所見到的也確實如此。我們經常看見有員工分配到學習與發展預算後，被要求從預先準備好的「課程目錄」或課程清單中，挑選想上的課程。這些課程既不是爲員工量身訂做的，也不是針對員工每天必須從事的工作。本章稍後會提到，自主學習能加強學習遷移，但學習內容必須屬於關鍵轉變的範圍，這一點我們已在第一章討論過。

有時候我們也會看到組織花費大把預算，從頂尖人才中挑選一批人，送到國外參加高階主管課程。當他們「回到」工作崗位後，經常發現在課程中所學到的，跟實際應用連接不上。人們當然會問：如果事實這麼明顯，組織爲何不肯採用更具整體性的方式來培養人才？我們相信主要原因有三：

1. 部分組織未能完全了解最新的成人學習原理，也不懂得如何設計學習措施，才能達到學習遷移極大化的目標。

2. 部分組織或許知道不同的學習方法會有不同影響，但是低估其重要性或者差異的幅度會有多大。
3. 部分組織或許在尋覓最好的學習方法，可是找不到正確的供應商（以恰當的費用）提供最好的培訓。

我們發現，市面上許多領導力發展公司，根本沒有以正確方式提供大規模量身訂作的學習方法。試舉幾個例子：領導力開發解決方案必須客製化，迎合組織正遭遇的特定挑戰（核心原則一）；擴大規模，在組織內正確的場所接觸到臨界量的人員（核心原則二）；在恰到好處的時機實行；採用全人方法，重視潛在的心態；以及在職位上應付眞實的業務挑戰。

我們往往看到一體適用的標準化課程、爲個人或團隊開辦的一次型課程、「預防萬一」的課程（預設型課程，但對於學員的未來需求，以及在何時、何種環境下需要用到什麼，缺乏清楚的見解）、只重視功能性技能，以及「脫離職位」的課程，以個案研究和教室聽課爲主。

經過全面的文獻回顧，以下我們會說明在大腦學習方面，神經科學的最新洞見。然而，一邊是膾炙人口的神經學迷思，另一邊是過去幾十年下來所累積的知識，想要彌補其間的差距，並非輕鬆容易的工作，更何況知識的成長速度一日千里。但是，我們相信它的主要觀念已經有助於我們對組織的思考。

〉大腦隨時準備好學習

在開始討論我們的核心原則在諮詢業務上的應用之前，先簡短談一下關於大腦的學習準備與神經科學，會很有用處。比如說，有一個神經學迷思，我們稱爲「童年的關鍵時機」。大多數人都聽說過這個關鍵時機，它的意思是指腦部發育在孩提時代就已經完成大部分。過了這一段時期，人類的發展軌道差不多就固定下來了。這個誤解是扭曲了以下的觀察結果：對於視覺和聽覺等主要感官，以及主要語言的習得來說，假使在這個關鍵的短暫時機缺乏適當的感覺輸入，將會抑制感官或能力的發展。⑦

這個假設將上述觀察發現擴展到人類的所有發展領域，甚至套用美國經濟學家詹姆士・赫克曼（James J. Heckman）提出的赫克曼模型（Heckman model，關於花在教育／學習上每一塊錢的投資回報），⑧得到的結果是，在三歲以後，一切學習的回報呈指數型下滑。

然而，除了前文提到的感官之外，大腦確實會根據適合的刺激而形成新連結，畢生都是如此。這個現象稱爲「神經可塑性」。科學能證明神經通路的改變能力，這不是新鮮事（1920年代卡爾・萊胥理〔Karl Lashley〕的研究即初次提出證明）。但是，直到1970年代，它才被神經科學家廣泛接受。如今，神經可塑性觀念不再受到挑戰，愈來愈多證據指出，即使到了成年，大腦還有許多區域依然「可塑」。⑨

不過，大腦顯然不會無緣無故地自動形成這些通路。成年人爲了獲得新技能、展現新行爲（針對領導力開發），需要正確的刺激和注意力。下一部分將討論組織如何進行學習介入措施。

〉成人學習的七大原則

把成年人當作成年人來看待，對學習效果最好，這麼說似乎天經地義。可是，問題在於如何才能做到？我們也可以放心地說，在教室裡單向學習的時代早已一去不復返。但我們該用什麼取代它？現代化的現場實作及論壇固然很好，但仍不足以完整回答這兩個問題。我們需要的是一個透過學習而推動改變的整體性方法。

組織必須考量成人大腦的種種學習方式。我們將這項任務歸納爲七個重要的成人學習原則。領導力開發措施必須：

1. 使參與者延伸到個人的舒適區域之外
2. 利用自主學習和自我發現
3. 應用在職學習，透過重複和實作形成新技能。
4. 提供積極體制，連結正面情緒與學習。
5. 確保介入措施是優點導向
6. 重視基本心態（全人方法）
7. 使用反思和教導，確保回饋循環運作無礙。

以下我們逐條檢視這些原則，以及它們的神經科學基礎。

1. 延伸參與者

成人的學習效果最好的時候，是被延伸到舒適圈外之時，也就是身在我們說的學習圈裡（請見圖5.2）。這是因爲學習發展必須經過新的神經通路，而這些通路必須透過從事不一樣的活動

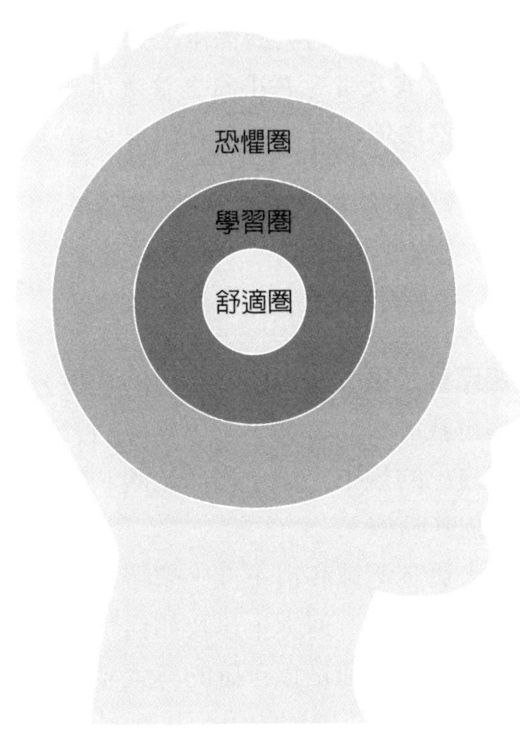

圖5.2：學習圈

（學新語言、樂器、運動項目），以及改變習慣的做事方法，才會形成。[10]我們的舒適圈、學習圈和恐懼圈，分別代表焦慮愈來愈強烈的區域。例如，羅勃·葉克斯（Robert Yerkes）和約翰·多德森（John Dodson）的研究指出，當焦慮不太低也不太高，也就是中等程度，學習的表現最好。[11]因此，我們主張的學習方法是延伸參與者，給他們壓力，但不是把他們推到恐懼圈。

實務上，這些用來挑戰參與者的任務，必須「只是」在其既有技能的範圍之外不遠，參與者只需充分的支持即可觸及。理想的情況下，應該是給每個人客製化的任務（例如依個人的發展計畫安排），讓他們解決自己的發展需求。這些任務可以是在論壇環境下（例如輔助自我反省、在小組中解決問題，或是對小組簡報），在其日常職務環境也行（例如在經理協助下第一次從事某個任務）。

2. 自主學習

另一個重要元素是讓參與者引導自己的學習／自我發現。成人具有自主性和自我導引的特性，意思是他們大致都能過著自我管理的生活，有自己的規則、信念和價值觀。允許成人導引自己的學習，可以加強其動機。

而且，給成人更多選擇和自主性，學習者能更精確地（例如與教師相比）選擇在何時、何處，以及如何學習想要的東西。如此一來，學習對人人來說都是以正確的方式發生，從「被」學習變成「要」學習，也強化了整體的學習效能。

另一個常見的神經學迷思是左右腦理論，認爲人的主要風格不外分析型（左腦型）或創造型（右腦型）。然而，這種非此即彼的二分法是無稽之談。人腦的左右兩半不僅是緊緊相連的，也會密集交流，並不會孤立運作。在很多行業，這個簡化的二元觀念造成一個誤解，認爲每個人都有偏好的學習風格和管道，而且根深柢固。這個觀念已經被最近的研究推翻了。若能透過多種模式學習的話，例如同時給予視聽的刺激，一向都會比單一感官的模式（如只有聽覺）得到更好成果。雖然自主學習能增強個人的學習效果，領導力開發措施仍應該設法讓學習者的所有感官都能參與。[12]

事實上，組織可以允許參與者設定自己的學習目標，在學習過程中融入探索元素（例如允許參與者在自己的特長與開發領域探索、反思及採取行動）和自主元素（例如在既定的論壇之外選取線上課程模組）。組織可以採取「選修」原則安排整體計畫（即要求參與者報名參加，但是不要把計畫內容變成硬性規定），讓某部分的計畫如教導成爲選項（於是參與者必須自行設定教導時間）。

以自主性和彈性搭配預期目標，成人會因此想要了解學習此措施的好處與價值。所以，組織必須確保計畫的價值及其與工作的關係，已經清楚傳達並付諸實行（請參見下一條學習原則）。

如前文所述，自主學習必須限於組織整體優先事項的範圍之內。組織必須有集中的策略化安排，確保各項學習內容都與最重要的關鍵轉變有關（如核心原則一所談到的）。

有了選擇權，即代表有責任得吸收學習內容（即滿足專業需求和符合個人的學習時程表）。因此，關於參與者如何學習、實現成果的型態，以及任何任務、閱讀或作業的完成時機，我們盡可能保持彈性（在計畫範圍內），但是關於學習吸收的效果（例如透過經理回饋或360度評量），則一定要追蹤進度。組織讓參與者對自己的學習負責，是非常重要的。

3. 在職學習和重複

成人學習效果最好的方式，是在職務上應用及發展工作技能。這是因爲大腦會形成及強化新的神經通路。持續練習新技能，能擴張大腦功能區中與該技能相關的網絡。例如，小提琴家的手部表現，或是倫敦計程車司機大腦記憶區（海馬迴）的大小。[13] 換言之，一起「發射」的神經元也會編結在一起。[14] 反之亦然。大腦具有活躍的「修剪流程」，只有經常被啓動的神經連結和神經通路，能夠保留下來。我們學會的技能（例如某種語言或演奏樂器的能力）經過一段期間沒用就會喪失，那種感受我們都懂。

因此，我們一向會在領導力開發方法中，納入專用的結構化現場實作、在職務上交替應用新技能，搭配更多正式學習單元（例如論壇或線上模組）。組織可利用個人的日常職務，以及超出日常任務的「突破專案」（breakthrough project），例如根據轉型環境的特定措施，達到在職務上應用技能的目的。

我們堅信「**學習即工作，工作即學習**」。學習論壇是高度互動和吸引人（及辛苦！）的活動，組織期望參與者應用所學並在日常職務上實踐，最後不僅提高了學習效果，也加強了對組織的影響，後者應成爲所有學習措施的終極目標。

4. 積極的環境

研究顯示，在所有心理活動中，情緒和認知密不可分。⑮雖然大腦的情緒功能和執行功能，各有特殊化的模組，它們仍然高度互動並互相影響。所以，**談到學習，絕對要考量它的情緒環境**。

早在認知神經科學出現以前，柏拉圖即假設學習和情緒之間具有關聯。他說道：「所有學習都有情緒基礎。」最近的神經科學研究指出，能引起情緒的事件或物體（愉快或不愉快都算），由於激發了杏仁體，而與事後的回憶有高度相關性。⑯至於學習環境，已經有大量的研究證實了，正面情緒可以加強學習，而負面情緒（例如害怕犯錯）則會和學習衝突，最壞的情況是削弱學習效果。[17]

此外，對動物和人類的研究指出，正面事件與回報能使大腦釋出一種叫多巴胺（dopamine）的物質，對記憶的形成大有幫助，[18] 而且會讓動物和我們都想得到更多這類體驗。[19] 所以，將學習融入愉悅且有獎勵的環境，並且設定清楚明確的獎勵里程碑，就能增加我們對學習的一般興趣，還能激勵未來的學習。

「創造積極的環境」也能使參與者願意冒更大的風險行事，從舒適圈延伸到學習圈，這正是我們討論過的成人學習原則第一條。我們發現，參與者縱身一躍時，需要感受到鼓勵與支持。因此，有點矛盾的是，組織必須創造安全的環境，讓參與者願意冒險離開舒適圈。這一點不只在學習環境爲眞，在團隊效率的實務上也是如此。一般來說，我們會在研討會上進行「巔峰績效」練習，藉此精確掌握高績效團隊的特徵。從中顯現的重要元素之一是，有「巔峰績效」經驗的成員同時也覺得受到鼓勵和支持，以至於能夠冒更多險，百尺竿頭更進一步。

在領導力開發諮詢業務上，這意味著創造安全的學習空間，使參與者勇於冒險並暢談隱憂。爲了創造這樣的空間，一個有用的作法是在學習單元一開始即定下基本規則，比如說保密、不挑剔批判，以及參與者相互支持。此外，輕鬆有趣的學習措施，效果一定會更好，而確保輔導員、教練和組織配合無間，也是非常重要的。

5. 優點導向（不忽視開發領域）

開發領導力效能時，人員務必專注於優點而非缺點。有一個研究是以威斯康辛大學的兩個保齡球隊爲對象，說明了聚焦於優點的重要。在研究中，以球隊成功經驗的錄影帶當作訓練教材的隊伍，比起只檢討過去失誤的另一隊，進步程度是兩倍。[20] 爲何以優點導向的開發措施比較有效？原因有四個。

第一，以付出同樣精力來說，成年人從建立優點所得到的益處，勝過矯正有待提升的領域。換句話說，將相同精力用於提升優點的效果，高於改善發展區域。從事活動時，我們不停地發展新的神經通路，一生中都是如此。我們的優點是從大腦中突觸連結最強的區域發展而來的。對成人而言，這意味著「優點」之所在，即是眾多突觸連結之所在。相對於形成新突觸，當突觸開始發展且變得更有力時，大腦需要用來活化特定神經元的能量比較少。一般人會說自己的優點來得自然而然，其原因就在這裡。[21] 因此，我們的學習與開發措施，都集中於培養現有的優點（假設這些優點和組織需要的領導力行爲一致）。

第二，成人往往傾向於強調負面多於正面（俗稱「風險規避」），在某些情況下有三到五倍之多。[22] 因此，我們有必要利用強調優點（例如「你善解人意」），抵消負面資訊（例如「你聽不懂人話」）的過度影響。舉例來說，領導者在提供回饋時，對於員工優點的重視，要比有待開發的領域多三到五倍。否則，員工只會記得有待開發領域。

第三，專注於優點，往往能創造更多正面經驗與成功的故事，使人分泌更多的多巴胺並確保有持久的學習動機。此外，研究亦顯示「勝利」能加速締造將來的成功。[23] 例如，在進行十公里長跑競賽集訓時，先增強耐力並體驗一系列較小的成功（例如跑完四公里、六公里、八公里），可以增強參與者的動力，並爲身心做好迎接未來更大賽事的準備。雖然這麼做的風險是變得過度自信以及太熱愛冒險，但是在學習環境下或許比較沒有關係。

領導力開發措施應該以優點導向的**最後一個原因**，與神經科學無關，但是對整體組織環境而言卻很重要。我們知道，尖刺型領導者（spiky leaders，少數能力出類拔萃，但其他能力平庸或不足的領導者）對公司的整體績效而言，重要性更勝於全才型（all-rounders，大多數能力都很好，其他能力為平均水準，沒有什麼不會的）。與健康指標第二四分位數的組織相比，最高四分位數的組織擁有多兩倍的尖刺型領導者。㉔有一項研究以二十九個國家、三十四個組織將近兩萬名員工為對象，其研究結果顯示，經理更重視優點的公司，業績高出21%至36%。㉕

我們的轉型變革方法呼應這些觀點，而且我們發現同時專注於優點與弱點的組織，比只重視優點或弱點的組織更成功。㉖以學習環境而言，學習措施應該清楚而詳細地了解個人的優點，並確保個人的發展計畫聚焦於這些優點。此外，如果個人有待改善的領域尚未達到最低標準，也務必確保他們不會忽視這些相關領域。

6. 潛在心態

第六項主要的成人學習原則，是強調能促成預期改變的基礎心態，我們稱它為領導力開發的「全人方法」。如第一章所述，這是由於我們的行為乃是受思想驅動，而思想則是受潛在的價值觀及信念左右。**在許多方面，「了解個人的潛在信念」是移除障礙的先決條件，不只是學習，行為變革也不例外**。這些是全人方法的元素，其基礎是關於成人發展的心理學思想（例如羅伯特·凱根和麗莎·萊斯可·拉赫的《變革抗拒》）。㉗

傳統的技能養成方法，毫無例外都把重心放在領導者應該知道什麼（例如，和工作有關的思想及專業技能），稍後則又搭配領導者應該做什麼（即聚焦於可被辨識、學習及實踐的實用行爲）。

另一方面，全人方法也聚焦於領導者應該成爲怎樣的角色。它的重心是認同與眞實性，以及有意識地發展自我，進而發展出領導者人格。它的典型是領導力開發的「Be（本質）＋Know（知識）＋do（行動）」模型。此模型包括揭示行爲變革的阻礙（例如潛在心態和根本觀點），藉此協助領導者一勞永逸地轉變工作的方式。一些研究與實務都已經清楚顯示了，參與全人計畫的人員，更有可能體驗到相關且持久的個人改變，並且養成眞實、有效的領導力。

7. 回饋（與反思）

最後一個原則是回饋與反思。**任何成功的領導力發展計畫，都必須包括充分的測量方式，以及參與者的回饋循環**，才能強化學習過程。我們認爲，回饋可分爲外部回饋與內部回饋兩種類型。

來自周遭環境的外部回饋非常重要，原因有三個：

⑴ 外部回饋爲大腦指引方向，使它知道應該聚焦於何處。此外，回饋有助於提升參與者的覺察層次，進而有助於他了解哪些方面可以多做或以不同的方式去做。

⑵ 回饋可以成爲動機的來源。具有成長心態的人會正面看待挑戰，並且利用目前的處境和未來目標之間的差距，來鞭策自己。（反過來說也成立。心態「僵化」的人，會把回饋視爲

威脅和打擊，所以學習措施最根本的工作，是促成正確的學習環境，並且強調擁有成長心態的重要性。）

(3) 回饋能給計畫的輔導員和設計者帶來提示，知道參與者目前是在學習過程的哪個階段。然後，他們可以提高或降低學習的複雜程度，確保參與者是位於「學習圈」，既不會感到安逸，也不會惴惴不安。

內部回饋與後設認知（metacognition）及「對思考的思考」過程有關，包括如何反思我們的思考過程和發展。已有研究指出，善於內省的人，大腦的前額葉皮質有更多灰色區域，而前額葉皮質是大腦和人類的演化發展有關的部位。也就是說，內省有助於學習過程。[28]學習時，若能在反思性的環境下，規律地自問一系列問題，有利於學習過程。例如：

- 我是否知道自己的優點和有待改善的領域？
- 我專注的焦點，是否恰當結合了我的優點和有待改善的領域？
- 在學習過程中，哪些作法對我有用？那些方面需要改進？
- 我是否學以致用？如果沒有，爲何會這樣？

因此，我們一向建議組織能將教導（coaching）納入，成爲領導力開發措施的一部分（在計畫中安排教練、經理／導師，或至少有同儕小組）。此外，我們還會在計畫施行時，設定供參與者反思的專用時段，以及利用學習日誌記錄參與者的想法與反思心得。

個案研究：從正念和神祕主義，再到底線

背景與挑戰

2012年，麥肯錫開始與一家大型製藥公司合作（該公司在二十五個國家／地區擁有兩萬多名員工，營業額超過二十億美元）。它的挑戰在於使領導力成為整個組織所有員工的願望，而不只是某些員工想要的角色。現有的開發計畫偏於指導而非轉型，而後者才是該公司認為需要的。該公司要給員工空間、自主性和正確的心態，能在工作上蓬勃發展，進而為病患提供更好的服務。

解決方法

本計畫聚焦於個人轉型，處理內在心態與外在體態的議題，為組織帶來改變。該公司和多名變革領導者共同翻轉了改變的障礙，客戶表示，整個計畫變成「極大的成功，我們後來還分批施行了好多次」。經過三年，每個批次的規模從二十五人增加到五十人。而且，本計畫目前完全交由客戶的內部團隊操作。在每個階段，領導力開發都更加深入，以至於參與者能熟稔內在世界的本質，藉此獲得更周全的準備，能夠更有效地應付外在世界的變化。基本上，這是與有形的業務影響緊密連結的心靈旅程。

本計畫的中心是個人轉型。透過個人轉型，客戶才能培養他們想要的文化，能體現「同理心」和「活力」的品牌價值。個人轉型在此處與組織轉型緊緊相連。

例如，領導者努力獲得自信及培養令人信服的領導

力、與深厚的目的感結合、克服憤怒、以同理心和信任建立人與人的關係、超越恐懼（失敗／平庸／喪失形象）、以勝利的心態經營事業，以及從「獨尊邏輯」或「數據驅動」的方法，轉變為結合直覺和邏輯，創造突破性的結果。

本計畫成為領導力最高四個等級的旗艦型領導力開發計畫。唯一的目標是讓組織內有前途的高階領導者，能與本身的全部潛能結合，並且在職位上徹底發揮，進而影響業務。它依循「領導自己—領導他人—領導業務」的哲學觀，從許多研究與著作汲取靈感和實踐作法（有東方的精神傳統和神祕主義、變革抗拒、正念、身心學、非暴力溝通、U型理論、社會大劇院、完形心理學等），在整體組織內打造強大的領導者管道。

領導者獲得強而有力的畢業學員計畫支持，即使已正式完成開發計畫亦然。畢業學員計畫協助他們繼續自我成長與轉型的旅程。

影響

本計畫得到三個結果。第一，在個人層次，組織的領導者能克服限制性的心態與體態，也變得更有效（在愉悅而非壓力和恐懼的心境下追求卓越、能做出更好的決策、能自我表達、有自信、常有靈感、能開發人員等）。第二，在群組層次，本計畫使各部門能通力合作。第三，在組織整體層次，本計畫創造了人與人的深刻連結和同理心文化（更能以病患爲中心）。本計畫在前三年的影響，是使組織業績獲得一億兩千五百萬美元的提升。

本計畫大獲成功，促使組織高層展開為期十二個月的開發之旅。它的目的是在最高層團隊營造「團結與共鳴」，實現「藥品人人買得起，人人買得到」的企業使命。

接著，計畫又演化成完整的日常工作事項，這是從最高層團隊、跨部門和業務單位的高階主管人員，乃至整體組織的運動，每個單位有各自的不同措施，目標都是釋放個人潛能，然後匯聚成為組織的潛能。

正如組織的人力資源長所觀察到的：「這麼多年來，我未曾見過任何領導力日常工作事項能與組織的願景如此緊密結合。本計畫利用個人轉型確保了企業影響。四年過去，計畫的成果有目共睹。」

檢討與反省

這是一次成功的領導力開發措施，因為它強調全人的觀點。許多計畫是以技能為重心（領導者應該知道什麼和做什麼），本計畫既重視技能，也兼顧領導者想要成為怎樣的角色。領導者除了學到業務技能，例如授權、解決問題和管理變革，還發展了深刻的個人覺察、探索了如何利用自己的優點、培養同理心，藉此能與同事有更深入、更堅強的連結。而且，本計畫包括了結構化的突破專案，因此參與者能在業務挑戰的環境下成長。雖然組織測量到了真正的業務結果，但是真正的焦點在於參與者如何才能達到那些成果。本計畫聚焦於個人成長且毫不動搖，能確保個人所發展出來的技能與品質，是他們正面臨的特定情境所需求的。

〉提高個人的學習與表現

對學習有益的事，通常也有益於增強員工的一般績效。例如，使員工延伸到學習圈，有可能在短期內即可獲得更好的業務成果。賦予員工自主性（在範圍內）及營造正面環境，有可能強化動機和品質。使員工的優點能與手上的任務相配合，將能獲得有益的結果，這是必然的。

同理，還有其他元素也能同時有益於學習與日常績效。我們並沒有將它們歸入「成人學習原則」，但是組織若能考量這些元素，也能因此得到更好的成果。

- **一心一用**：一心多用的話，大腦會表現不佳。腦部掃描結果顯示，無論受測者正在從事什麼活動，一般而言整個大腦都是處於活躍狀態。因此，學習新事物，或是想要有效能又有效率地完成任務，一定要避免一心多用。
- **成長心態及意識到刻板印象的威脅**：心態對於個人的學習與表現能力，具有清楚的影響。例如，對一群女性亞裔學生提醒她們的亞洲遺產，比起另一組被提醒「女孩子不擅長數學」的亞裔女學生，在隨後的數學考試中表現更好。此外，利用對自己和學習保持正面的態度，來培養成長心態，能增強個人克服挑戰和學習的能力。[29]
- **消除偏差**：人人都有偏差，但有一些偏差會降低決策效能，例如「確認性偏差」和「可得性偏差」。[30]組織可以採取個人層次（例如回饋和反思）和組織層次（例如適應性決策過程）的措施，消解這些偏差。
- **保持健康的生活風格**：睡眠、運動和營養非常重要，這對本書的讀者來說想必不是新鮮事，但我現在要說的並不一樣。身體健康會影響我們執行認知任務與學習新事物的能力，隨著更先進的功能性核磁共振造影（fMRI）技術出現，我們已經能夠測量其影響的幅度有多大。組織已經不能只把身體健康當成「有也不錯」，它承受不起這麼做的代價。組織應該提供相關計畫與政策，確保每名員工的福祉。只具備睡眠、運動和營養等元素還不夠完善，因爲其中缺少了以積極心理學或靈性爲基礎之類的措施。但是，這些元素提供了維持健康生活風格的重要基石。其他相關的元素還包括壓力管理，以及確保員工有充分的關機（復原）時間。

- **冥想和正念**（Mindfulness）：神經科學指出，冥想和正念與提升績效、學習及一般福祉之間有關聯，因此，有許多組織提供員工從正念與冥想受益的機會。例如，經由結構化計畫和布置冥想室。㉛

本書的附錄三中，對以上各項元素均有更詳細的討論，包含每一項元素和神經科學的關係。

〉對開發領導力的影響

當我們在設計及實施領導力開發措施，以及聚焦於如何影響個人行爲時，若能將整體重心置於把學習遷移極大化，組織將可獲益良多。實際上，這就是說要應用本章所提及的七個成人學習原則。這些原則不妨再提醒一次：延伸參與者、納入自主元素、確保有積極的環境、使開發措施以優點導向、包含在職學習和重複、重視潛在心態，以及包含回饋與反思。在本章稍早，我們已經討論過這些原則的實際影響，我們將在第七章（我們的方法）與第二部分（我們的實踐方法）說明如何設計領導力開發措施，並且將成人學習原則融入實務之中。

為了有效應用成人學習原則，科技可以扮演重要的角色：例如行動應用程式可以包含許多相關且能自行控制學習速度的模組，有助於自主學習。使用穿戴科技，可以獲得立即回饋，舉例來說，想知道有多少人正在說話（例如當穿戴者在群組中想多說或少說，這個功能很有用處），以及想知道別人對自己語調和情緒的反應（例如，可方便穿戴者選擇改變態度與談判風格）。推播訊息和每日提醒，能促成「刻意練習」、在職應用及重複。

遊戲化和社交學習網絡，可以提供更積極的環境，例如利用應用程式在以下情況給與參與者點數：參與者完成一項學習模組（增加完成下一個模組的動機）、和他人互相「確認」工作進度，或是討論學習計畫（增加從虛擬轉向實體網絡的動機）。這些積分可進一步用在解鎖新學習模組或其他功能。完成課程時獲得「勳章」，是促進學習的另一個方法，它還有一個功能，那就是在養成新技能時向學習群組（或整個組織）公告周知。

虛擬實境（VR）可用來推進處理心態問題的界限、揭露偏差，以及模擬新行為的在職應用。虛擬實境在很多領域已經有很長的應用歷史，像是軍隊和飛行員訓練（通常這些領域的眞實訓練帶有生命危險，以虛擬實境形式訓練合情合理）。然而，虛擬實境的應用，如今已進入領導力開發的領域。例如，史丹佛大學的虛擬人際互動實驗室（Virtual Human Interaction Lab）即利用虛擬實境的模擬技術，協助參與者培養同理心。他們採用的方法是在模擬社交互動之前，先讓學員「設身處地」體驗一下他人的生活。[32]

就這七項成人學習原則而言，我們要特別強調「在職應用」和「轉變心態」的重要性。試著回想我們對領導力的定義：我們認爲領導力是關於行爲，而行爲必須獲得正確技能與正確心態的支持。這兩個構成部分值得我們深入詳論，因爲它們攸關個人的行爲改變，但是在那些高度集中於課堂學習的領導力開發計畫裡，卻往往付諸闕如。

首先，在參與計畫期間，將技能應用到專案工作，是非常重要的元素。這麼做能使在職學習、回饋和反思、教室內課程與閱讀，得到最理想的融合。然而，這其中含有幾種危險。危險之一是如何連結學到的技能和工作職務，它們有可能會落得「脫鉤」而且再也回不去的下場。因此，在規畫課程時，組織面對的是必須保持平衡的細致行動。另一方面，在遠離工作的場地實施計畫（有許多情況都是選在類似大學的環境）有其價值，參與者有時間退後一步，抽離每日工作的要求。但是，另一方面來看，即使是十分基本的培訓單元，成人通常只會記得課堂聽講內容的一成。相對地，從實作中學習能記憶的內容，將近三分之二。而且，不論新養成的領導者多有才華，想要將遠離工作場所學到的經驗，就算是最強大的經驗，轉移到工作上而改變行爲，往往也會感到非常吃力。

以下答案說起來直截了當：要將領導力開發，與那些會影響業務及增進學習的在職專案結合。然而，想要創造出同時滿足以下兩種情況的機會，並不是容易的事：要能解決最優先的需求，例如加速新產品問世、讓某個銷售地區有起色、解決外部夥伴關係，或者開發新的數位市場策略；而且還要爲參與者提供個人發展機會。

有一家醫療器材公司在維持以上兩方面的平衡時，錯得非常離譜。該公司有一名參加過領導力開發計畫的員工，他連續好幾個月投入大量時間開發一項新設備。他將這件事視爲「眞正的」工作，那是要創造出一個設備，能在醫療緊急情況下輔助老年人。他向董事會報告自己的評估，董事會告訴他，有一個全職的團隊正在解決一模一樣的挑戰。董事們從來不認爲領導力開發計畫的副產品中，包括提出解決方案。這位創業型員工聽到這個令人洩氣的訊息後，很快就離職了。

另一家大型跨國電機暨營造公司的例子剛好是對比。它制定了一個爲期多年的領導力計畫，不僅在個人層次上加速了三百名中階主管的發展，同時也能確保各項專案都能準時且合乎預算。該計畫的每一名參與者選擇各自獨立的專案，並且擔任一個業務單位的主管。舉例來說，這個單位的任務可能是負責與主要客戶開發新訂單、擬訂一份超過該團隊業務線的新合約。

這些專案都和指定改變的個人行爲有關係，例如克服與資深客戶打交道的障礙，或是爲下屬提供更好的指導。到了計畫結束之際，業務單位的主管手上有三個新機會已經到了進階磋商的地步，這些機會和群組的兩條業務線有關。我們從計畫的回饋看到，他覺得自己現在的行爲像是群組的代表人，而不是志在維護自己業務的狹隘利益。

此外，若想進化出更有效的領導力，需要改變個人的行爲。儘管大多數組織都認同，改變行爲代表了必須調整潛在心態，卻往往不願去解決領導者會有某種行爲的根本原因。對參與者而言，這麼做會令人感到不適。但是，假如沒有明顯的不適，很可能無法改變行爲。正如教練會把運動員的肌肉痠痛看作訓練結果的正常反應，當領導者努力想要把績效提升到新境界，屬於自我延伸的情況，應該感受到跟肌肉痠痛一樣的不適。

確定一些「水面以下」的感受、假設和信念，往往是行爲改變的先決條件，卻經常在領導力開發計畫中被迴避了。比如說，促進授權和賦權的美德，理論上是好事；但假使計畫參與者明顯具有「控制」心態，那就不太可能被採用了（我不能失去對業務的掌握；我是唯一的負責人，只有我應該做決策）。部分人格特色（如內向或外向）可能難以改變，但是我們能改變看待世界以及評價自己的方式。

我們再次遇到一個事實：發現、挑戰及克服心態是需要時間的。我們在前一章看到，超過80%的領導力計畫，只推行了三個月或更短期間，超過半年的只有10%。想要維持轉變後的心態與行爲，這是巨大的障礙。

從改變的推力而言，我們往往還有改進的空間。例如身體健康，特別是睡眠、運動和營養。但是，在這裡我們先不詳論，只是簡單介紹。爲了鼓勵員工有健康的選擇，有許多事是組織可以做的。組織可以給員工充分時間參與學習措施，避免他們熬夜工作。這是組織反擊缺乏睡眠的方法。組織可將睡眠管理、運動和營養祕訣，納入培訓課程（有趣的是，我們的調查結果顯示，有70%的領導者說，組織應該教導睡眠管理）。在最近的《麥肯錫季刊》，我們發表了許多關於睡眠的實用祕訣。㉝組織可以根據差旅政策、工作規範（例如，預期電郵回應時間全年無休，相對於不回電郵的「停電」時間）、強制無工作假期、彈性上班時間、辦公室設「小憩房」、發放健身房折價券或公司附設健身中心、爲騎自行車或慢跑到公司的員工設置淋浴間，以及改善公司供應食物的品質（食堂、午餐券、自動販賣機）。

值得一提的是，採取健康選擇的最大障礙，與知道該做什麼的關係較少，與下定決心改變的關係更大。許多研究指出，有些人不願意改變生活風格（例如，戒菸、採取健康飲食和開始多運動），就算是與生死存亡有關。遇到這些情況，我們必須做的往往是發掘出內心深處抗拒改變的原因，然後開始改變它。新行為必須練習六到九個月，才能形成持久的轉變。[34] 推動這一類轉變，是有效領導力計畫的核心工作。

個案研究：利用客製化數位學習平台，加速開發計畫

背景與挑戰

本案例的組織是一家化學與農業企業的業界領導組織，每年的收入超過一百億美元。該組織的總部位於歐洲，全球員工有二萬五千多人。

它的挑戰是在全組織培養領導者，藉此加速業績成長。它需要讓未來的事業在卓越的技術與人員技能之間更加平衡、能自我督促、成為靈敏的學習者，而且能經由跨部門合作，達到全組織共事。它需要麥肯錫參與達成的目標有：培養一百名具有高度潛力的未來領導者，以及加快他們的準備，能在更高層級擔任關鍵角色。

解決方法

麥肯錫設計了一套為期十四個月的「加速開發計畫」（Accelerated Development Programme, ADP），利用全套開發措施確保持久的行為變革和業績影響：

- **論壇學習**：長達數日的體驗研討會，以及自行調整進度的數位學習課程。
- **現場實作應用學習**：參與者練習在日常工作中應用論壇所學、克服業務挑戰而磨練新技能，以及藉由結構化師徒制，讓參與者練習如何促使資淺的同事有所發展。
- **回饋、自我反思和教導**：360度領導力評量、領導力（執行力）教導單元、業務教導、虛擬同儕教導，以及個人發展規畫單元。

透過全部的計畫，參與者的學習經驗展現為八個旅程：了解自我、領導者的心態和觀點、了解組織、建設性挑戰與持續改進、成為靈敏的領導者、增進個人彈性、強化人員，以及培養領導者。不同的學習措施交錯安排於整趟旅程，確保參與者能有整體性、強烈而難忘的體驗。

我們量身訂作一個數位平台，用來支持參與者的學習旅程。這是參與者的一站式服務平台，他們能依時間順序認識計畫的所有元素。除此之外，本平台也讓參與者能和同儕分享有趣的內容，讓計畫主持人能和參與者溝通，並且使他們保持參與。

影響

本計畫目前是在實行的第一年，至今為止收到參與者的正面回饋包括：

- 97%的人認為參與計畫的時間值得
- 95%的人認為有能力應用所學

- 98% 的人向同儕和同事推薦本計畫

以上數據是我們在全球收到的評分中最高的一部分，尤其是關於能應用所學。我們也從客戶贊助人以及學習與組織發展部門（L&OD）那邊，得到同樣正面的回饋：「過去十五年，我和眾多諮詢顧問公司合作過，我相信麥肯錫擁有現今市場上最先進的產品之一，能爲全球組織提供領導力開發服務，而且可能是當今最完整的。」

檢討與反省

數位工具能將使用者的參與和新領導力技能的應用，提升到新境界。加速開發計畫的整合平台，大幅提高了參與者投入的程度。他們很快就成為線上全球社群的一分子，並且可以透過社群取得計畫的內容、收到計畫通訊，以及和高階主管、同伴參與者互動。

此外，該平台提供完整而清楚的計畫元素概觀，可以及時提醒參與者即將到來的里程碑，確保參與者能從繁忙的行程表抽出時間，在結構化論壇的間隔期間完成計畫任務。領導者經常遇到的情況是，現實中的業務壓過了研討會指定的任務，因而使參與程度下降。然而，參與者有80% 的學習是在工作中進行的，數位平台有助於確保參與者運用所學知識、從多個來源獲得回饋，以及反思自己的進步情形，最後推動可長可久的行為改變。

本章摘要

本章介紹大規模領導力開發的第三項核心原則，涵蓋了領導力開發措施中，與個人學習效能有關的「方法」。本章強調，即使長大成人後，人類的大腦依然具有「可塑性」，並且討論七項主要的成人學習原則。為了在領導力開發計畫中改變個人行為，我們持續不斷應用這些學習原則。

我們也討論到一個事實：許多成人學習原則並非新觀念，只不過極大多數組織未能善用這些原則。或者說，沒有以整體性的方式應用。一般人理所當然會問：如果這些原則的影響那麼清楚明確，為什麼組織沒有以更整體性的方式，應用這些原則來培養領導者？我們討論了三個原因：不知道有這些原理、不了解這些原則有多麼重要，以及雖然了解但是找不到適當的供應商來執行。

下一章我們將討論核心原則四：利用整合與測量，準備好能夠促成、支持及強化領導力計畫的系統。這一項原則也是處理大規模領導力的「方法」，但是我們的焦點在於組織層次。

| Chapter 6 |

核心原則之四：整合與測量

亞恩・蓋斯特&法里登・多提瓦拉&潔瑪・達奧里亞／執筆

上一章，我們看到人類在成年後大腦依然保有可塑性，我們也回顧了現代成人學習技術。爲了使領導力開發計畫所轉變的行爲可以持久，我們討論了在計畫中應用這些學習方法的重要性。然而，正式培訓和能力養成，只是全系統變革行動的一部分。我們需要做更多，才能改變整體組織的行爲。

本章將討論在整體組織系統中融入預期行爲變革的重要性，而我們採取的工具是影響模型（詳見後文討論）。這個目標不僅包括能力養成，也包含角色示範、促進理解與確信，以及使人力資源和人員系統一致。此外，它亦包含測量進度和必要的適應。最後，我們會說明上述作法如何實踐及其對開發領導力的影響。

核心原則 4：在組織層面整合及測量計畫

組織必須確保：廣泛的組織生態系統，能直接支持並加強領導力發展計畫所促進的行為、技能和心態轉變。

〉為何系統整合很重要？

在為本書寫作而從事研究的期間，我們思索的問題之一是：組織有領導作用嗎？我們在此用響亮的聲音回答：有。同樣地，一般人可以問：組織是否有與眾不同的文化（環境）是能自我維持、永久不變的？許多研究者認為答案確實是肯定的。對領導力開發來說更重要的是，有多項研究指出人會適應環境，人的行為至少有一部分會受到所在環境的影響。[①] 只要改變環境，也會改變人的行為。

因此，假如領導力計畫被當作孤立的措施，終究無法轉變並維持領導者和整體組織的行為。**為了要形成大規模的持久影響，組織必須適應正式與非正式的機制，使領導力計畫得以推動**。這些可能包括「硬性」元素，如改革績效管理系統、績效考核、待遇和內部流動性、接班規畫；此外，還有回饋、非金錢回報等「軟性」元素，如認可、讚賞，以及員工互動和工作的整體方式。

如同其他幾項核心原則，整合與測量原則也是在不受重視的時候最能彰顯其重要性。領導者經由領導力計畫學到新技能並獲得成長之後，有一種情況是最讓他們感到沮喪的，那就是在返回原來的嚴格體制後，組織不僅對他們為改變的付出不以為然，甚至積極和他們作對。組織的頑抗可能有幾種形式：自己的上司不挺，不支持自己不同以往的新行為；人力資源系統並不獎勵自己的新領導力行為（甚至會懲罰），像是在賦予權力、實驗作法、創新等，以及無法實現促成某些行為（例如顧客中心性和決策速度）的流程和權限門檻。他們需要的是將領導力開發措施融入組織體系中。

我們的最新領導力開發研究亦證實這方面的行動需求，因爲在我們的十大關鍵行動中，前三項都是關於把領導力開發措施融入廣泛的組織。我們發現，相較於領導力開發措施失敗的組織，成功推行領導力開發措施的組織有5.9倍更高的可能性，會在推行措施之前，先檢討目前培養領導力技能的正式／非正式機制。

組織的關鍵作法之一，是調整人力資源系統，藉此強化領導力模範／期望的行爲（例如透過招募、績效考核、待遇、接班規畫等措施）；此可能性爲5.6倍。根據我們的經驗，人力資源系統配合調適，確實爲一大關鍵。具有成功領導力開發措施的組織，將近75%會因應措施而調整其人力資源系統，這麼做卻不成功的組織只有13%。

組織應確定最高層團隊能成爲領導力計畫預期行爲的模範（例如，擔任計畫講師、專案發起人、導師或教練；此可能性爲4.9倍）。在前十大關鍵行動之外，其他重要行動有針對「參與者評估」、「行爲改變」和「業務績效」三個面向，採取跟其他措施一樣嚴謹的方式來測量投資報酬率（3.6倍），以及確認計畫目標、測量尺度、追蹤機制與組織治理，皆已清楚制定且準備就緒（3.3倍）。

此外，所謂專注於廣泛的組織環境，意思是說預期的領導力行爲不只得到了接受正式培訓的領導者支持，組織中的其他人員亦然。

所有領導力開發必須能為整體組織帶來行為變革。其他核心原則已說明了爲何應該如此以及實現目標的方法，本章的第四項核心原則將解釋如何讓那些改變成爲組織生命的一部分，以及新的工作方式。

〉利用影響模型整合變革

領導力開發計畫的成功，有一項關鍵因素是：將預期的領導力行爲變革，整合或融入廣泛的組織系統。依我們之見，**想要改變人員的行為，最好的方法是利用我們所說的影響模型**。它具有完善的心理學以及多年實踐的基礎，已經證明確實有效，請參見圖6.1。

根據研究與諮詢業務經驗，我們發現，如果轉型工作的焦點是放在改變心態和行爲的四個關鍵行動，最有可能成功：

- 促進理解和信服
- 藉由正式機制強化改變
- 培養人才和技能
- 成爲模範

任何轉型或變革行動（領導力開發是首要實例）都必須具有這四個元素。②

此影響模型是基於我們廣泛回顧了超過一百三十個來源，經得起時間考驗。有超過十年的時間，我們利用它做爲組織變革的關鍵推力；它也在實務中啓發了數千名客戶的參與。我們知道它是有效的。我們在2010年的一項研究，說明了組織在轉型時是否應用這四個不同元素，對於成功率的影響程度如何，請參見p.186的圖6.2。我們可以從結果清楚看到，其影響並不小。③

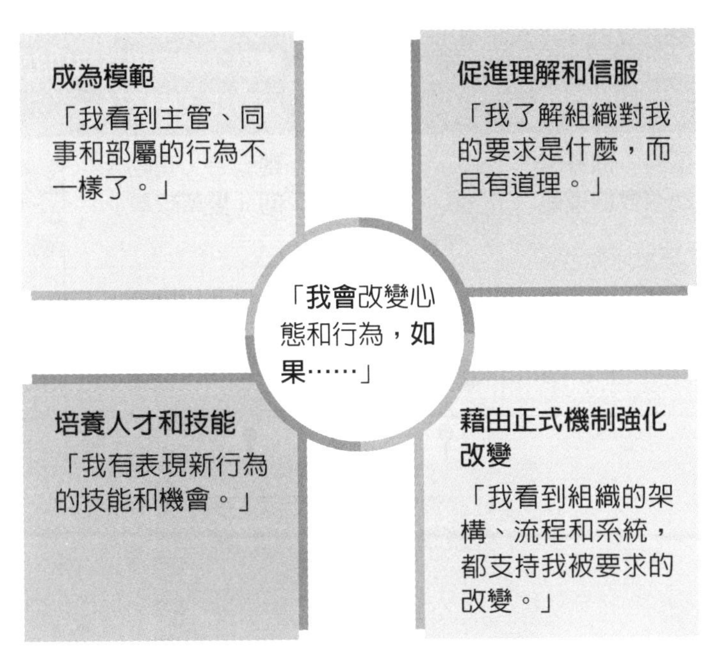

圖 6.1　影響模型

影響模型是跨文化的現象。研究指出，影響的核心部分並不會因爲地理環境或民族因素而有別。影響的基本原則，包括互惠、稀有、權威、一致性、喜好和共識，這些似乎存在於所有文化中。因此，影響模型的各項原則，能廣泛應用於不同的文化環境。但是，文化差異確實會影響如何最有效應用模型中的元素。研究指出，文化差異會左右特定影響策略的相對效能和應用，例如以集體主義／共產文化（如波蘭）和個人主義文化（如美國）來說，群體的行爲對前者的影響比較大。這是對「成爲模範」有影響的研究發現。反之，個人行爲的一致性對個人主義文化而言更重要。這是對「促進理解和信服」有影響的研究發現。④

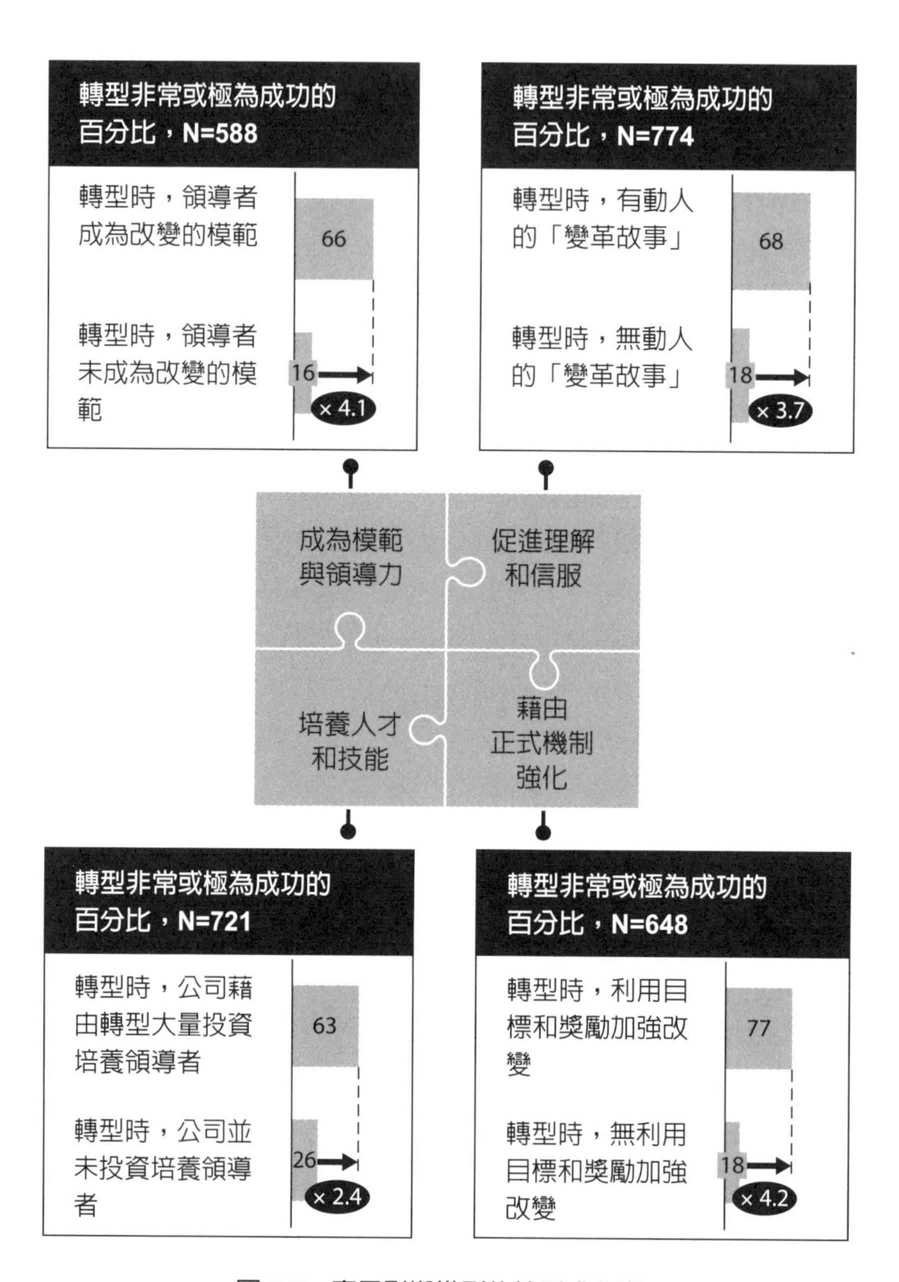

圖 6.2　應用影響模型的轉型成功率

採用影響模型（以及它所蘊含的行動，如領導力開發的所有系統化措施，或者任何改變與努力）的好處之一，是避免行爲變革成爲孤兒或是被無視。這意味著利用全面的變革工作來改變組織的總體文化。它可以確保預期的改變行動能使組織全體動員起來，而非僅有一成左右的領導者。以下我們會更深入討論這四個象限的內容、爲何它們如此重要，以及對於領導力開發的影響。

促進理解和信服

第一象限的內容是關於**促進組織內部的理解和信服**。這一點非常重要，因爲人類的一生都在追求信念與行動一致。1957年，史丹佛大學的社會心理學家里昂·費斯汀格（Leon Festinger）發表了他的認知失調理論。所謂「認知失調」就是當人們發現自己的信念和行動不一致，就會產生沮喪的心理狀態。費斯汀格觀察到，他的實驗受測者有內在根深柢固的需求，想要改變信念或行爲，藉此消除失調的狀態。⑤

這個研究對組織的意義在於：假使人們相信組織的整體目的，他們就會樂於改變個人行爲來滿足其目的。否則，他們的確會因認知失調而感到痛苦。但是，爲了在改變時感到自在、充滿熱情地實現，他們必須了解自己的行動在組織命運的不斷發展中所扮演的角色，而且必須相信這一切値得他們參與。

然而，光是告訴員工必須改變工作方式還不夠。任何負責大型組織變革的人，都必須花時間構思變革的「故事」，它是關於進行變革的價値。然後，組織必須向所有參與締造改變的人，解說這個故事，使他們的貢獻對自己也有意義。它的原理是人類天生就會對故事有反應，故事會活化並激發大腦。⑥

說故事的時候，一定要想清楚故事應該如何詮釋與表達。研究指出，訊息的詮釋方式會影響它的說服力。我們對於同樣的基本訊息會有不同的反應，取決於它的遣詞造句。⑦每個員工都有不同的意義來源，故事能觸及這些來源也很重要。我們發現，人們會受到不同因素鼓舞，這些因素大致可分爲社會、公司、顧客、團隊和自己。因此，變革的故事應該與這五個意義來源有關。研究也顯示，傳達清楚的目標，尤其是共同目標，能夠成爲強大的動力並提升績效。⑧

想要達到這個目的，有許多方法能幫你。例如，高階主管應該設計一個公司整體的變革故事，並且使它適合組織的環境。然後，在大型的集會場合向高級領導者「宣達」，讓他們爲自己定義故事的意義。這類宣達應該不斷重複，直到故事抵達第一線。組織應該利用傳統和病毒式傳播（例如員工大會、內部網路、電子郵件、會議、故事生效地點的慶祝），使故事保持活力。我們還看到有些例子是組織建立了「語言標記」（例如，沃爾瑪〔Walmart〕的「十英尺規則」，即員工離顧客少於十英尺時，必須直視客户、打招呼、詢問他們是否需要幫忙）。

除了要思考故事的內容，思考故事的表現方式也很重要。我們經常發現高階主管把大部分時間都用在思考該說什麼，卻沒有去想如何確保和員工有正確的情感連結，使員工能眞正接受改變的必要。然而，研究顯示，以視覺和口說方式傳達訊息，比訊息內容本身（文字）的影響力更大。另外，有一半的影響力來自簡報者的身體語言和視覺，有將近40%是來自口說，不到10%是來自內容本身。⑨

針對領導力開發計畫來說，我們見過部分措施能有效促進理解和信服：

- 發展並傳播這樣的訊息：人員強大，我們才會強大；當我們投資人員的發展，將會一再收穫果實。
- 公開承諾培養內部人才
- 推廣自願培訓和發展計畫
- 針對每個職位編製及發行標準的升遷發展簡介（例如，培訓、輪調、必要技能、升職時間）。

成為模範與領導力

影響模型的第二象限是**關於組織內部領導者和重要影響者示範或體現預期行為**，也就是「言行一致」。人類會無意識地模仿身邊其他人的行爲和情緒。研究顯示，我們傾向於呈現互動夥伴的行爲、表情、說話模式及其他舉止，卻沒有抱持刻意的企圖，[10]甚至連情緒也會傳染。[11]

領導者對組織內的人員具有超越比例的影響力，由最高層的領導者成爲角色模範尤其重要。[12]人們會模仿「重要他人」的行爲，也就是那些被視爲有影響力的人。在單一組織內，不同部門或層級的人員會選擇不同的角色模範，或許是創業夥伴、工會代表或收入最高的業務代表。此外，我們也容易有意識地調適行爲和思考方式，以便與他人保持一致並融入。[13]在組織內，會深刻影響人員行爲的，不只是角色模範，還有人員所認同的團體。因此，若要讓整個組織上下始終一貫地改變行爲，確保最高層人員的行爲符合新的工作方式仍不足夠，每個層級的角色模範和重要影響者也必須「言行一致」才行。

這些角色模範處理任務的方式未必相同，但是指導其行爲的潛在價值觀必須保持一致。例如，有一家公司鼓勵由較低的層級提出企業決策，某位中階經理可能會嘗試訓練資淺員工如何看出有潛力的新市場，另一位經理卻可能會讓對方自立自強。這兩種作法都可能符合公司的原則，但若是老闆要求提出一個冗長的商業論證（business case）以證明每一筆五十元的支出都是合理的，它們就不符合了。在一個正要改變價値系統的組織中，無法容許角色模範的行爲差異太多。以這個例子來說，如果是必須提出關於新價值的企業決策，那麼這兩名中階經理或許應該有大致相同的作法，來鼓勵他們的部屬做出大膽的決策。

一個典型的措施是使最高層團隊（例如前兩百人）與變革的方向、他們在執行上的角色，都能保持一致。他們的角色往往包括做出象徵性行動，向整個組織發出強烈的正面訊息。象徵性行動是指組織會注意到的行動，而且代表新的領導力榜樣和文化。例如，可能是要經常「巡堂」去詢問員工的工作狀況、每個月與第一線職員散步一次，或是與員工共進午餐。其他措施還有找出重要影響者並賦予權力，讓他們成爲變革領導者；此外，領導者可以利用詢問並回應回饋，表現出開放的態度，同時也鼓勵直屬部下做同樣的事。

以領導力開發計畫而論，有一些高階主管支持計畫適用於每個人，除了他們自己以外。他們相信部屬還有很多該學的，自己則早已做到完美。我們見過這樣的例子無數次了。有超過四分之一的組織覺得，領導力開發計畫並不適用於所有層級。以下是我們所知在實務上有效的部分措施：

- 讓最高層團隊成爲領導力開發措施的第一組參與者，而且與全組織分享經驗。
- 組織內的領導者擔任計畫教師、專案發起人和導師。

- 領導者爲每一名直屬部下制定學習計畫，並鼓勵他們把計畫當成實例，直接與部下分享。

我們在核心原則二提過，我們使用「人員分析」進行精確的評估，找出各個層級眞正的頂尖人才。「人員分析」也可以用來找出「影響者」，他們未必具有頂尖人才的特徵，卻是能贏得支持的重要角色。他們應該擔任促使改變的代理人和角色模範。

培養人才和技能

影響模型的第三個關鍵元素是**能力養成和領導力開發**，這也是本書的重心。如同我們在前幾章所見，在設計與執行領導力開發措施的時候，務必將計畫與環境連結、使臨界量的領導者參與，以及利用成人學習原則。

然而，除了讓領導者參與計畫，也必須確保每一個應該有不同行爲表現的參與者，都獲得適合的工具和技能。許多變革計畫都犯了錯，它們告誡員工要有不一樣的行爲，卻沒有教他們如何使一般性的指導適應個人的情境。領導者告訴他的銷售團隊「要更加以顧客爲中心」是一回事，如何指導每一名業務代表做到這一點，並且提供他們正確的軟體和關於顧客的洞見，這又是另一回事。組織可以督促人員「以顧客爲中心」，甚至言行一致。可是，如果組織在過去並不重視顧客，其業務代表將不懂得該如何詮釋這一條原則，或者不知道成功的「以顧客爲中心」是什麼樣子。爲了能眞正傳達新的領導力行爲給所有員工，以下是我們所知在實務上有效的部分措施：

- 爲每一名員工制定個人的發展計畫，由他們的直屬經理負責推動。
- 確保領導者就預期行爲提供員工回饋和教導。這項工作應由領導者向下傳遞到第一線。
- 爲所有員工提供可支持預期行爲轉變的學習機會。爲所有員工提供學習模組，是具有成本效益的作法。
- 由領導者爲直屬部下指導新的行爲、技能和心態，再由直屬部下對其直屬部下做同樣的事，並將這種學習措施向下傳遞到第一線。這個作法有額外的好處，就是教導者能更深入吸收學習的內容。組織心理學家克里斯．阿吉里斯（Chris Argyris）指出，當人們向其他人說明如何把所學應用到自己面對的情況，將會更徹底吸收這些資訊。這個現象的部分原因是，人們在學習和教導時，使用的是大腦的不同部位。

藉由正式機制強化

在影響模型的最後一部分，如果再加上「成爲模範」，或許是其中最關鍵的。它也是具有最高成功率的元素，有4.2倍。藉由正式機制來**強化行為變革**的重要性，是基於史基納（B.F. Skinner）的研究。他最出名的研究是在1920年代晚期和1930年代以老鼠做的實驗，他發現了能夠激勵老鼠完成通過迷宮這個無趣任務的方法，也就是提供正確的獎勵（迷宮中心的玉米），以及在每次轉錯彎時用電擊懲罰牠。

史基納的制約與正向增強理論，被後世有興趣知道如何激勵組織人員的心理學家採用。組織設計者普遍同意，彙報架構、管理和營運流程，以及測量程序（設定目標、測量績效、提供金錢與非金錢獎勵），必須與人員被要求接受的行爲一致。如果組織的新行爲目標未能獲得增強，員工比較不可能持續採行。如果經理被要求花時間教導後輩，但是這份指導工作未能反映在經理的考績記點中，他們可能會懶得去做。在教導方面引進量化的關鍵績效指標工具（例如，開課時數）或許不太嚴謹，但是我們可以利用360度評量來測量行爲，並且依據組織所推行的行爲來實施獎懲。

史基納的部分信徒指出，正向增強的「迴路」具有持續的效果，一旦建立之後，即可任由它運作。然而，一段時間之後，史基納的老鼠會對玉米感到厭倦，而且開始不在乎電擊。根據我們的經驗，當一開始能增強或制約新行爲的架構與流程，已經無法保證效果能持續下去時，就會妨礙組織維持高績效。組織必須實施改變心態的其他三個條件，利用這樣的變化來支持這些架構與流程。⑭其他研究則指出，學習與行爲的改變，往往是經由直接聯想（巴夫洛夫的狗〔Pavlov’s dogs〕），⑮以及感同身受的增強（觀看他人因爲其行爲的後果而受苦），⑯才會發生的。

然而，研究（以及我們的經驗）也顯示，組織往往增強了錯誤的改變，忽視了正確的改變。⑰組織經常過度重視金錢獎勵，而實際上員工認爲可貴的獎勵卻包含廣泛的金錢與非金錢獎勵。根據需求理論，員工也會珍惜成就感（代表清楚的目標和實現進度的回饋是激勵因子）、權力（代表升職是激勵因子）和同盟（代表共同的認可和團隊獎勵是激勵因子）。⑱甚至有研究指出，金錢獎勵對於有內在動機的員工來說，反而是澆冷水。⑲

此外，組織內部還有許多結構化的元素會影響行爲。例如，工作的特徵以及工作安排的方式（責任、決策、權利、團隊支援等），都會影響員工的動機。[20]同樣地，組織的結構塑造了員工的行為。例如，相較於有機／靈敏的組織模型（高度分散、資訊透明且自由流動、自治單位），機械組織模型（高度集中、正規化、階層式）會導致截然不同的行為和心態。[21]

為了使行為變革持久，可以採行幾項重要的措施：確保角色與責任（包括責任歸屬）清楚、更新／增強標準和程序、將預期的行為變革整合到個人的績效管理系統（確保正確混合金錢與非金錢獎勵），以及將關鍵績效指標向下傳遞，並注入主要的業務流程。

倘若預期的領導者行為變革遇上靜態的人力資源系統，領導力開發計畫將會停滯不前。參與者雖然對自己和他人的覺察提高了，也學到新技能，仍然經常會與不協調的獎勵系統發生衝突，而陷入沮喪。正如一位領導者所說：「他們（高階主管）希望我在整個團隊中合作共事，但是我的獎金是根據業務部門的底線計算的。」這是非常普遍的想法。於是，參與者傾向於恢復舊的行為方式，組織也因此無法維持領導力開發計畫的影響。以下是我們所知在實務上有效的部分措施：

- 在所有層級將領導力模型融入個人的績效管理中。這需要將預期的行為分解，成為對員工的清楚期望（例如置於績效方格）。還有，業務關鍵績效指標應該更新，以反映預期的變革（例如，假使目標為更多創新的領導者，則需要承擔更多風險，或是推動他們從新來源獲得更多收入）。組織也應該確保將新的績效管理尺度，連結到獎勵、表彰／升職，以及結果管理。
- 將領導力模型融入員工的價值主張中，隨後再融入招募流程。

- 確保有穩健的績效對話流程，用來協助員工了解組織對他們的期望，並能給予正確的回饋以幫助他們發展。
- 流程與權限下放，能對準預期行爲（例如，如果組織希望員工被賦權，最好能給他們更多的決策權）。
- 組織頂端各層級的接班規畫。

〉測量影響

每個組織用來測量其領導力開發措施之影響的方式，各有不同。有部分組織選擇走極端的路線，完全不測量。比如說，有一位跨國公司的學習長告訴我們，他的組織並不會測量培訓的投資報酬率，因爲培訓是組織不可分割的一部分，就跟你通常不會測量財務專業的投資報酬率，情形非常類似。儘管如此，我們發現，**持續測量領導力開發計畫的影響，至少利用測量結果比較不同方法及改進各項措施，通常很有幫助**。它涉及對於結果與輸出的正式測量，而且超出了基於影響模型的措施所涵蓋的四個領域。測量的目的是要正確掌握領導力開發措施的影響，並且正確融入廣泛的系統。其重心是整體措施，與前文討論的個人績效管理截然不同。

我們發現，當組織提到量化其領導力開發措施的價值有多麼重要，常常只是嘴巴說說而已。當組織未能追蹤及測量領導力績效（以及個別領導者的績效）的長期改變，就提高了改善措施不會被嚴肅看待的可能性。再者，未能進行測量的後果，不只是讓培訓效能下滑，也使得將來要推行更多領導力開發措施的時候，更難說明商業論證。

領導力開發的評估工作，往往開始於參與者的回饋，也結束於參與者的回饋。這其中的危險在於，培訓師學會操弄系統，端出的課程只是意在討好參與者，而非挑戰他們。我們的最新研究指出，只有四分之一（27%）的組織有測量參與者的學習，三分之一（37%）有測量參與者的行爲變革，略少於一半（47%）有實際追蹤領導力開發主要尺度的其中一項，也就是對於組織的整體影響（例如藉由財務關鍵績效指標或是組織健康）。有四分之一（26%）的組織說，它們完全不去測量領導力開發的報酬。[22]但是，「目標」能夠被設定並監控其成果。如同其他績效計畫，評鑑結束後，領導者可以從長期的成功與失敗中學到教訓，並做必要的調整。

我們通常會測量四個主要元素，類似唐納．科克派粹克（Donald Kirkpatrick）提出的模型，但是我們根據客戶的需求而調整過了。我們也用到了其他工具，例如組織健康指標。[23]這四個元素是：

- 參與者的反應
- 學習的程度
- 行爲變革
- 組織影響

通常我們不會測量學習措施的投資報酬率，因爲很難將培訓的影響準確獨立出來（請參見第十三章常見問題六的討論）。然而，我們知道「領導力」和「績效」是高度相關的。領導力表現在最高四分位數的組織，在EBITDA（稅前息前折舊攤銷前利潤）

方面勝過其他組織將近2倍。[24]那些在重大轉型期間投資於培養領導者的組織，有2.4倍更高的可能性會實現績效目標。[25]

- **參與者的反應**：這一項應該涵蓋許多元素，如課程內容、師資、場地、付出時間的價值、整體淨推薦值（net promoter）得分，以及開放評論。
- **評鑑學習的程度**：這一項可以透過培訓前後的檢定來執行，也可以經由參與者的經理所做的回饋。
- **評鑑行為變革的程度**：我們建議客製化一項360度回饋工具，來整合領導力模型，然後將這項回饋工具融入組織的績效管理架構，追蹤領導力開發的影響。領導者也可以利用這類工具，展現他們對於眞正改變自己和組織的承諾。有一位我們認識的執行長，就委託了某單位對自己進行360度回饋評量，並將結果（有好有壞）發布於公司內部網路，供所有人查閱，附加個人的改進承諾。
- **測量組織影響的結果**：這一項可能包含很多元素。在個人層面，可以監控參與者和非參與者的績效，例如與前一年同期相比的收入增長。另一個方法是在培訓後，監視參與者的升遷發展，例如根據計畫後一到兩年內擔任高階職位的比例，以及參與者和非參與者的離職率。以一家全球銀行最近的晉升情形爲例，高階經理這個職位的候選人中，曾經參與領導力開發計畫的，比沒有參加過的更成功。

我們還測量計畫參與者執行的專案帶來的影響，比方說測量尺度可能包括成本節省和零售業務的展店數量。或者，假使計畫側重於建立新產品策略的技能，那麼尺度可能是新產品的銷售量。負責評估專案的委員會（通常由高層領導者組成）通常很了解怎樣才是好專案，以及參與者所實現的成果，是否高於沒參加過學習措施的情況下組織對他的預期。

最後，測量整體組織健康狀態至關重要。這將在組織層次上，顯示整體健康狀況、領導力成果、領導力實踐，以及領導力行爲報告中的特定行爲。有些公司將健康方面的尺度納入管理會計系統，而有些公司則是每天向員工詢問一個跟組織健康有關的問題，藉此「即時」監控組織健康。

舉例來說，美國運通公司（American Express）比較了培訓計畫前後參與者團隊的平均生產率，以量化部分領導力計畫的成功程度。它的測量得到生產力增加的簡單結果。同樣地，我們認識的一家非營利組織，最近比較兩個小組，一個是接受過培訓，另一個則沒有。其比較的目的是要確定可歸因於領導力計畫的收入是否有增長。㉖

〉與組織文化的連結

我們經常被問到一個問題：「領導力模型和文化是一樣的嗎？」它們並不一樣。1950年到1967年期間擔任麥肯錫常務董事的馬文．鮑爾，對文化的定義是：「我們在這裡做事的方法。」我們覺得這是既實際又簡單的定義。㉗因此，文化涵蓋領導力行爲，但是範圍更廣泛。比如說，穿著規定、會議禮儀和社交活動，是企業文化的一部分。這些元素有些並沒有在領導力模型中正式化（而且可能完全無法正式化），卻是組織營運方式的重要部分。我們經常以組織健康指標（OHI）來測量文化，因爲它是量化、可操作的工具，而且可以與績效連結。「組織健康指標」的基礎管理實踐部分，尤其可以充分代表組織內部人員的做事方法。

採行一個包含影響模型所有元素的領導力開發措施，其結果會是文化的轉變。以不同情境下應該表現哪些行爲來說，大規模領導力開發改變了員工的期望。透過影響模型，新領導力行爲變成組織的正常實踐，亦即轉變「人們的工作方式」。因此，成功的領導力開發，會將基礎文化轉向領導力文化及特定的領導力行爲，以便與領導力模型一致。

這對組織具有兩個意義。首先，領導力開發措施應該與其他文化，或組織可能正在進行的人力措施，徹底保持一致。其次，組織應該將領導力開發所渴望的最終狀態，認定爲創造更有領導力取向的文化。它不僅是關於揉合正式與非正式的基礎機制（這些是輸入驅力），而且是轉變所有層級、所有員工的潛在工作方式。

最終階段是一個具有轉型後文化的轉型後組織。這並不是說組織需要放棄系統融入（system embedment），而是讓影響模型的四個象限繼續同時運作，是非常重要的。但是，它的意思確實是維持（和永續）變革的相對行動消失了。新進員工可以立即受到文化熏陶，並且迅速開始調適他們的行爲（或者，如果對文化水土不服，就是離開一途）。領導力文化因而變成自我持續，不再仰賴特定的個人或由上而下的介入，而是體現所有員工的結合，這也是它正常的運作方式。

〉對開發領導力的影響

人們的行為受到廣泛環境的深刻影響，爲了持久轉變他們的行爲，你需要改變環境。構思領導力開發措施時，眞正的能力養成旅程僅占所有措施的25%。此外，務必確保組織上下的領導力角色模範、信服和理解等元素是否到位，而且他們適應並對準組織的過程和結構。

科技在系統融入上扮演重要的角色。最近，我們融入了影響模型的一項「數位變異」，以便做到更大規模、更快速度和更大影響。在各種工具中，科技讓我們能夠擁有更快的回饋迴路（個人能即時看到行動的影響）、個人化（例如訊息和內容個人化，與每個人更有相關性）、更短的連結（例如員工與經理之間，可增加透明度）和建立社群（例如透過同事之間分享經驗）。這些工具可以應用在影響模型的全部四個象限。

此外，測量也是關鍵。「設定目標」即代表組織必須化抽象爲具體，不只必須將學習目標和參與者的回饋連結，也必須連結到特定的行爲變革及整體績效改進。這項工作的完成，是透過把原始狀態基準化並定期「把脈」，以評估一段期間內的改進情形。

最後，組織應將領導力措施視爲文化措施。領導力要完全融入廣泛的組織文化與環境，不能被當成孤立的措施來執行。

個案研究：全系統變革的力量

背景與挑戰

2011年11月，這家消費電子組織正陷入危機。從2000年以來，它的收入縮水三分之一，利潤下滑到7%，股價崩跌60%。該公司一直落後於市場指數，已經十個年頭。它現在可說是屋漏偏逢連夜雨：照明部門率先投入LED技術，從此脫離舒適的寡頭壟斷，轉向了競爭激烈的半導體領域。醫療保健部門則是遭受商業模式破壞的打擊，醫院從資金密集投資抽身，使它不得不轉型為服務部門。至於消費生活風格部門（影音產品），面對的是來自亞洲競爭者的大規模腥風血雨廝殺。它的領導力高層意識到組織必須重塑自己，這不僅是關於策略、流程和組織結構，更是關於文化變革。

解決方法

首先，麥肯錫以領導力的三個基本面向，測量組織最高層團隊的態度：亦即對準目標（該團隊對於要把組織帶往何處以及如何前往，是否有共識？）、執行任務（該團隊的組成是否有效？是否有高品質的互動能推動優越的績效？）和自我更新（該團隊是否能維持能量？是否有耐力與能力可以適應改變？）。在2011年5月時，這些問題的得分是麥肯錫史上少見的低分。但是，到了領導力開發計畫結束時，該組識則是躋身到最高分之列。

該組織決定投資培養轉型所需要的領導力，並且專注於回饋和交談這兩個重要的特性，建立與領導力有關的新作法。因此，新語言開始湧現，例如「學習和保護、房間裡的大象（編注：指非常明顯卻被集體視而不見的問題或迷思）、敏感問題」。這些語言如同催化劑，幫助團隊從以前深陷的泥淖離開。新語言也幫助他們克服轉型所固有的恐懼。

我們提出的計畫，以三個塑造文化及具體呈現價值觀的行為當作基礎，它們是特別針對該組織當時的處境而確定的，有「團隊卓越」、「渴望勝利」和「接下所有權」。我們將這三個行為打造成一系列「從○到○」的轉變：

- 「團隊卓越」是指從重視關係勝於結果、避免衝突和保護機能利益，轉移到以緊張為學習和更新的動力，加深信任並推動集體績效。
- 「渴望勝利」是指從避免風險、重視洞見勝於行動，以及志得意滿，轉移到以勝利及兌現承諾為榮、以熱情推動卓越營運，並且不斷提高標準。
- 「接下所有權」是指從放棄責任、推諉塞責，轉移到為無法完全自主的表現負責。

在一個廣大的公司場合，新執行長主持一個三百人的高層領導力高峰會。他曾經與全球數百名顧客、投資人及員工交談，根據他所得到的洞見，發表了變革的個案：「我們之間有了初次集體的勇敢交談，要應付房間裡的大象。我們的處境棘手卻充滿活力，我們建立一個有事實依據的變革個案，以及一個動人的故事，於是我們清楚知道自己的任務爲何。這是我們的轉型旅程起點，『加速吧！』

我們明確定義這是一場馬拉松，不是短跑衝刺。」

在2012年，該公司舉行第二場領導力高峰會，這一次它將轉型之旅連結到組織的核心價值，選擇不同的詮釋。公司創辦人在1930年代的影片中，說到企業精神和創新的價值；公司各部門發表自己如何恪遵這些價值，也展示最新的發明與顧客影響力——全組織處於最佳狀態。那是一個轉折點，許多高階領導者的參與變成承諾。從那一刻起，許多領導人向前站出來，成為「加速！」旅程的一分子。

下一個新挑戰是如何讓組織的其他部門達到這個層次。為了這個目的，組織將文化融入，成為轉型的五大支柱之一，以確保組織是站在第一線，也是中心點。接下來，它選擇一個整體性方法，焦點不只在於能力養成，也重視打造正確的外在環境，確保預期的行為轉變：

- 組織的前一千兩百名領導者，參加了結構化的領導力開發旅程，關注重點是實現新行為所需的心態和技能。該計畫的名稱為「加速領導力計畫」（Accelerate Leadership Programme, ALP），它創造了一個空間，使得跨部門的團隊在研習班中，提升了個人和集體對於限制性心態的覺察，最後得到了定義明確的學習實踐，隨後透過在職教導融入了現實生活。
- 預期行為不只在研習班被討論，亦主動融入了組織。領導者接受教導，認識成為模範的重要性，以及他們可以採行哪些象徵性行動來發出改變的信號。這些象徵性行動，有助於確保新行為會在組織內長遠地傳遞下去。

- 組織的領導者製作了一個動人的故事，並將它與轉型連結，接著此故事在組織內廣為流傳。每一名領導者都從這個故事提取「DNA」，經過一番調整之後，成為他們自己部門的故事。
- 組織的獎勵系統已經徹底改變，而獎勵措施則與員工實現預期行為的程度連結在一起。

影響

「加速領導力計畫」這趟旅程是真正的解放計畫。以往，深沉而令人麻木的恐懼阻礙了改變，如今這個計畫創造了一個空間，使組織的人開始能應付恐懼。人們找到了教導的共同語言，而且體驗到衝突並非個人批判的場所，而是學習和新觀念的來源。這是最解放的經驗。因此，這些經驗在一段時間內不斷重複之後，使組織的信念和價值觀產生了變化。這是文化變革的本質。真正的改變不是發生在行為層次，行為只不過是潛在信念與價值觀的產物。想改變行為，只有透過長時間刻意創造經驗而轉移信念。

本計畫領導力旅程的影響，可以透過兩個方式測量：第一，股價從往年的跌幅回升（以2009年爲基數1.0，到了2012年爲1.2，再到2014年則升到了1.8）。第二，組織實踐新文化的程度，以及組織的領導力團隊實踐新文化的效能。在計畫開始的時候，最高層團隊的得分全球最低（49～58分）。但是，在三年之內，他們的得分已是我們資料庫中的最高分之一（87～93分）。

檢討與反省

「加速領導力計畫」的整體性本質固然是主要的成功因素之一，但是還有其他三個因素值得特別強調。首先，改變的行動鎖定在績效轉型。雖然研習班經常與業務現實脫節，但本計畫的重點主要是放在領導者面臨的具體業務挑戰，使個人轉型工作在此扎根。還有，本計畫培訓了很多內部的輔導員和教練。在日常的工作中，如果參與者的舊習慣又出現，他們可以提供持續（有時是嚴格）的回饋給參與者。

其次，領導者也是計畫的一部分，能夠看出業務轉型同時也意味著個人的轉型。領導力開發文化旅程是要讓人們對變革敞開心胸，協助領導者檢查自己的弱點，並且剷除恐懼。在一開始時，對文化轉變的前期投資，奠定了轉型的基礎。此外，領導者認可「步入未知之境」的重要性，並且避免了「光說不練」。領導者接受教導，學習真正地使自己和團隊轉型，一邊實驗也一邊學習。

本章摘要

我們已在第二章指出，領導力開發沒有一勞永逸的特效藥，組織必須做對許多事並集中於四項原則：

- 專注於帶動超越比例價值的關鍵轉變
- 使整個組織中有臨界量的重要影響者參與，以達到引爆點。
- 以神經科學為基礎制定計畫，使成員的行為有最大的改變。
- 在組織層面整合及測量計畫

這四項核心原則將會以永續的方式在整體組織中融入新行為（請參見p.71圖2.3，複習大規模領導力菱形）。它們構成了領導力開發的整合系統一部分。根據我們的研究和經驗，**必須同時兼顧四項原則，才能提高整體組織的領導力效能**。即使已遵守其中三項，領導力開發的效果仍會大打折扣。而且，我們再次強調，這四項原則是動態而非靜態的。組織準備好這四項原則，即可重新思考核心原則一。隨著環境改變，你需要促成的行為、技能和心態也會跟著變動，這個循環將會一直持續下去。

實施領導力開發措施的方法有很多（例如論壇舉辦的天數、使用準確的學習模組、安排在現場或遠程的輔導員）。可用解決方案的空間，會受限於預算，但是關鍵在於將四項原則納入計畫之中。如此一來，應該能大幅提高成功推行領導力開發措施及維持變革的機會。在本書的下一部分，我們將示範一個典型的方法，將生命力賦予這四項核心原則。

PART 2

我們的實踐方法

Our approach in practice

| Chapter 7 |

成功領導力開發的藍圖

弗洛里安・波爾納&喬涵娜・拉沃伊&尼克・范丹/執筆

前面各章的主題，是我們對於成功的領導力開發的最新研究成果。我們簡要說明了**大規模領導力的四項核心原則**：專注於帶動超越比例的績效之關鍵轉變（保持與環境連結）；藉由組織旅程的形式，使臨界量的領導者參與，而不是特定人員的短期活動；制定計畫，利用有神經科學依據的現代成人學習原則，促進行爲變革與學習遷移；以及整合與測量計畫。假使組織能確保符合這四項標準，其領導力開發措施就可能實現並維持預期的目標。

我們談到，組織的行動數量會影響開發措施是否成功。領導力開發必須重視行動的嚴格與深度。例如，爲學習遷移而設計開發措施的時候，可以只做到現場實作、論壇和教導。但是爲了確保成功，還可以再深入包括一對一教導、同儕教導、同儕學習團體，以及善用科技當作提醒的工具。關於計畫實施的規模，可以把範圍設在高層的兩百人，或者進一步使變革領導者和不一定位居高位的影響者也加入；再者，也可以利用科技將計畫傳達給所有員工（包括第一線人員），以及將開發措施融入新人的入職課程。本章將根據完整的過程，按部就班講解實務上的作法。第八章到第十二章會詳論每一個階段，透過加長版的虛構個案研究，使這個方法變得有血有肉。

〉4D 步驟

現在要詳細說明我們的步驟方法，我們經常用以下的4D來表示：

- 診斷（Diagnose）你和目的地的差距
- 設計與開發（Design & Develop）因應措施
- 實行（Deliver）計畫
- 推動影響（Drive Impact）

完成每一個階段，都會得到某些輸出或成果，比方說，執行長和最高層團隊的協議文件，或者與人力資源長談妥的計畫。我們也會提出工作指引方案，說明計畫長期實施下來會有哪些實況。在每一個階段，最好都能記得思考（個人和集體層次的）「內容」（what）、「人員」（who）和「方法」（how），而且與四項核心原則保持一致。p.210的圖7.1是這四個階段及各自的重要元素。

有一點值得一提：從事領導力開發時，雖然我們普遍（但不是盲目）遵循4D步驟，但其他許多方法也是可行的。這四個階段並非不可動搖，有時會有五個階段，有時只有三個階段，有時可能重疊。最重要的是，執行措施期間的行動。而且，我們一向都會根據手上的個案調整方法。例如，各組織的領導力開發需求，可能極爲不同，現行領導力開發措施的成熟度也是。此外，請始終記得**「科技」是一個跨領域的主題**，它會不斷擴大所謂廣度、深度、速度和實行效能的定義。最後，在推行措施時，把這幾個階段視爲線性是毫無意義的，隨著計畫進行，必須反覆回顧檢討每個階段。

Diagnose 診斷 有怎樣的差距？你的目的地是哪裡？	Design & Develop 設計與開發 你需要什麼才能到達目的地？	Deliver 實行 你應該如何行動？	Drive Impact 推動影響 如何保持前進？
判定需要哪些領導力行為，才能實現策略抱負。 將關鍵轉變優先化。 針對領導者和領導力開發，評估組織的現況。	為所有目標參與者設計及開發所需的措施，並且撰寫內容。 設計系統整合需求。 確定應參與計畫的人選。 製作要實行的項目。	對組織全體成員實行計畫。 利用現代化成人學習原則。 融入系統。 實施結構化計畫。 治理和尺度。	嚴格追蹤影響，並視需要調適計畫。 為畢業者製作清楚的安排計畫。 根據所需的領導力行為，思考「下一步該做什麼」。

圖7.1　4D步驟

〉診斷你和目的地的差距

第一步是找出領導力抱負是什麼，再診斷和抱負之間的差距。這一步通常會得到四個主要結果：與策略緊密結合，也與最高層團隊一致的領導力模型；三到五個關鍵的「從○到○」轉變（行爲、技能、心態），將由領導力計畫實現；將組織每個層級的領導力差距量化；以及評估目前的領導力措施，還有它們與系統是否融合、融合的情況又是如何。

領導力模型

組織的最重要行動之一，是**將領導力開發措施對準組織的策略**，可以利用領導力（或職能）模型達到這個目的。領導力模型是以可操作的方式，說明組織對於領導者和員工的要求與期望。它是組織策略及優先事項的推力，應該由高階主管團隊負責推動。組織可以把職能模型與價值分開（如麥肯錫的作法），也可以基於價值來建構職能模型。

透過領導力模型，策略與環境會被轉化爲必要的領導力品質和能力。由於每個組織都不一樣，沒有任何通用的模型。領導力模型的建構過程，發生於組織層級。比如說，假使組織的策略是利用多樣化的企業活動，在海外活動創造價值，它的領導力模型就應該包括國際與企業傾向的行爲，並且鼓勵、加強那些技能。建構模型所需的構想來源，可能有策略、組織的優先事項、顧客資料、焦點團體、員工、問卷調查，以及針對那些確實會影響績效的行爲，最新且有事實依據的研究，例如我們在第三章提到的領導力階梯。由於策略和組織環境都會改變，領導力模型通常每三到五年內檢討（及徹底更新）一次。

領導力模型應該與組織策略的績效驅動力連結，如此一來，營運和策略優先事項、領導力模型的各個主題，以及員工必須每日執行的行爲，彼此之間即可緊密的連結。誠如暢銷商業書籍作家湯姆·彼得斯（Tom Peters）所說：

> 你就是自己的行事曆……如果你說某件事是優先事項，它一定會占去一些時間，在你使用時間的方式中明確、強烈且肯定地反映出來。這個行事曆絕不會說謊。

這樣的模型往往是來自辛勤工作、無數對話，以及經過組織上下周延的諮詢，必須受到尊重。所有領導力模型都會明定或隱含一套領導力行爲，這些行爲都是適於領導者的，而且全組織的人都能夠（或應該）了解。典型的領導力模型會有三到六個總體主題，每個主題再分爲二到四個具體的行爲。這些行爲可以再分解爲「績效方格」（例如以一到五編號），整合到績效管理系統（稍後會詳論）。這些特定的主題和行爲又可進一步調整，例如按照組織層級（如經理、總經理、總裁）以及升遷途徑（如專業人員、一般人員）。

有些組織的作法是在所有層級、升遷途徑，保持相同的主題與行爲，但是改變績效方格；有的組織是維持相同主題但改變行爲，還有的是改變主題和行爲（即組織層級和升遷途徑基本上是完全不同的領導力模型）。不論組織選擇哪一種作法，關鍵在於該模型必須讓全組織的人都覺得易記、清楚、容易了解。圖7.2的樣本是說明領導力模型的例子。

確定關鍵轉變

一旦組織建立好領導力模型之後，就可以針對未來十二到十八個月會造成最大差別的關鍵轉變，排出優先順序。我們在核心原則一提過，**組織應該將焦點限於一次三到五項主要轉變**。根據研究及我們的經驗，這麼做的成功率出奇得高。以圖7.2的電信公司來看，第一波措施的重點是三項關鍵轉變，將在實施一年之後，才進入下一波行爲轉變。

任何行爲都必須有正確的技能和正確的心態才有可能達成，因此，組織在確定「從○到○」轉變時，不只應該依據行爲，也應該依據技能和心態。例如，某組織的焦點是以顧客爲中心，首先，它整理業務代表目前的行爲和期望的行爲有哪些。比方說，它發現業務代表不會交叉銷售產品（編注：因應現有客户的多種

顧客優先

我們熱情服務內外部的顧客

行為
- 傾聽顧客，尋找資料以求了解及服務其需求。
- 結合每日的優先工作、決策，以及如何對顧客有最大的影響。
- 第一次就做對、準時、超越顧客的期望。

創新

抓住新觀念並在市場實行

- 追蹤競爭者和最新全球趨勢，把最好的觀念帶到市場。
- 遵守程序，但不斷設法簡化及改進。
- 冒險但精打細算，從錯誤中學習。

靈敏領導

在變動不居的世界，我是靈敏的領導者

- 「辦得到」的態度，重視行動速度，學習不倦。
- 做出清楚決策、不諉過卸責。
- 授權。

建立信任

心口如一、言行一致、全力以赴

行為
- 說到做到並追蹤進度。
- 鼓勵雙向溝通及表達意見。
- 以能力為唯一標準，透明評估升遷和待遇。
- 正直不阿，不濫用職權謀取私利。

上下一心

我們全體互助合作，實現中東電信的願景

- 回應中東電信的優先事項。
- 不單打獨鬥，與公司上下人員合作完成工作。
- 關心公司成長，提供他人有條理的回饋。

圖 7.2　領導力模型樣本：中東電信公司

需求，向其銷售更多相關產品），而且是採用一體適用的方法在做事。然而，它希望業務代表能進行適當的顧客分析，再做區分銷售和交叉銷售。

如果只是單純調整關鍵績效指標，要求業務代表必須更以顧客爲中心，無法帶來有效而持久的改變。爲了推動這項改變，組織一定要了解需要的技能和心態轉變，像員工問卷調查、經理問卷調查、焦點團體和深度結構化訪談，都是可行的方法。假設組織發現業務代表的潛在心態是「我的工作是給顧客想要的東西」和「提問題對我和別人都是負擔」，其轉變可能是「我的工作是協助顧客了解他們眞正的需求」和「人們不知道自己不知道什麼，而我能幫得上忙」。同樣的，組織也可能發現業務代表只是沒有所需的技能（或軟體、資料）可以進行顧客區分，或者是沒有必要的產品知識去做交叉銷售。

量化領導力差距

與此同時還有一項分析元素：組織針對現有的領導力人數、優點和差距進行量化，再依據領導力模型，評估所需的領導者數量和類型。這不僅是計算經理或主管的人數，還有一些有影響力的領導者分布於整個組織，協助設定組織營運的基調和速度。當然，並非人人都是領導者，但是在正確的情境下，每個人都能領導。在知道領導力不足處在哪裡之後，就必須在知識和實務上弄清楚根本原因（例如快速成長、招募不當、留不住人、領導力計畫不充分）。

我們經常使用先進的分析技術，來開發一個「策略人力規畫模型」，典型的作法是看向未來的三到五年。利用這個模型，能夠針對組織的領導力需求，得到以情境爲基礎的預測，並（藉由策略和領導力開發的連結）將這些需求置於期望的計畫結果（例如在主要市場更快速成長、改善公民體驗、留住人才）的中心。

評估目前的領導力措施和融入情況

最後一點，制定領導力開發措施之前，一定要了解目前培養領導力技能的正式與非正式機制。我們使用一種名爲「學習效率與效能診斷」（Learning Efficiency and Effectiveness Diagnostic, LEED）的技術，來評估領導力計畫，內容包括效率（直接支出、投資時間、利用率、學習方法和基礎設施）和效能（業務目標相關性、個人相關性、學習路徑和環境、計畫實現和影響追蹤）。「學習效率與效能診斷」可以協助組織的領導者，從多種角度清楚掌握目前的「學習與發展」（L&D）狀態。它利用多種工具，如數據收集模板、認知調查和結構化訪談，目的是讓組織對於目前的優點與機會所在，能有廣度及深度的了解。例如，我們的某大型製藥公司客戶，透過「學習效率與效能診斷」幫它省下13%的「學習與發展」直接支出。從效能模組所得的數據，也被用到結構化差距分析，以測量培訓的影響，之後再針對解決差距，來改變學習策略。請參見下一頁的圖7.3。

組織應該針對目前的整合與測量機制，例如人才管理系統和最高層團隊的角色模範，檢討其一致性與效能。如果組織正遭遇當前或未來領導力差距的問題，主要的根本原因可能是其領導力措施和周邊的機制。

這個階段不可片面或孤立地進行。若想要進展順利，那麼面對未來的領導力需求、事業價值和必要的行動，都必須得到高層

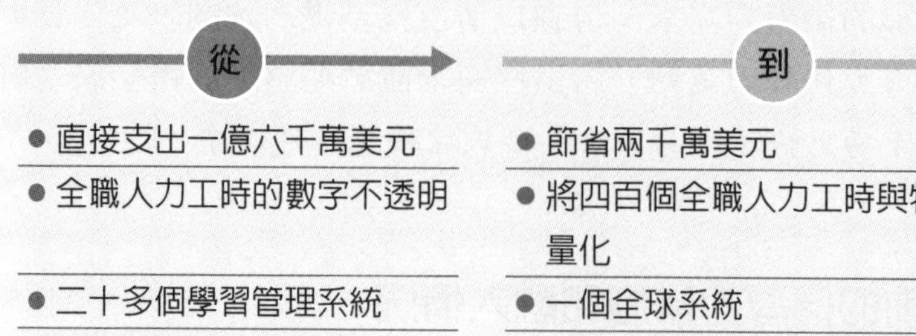

圖7.3　某大型製藥公司的學習與發展評估

管理團隊的全力投入（並視爲當務之急）。高層的意圖務必要傳達到整個組織，確保組織的策略和領導力模型涵括全體上下。這個階段大約需要四到八個月時間完成，視各組織的起跑點而定。

〉設計與開發因應措施

這個階段是**設計領導力開發計畫、制定所有計畫的內容，以及準備推動**。我們在這個階段將會匯整領導力模型和策略任務、優先轉變、領導力容量，以及目前的領導力發展機制等資料，以完成計畫。這個階段通常可以得到四個主要成果：

- 設計完成群組的領導力開發旅程，包括所有內容。
- 定義目標參與者（對象、人數、時間）及選定第一批人員
- 設計完成整合機制（變革故事、象徵性行動、系統變革）

- 批准商業論證（包括目標影響、成本、工作計畫、所需資源和治理）

設計領導力旅程及制定計畫內容

在這個階段，我們和組織一起確保領導力開發措施能涵蓋整體組織。我們依據廣泛的領導力開發策略（例如從可用的人才庫挑選參與者）設計各項計畫，以及制定計畫的內容。

接下來，由組織評估全套的領導力開發措施，確定哪些最能支持預期的業務目標（例如論壇、現場實作、教導、師徒制、客座演講、輪替）。我們要確保業務／「終端用戶」都能參與開發過程，讓計畫具有相關性和公平性（以醫療保健組織爲例，這個階段必須顧及病患的需求）。

實行計畫的方式也很重要。各種組織的大小和分布差異極大，想把一家跨國運輸公司或是製造商冗長供應鏈的資深人員齊聚一堂，成本必定高到令人吃不消。因此，組織會根據本身的環境（內容和實行），以及眞正呼應業務需求的計畫，選擇正確形式的措施。我們的設計是針對學習遷移和最大化的行爲變革，通常會採用全套的措施，包括現場實作（以「突破專案」形式）、論壇和教導（以群組、個人和同儕教導），請見p.218的圖7.4示例。我們會依據手上的計畫來考量各種議題，包括：有意義的起跑形式、靈感和人脈活動、基準之旅（例如到表現最佳的組織）、專家演講、師徒制和畢業活動。

計畫內容（由「設計」階段指導）的重心，是最攸關績效的關鍵轉變行爲，這是基於事實研究以及必要的基本心態和技能，而得到的結果。我們的研究也會看向組織以外各領域的最佳表現，包括和領導力有關的最新趨勢（例如科技、總體經濟）。計畫的設計應該配合組織的人員組成（例如根據層級）調整，通常對於較低層級的對象會比較寬鬆，像是論壇天數較少、突破專案較小、參與時間較短，以及由同儕而非主管教導。

我們在本階段的重要工作，是設計一套措施和內容的組合，使學習遷移極大化，確保參與者都能在工作上發揮新知。我們不厭其煩地再說一次：**一切領導力措施的目標，都是加強個人的在職績效，以及追求組織的整體績效目標**。我們善用對於成人學習的知識，也尊重學會新技能所需要的環境、深度與速度（如我們在前面幾章所見，缺乏這些知識與尊重，計畫將會失敗）。

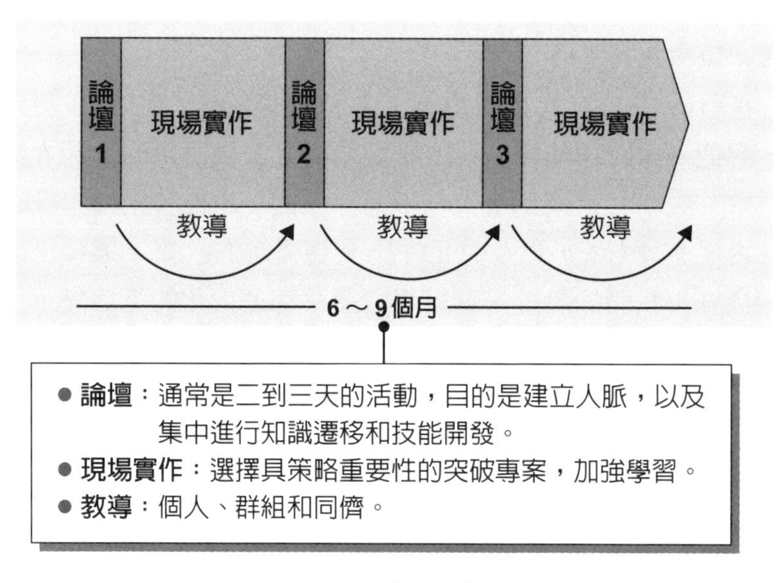

圖7.4　現場實作、論壇和教導

定義目標參與者

組織針對個人定義了詳細且客觀的遴選標準，然後從廣泛的對象中選出適當的候選人，來參與開發計畫（不只是純粹由高層評估或指派）。其中的關鍵點，是讓全組織的重要影響者參與。重要影響者是指那些因爲其角色、信任關係或性格，能夠在組織中影響他人行爲和思考的人。這些人包括執行長和最高層團隊、頂尖人才、影響者和重要角色（如分公司經理、工廠經理），未必是組織階層中身居高位的人。敲定人選之後，組織會評估他們的個別需求，調整領導力開發的內容，目的是適應特定的人選及其環境。最後，組織會確保每個人都有參與的動機，而且準備好開啓學習旅程（例如透過主動參加、管理團隊支持）。在找出全組織的頂尖人才方面，「人員分析」的技術是很重要的工具，可以迅速有效地達成目標。

設計整合與測量措施

除了能力培養計畫，還應該建立三個主要機制。首先，是促進理解和信服。我們和執行長、最高層團隊編製一個變革故事，用它來傳達改變的理由、擘畫未來的願景，並且描述這個願景對個人、團隊、顧客、組織和社會的意義（如第六章所述，這是「五大意義來源」）。在故事進一步傳播之前，每位主管務必根據特定環境調整故事內容。此外，組織也可以分享「組織健康指標」（OHI）調查的結果，用以支持改變的重要性。

其次是最高層團隊的角色示範。想要「實現計畫」，一定要使最高層團隊的方向與角色一致。例如，在現有的高階主管會議或是組織以外指定的場所表現出來。我們經常鼓勵每位高階主管反思及承諾這一條規則：「改變世界從改變我自己開始」，並向更廣泛的高階團隊分享他們的承諾。我們也會與最高層團隊一起整理出象徵性行動清單，然後依它們的影響程度，實施最優先的項目。若是領導者能在這方面表現得當，確實有助於推動領導力開發措施。經驗和研究告訴我們，「身教重於言教」這句古老格言眞是放諸四海皆準。我們通常會透過社會網絡分析技術，來辨識並動員「影響者」，於是他們成爲變革代理人，獲得授權去改變組織。

第三是在更廣泛的組織系統中強化。在這個階段，我們的作法通常是開始把領導力模型詳細分解，放進績效方格。我們會針對每項行爲，說明何謂得分低於期望（如五分中得一分）、符合期望（如五分中得三分），以及超出期望（如五分中得五分）。重要的是，行爲描述必須是客觀、可見的，使依據方格的評估盡可能公平。比如說「以顧客爲中心」這個描述難以客觀評估，因爲它和領導者的特色比較有關，而不是關於領導者的行爲。這個敘述或許可以改爲「經常徵求顧客的回饋」及「與團隊一起確保顧客的需求都能準時達成，而且品質一如預期」，如果這些行爲確實符合組織所謂的「以顧客爲中心」的話。圖7.5舉例說明領導力模型「顧客優先」主題的績效方格，本例中包含三項具體行爲，每一項附有基本描述。

除了有績效方格，我們也會依需求調整組織結構、流程和系統，確保角色和責任都能清晰無誤。這個作法也包括必要的關鍵績效指標，並且從計畫所包含的員工開始適用。

顧客優先

我們熱情服務內外部的顧客

員工	主任到總監	總經理到副總裁
傾聽顧客，尋找資料以求了解及服務其需求		
• 積極詢問並傾聽顧客的回饋。 • 從可取得的顧客資料收集、理解及提取見解。 • 與顧客互動良好。	• 支持及實施可提高資料取得與顧客理解的系統、工具和流程。 • 和許多重要顧客有個人交情。	• 對客戶具有廣泛、前瞻和全面的理解，並將理解轉化為策略和措施。
結合每日的優先工作、決策，以及如何對顧客有最大的影響		
• 根據對顧客有最大影響的因素，展現有效安排每日優先工作的能力。 • 能清楚闡述日常工作與組織的願景及價值的關係。 • 利用從資料取得的顧客見解，引導日常決策。	• 持續根據對顧客有最大影響的因素而決策及執行。 • 賦予團隊維持「顧客優先」態度和行動的權力。	• 根據對顧客有最大影響的因素，強烈且有意識地以身作則，示範優先的決策。
第一次就做對、準時、超越顧客的期望		
• 依據約定的時間表，完成指派的任務，而且第一次就做對。 • 持續超越顧客的期望。 • 與顧客商定時間表並確保信守承諾，如有必要則主動重新協商時間表。	• 認可及讚揚經常超越顧客期望的員工。 • 努力不懈以使員工更容易第一次就做對、準時和超越顧客的期望。	• 以無比堅決的態度，體現顧客優先和超越顧客期望。

圖7.5：領導力模型「顧客優先」主題的績效方格

批准商業論證

本階段的最後一部分是製作及批准商業論證。商業論證不是某個流程，而是爲短期和長期的成功，建立領導力開發措施的關鍵方法。商業論證至少應該包括四個主要元素：目標影響、工作計畫、預算，以及實行計畫的組織要求。

首先是目標影響。在第一階段應該已經討論過從「關鍵行爲轉變」和「計畫所觸及的領導者」兩方面來看計畫的影響。但是，商業論證體現了組織的願望，它涵蓋一套全面的措施，以確保它們是可測量、有時限，而且與組織績效連結。在第六章，我們討論過四個類型的測量（參與者反應、學習、行爲變革和組織結果），在商業論證中，我們通常聚焦於量化行爲變革（例如在360度評量的進步情形）和組織結果（例如在「組織健康指標」的領導力結果與附加結果的增加情形，以及突破專案的業務影響，像是顧客滿意度提高、新產品收入增加，以及節省成本）。

商業論證的第二項重要元素是工作計畫，包括重要里程碑。在診斷和設計與開發階段，關鍵元素是進行訪談和焦點小組（可能還有「組織健康指標」）、舉辦最高層團隊研討會、設計和啓動針對計畫參與者的360度回饋調查（依據領導力模型和能力方格進行）、構思計畫內容和融入機制，以及選擇計畫參與者。實行期間的關鍵元素，是整個計畫的啓動儀式（取決於規模）、每個參與者類型群組的開始（表示內容已準備就緒）、每個後續群組的開始和結束、治理委員會會議，以及關鍵傳達項目。此刻通常不會詳細擬定開發階段的關鍵里程碑，但是要定好評量和評鑑計畫的日期，以及決定下一個步驟。

商業論證的第三個關鍵元素是預算。預算是由以下幾部分構成：每組的參與者人數、每次旅程的深度（例如每組的論壇天數和教導天數）、主持人和教導費用（無論是內部還是外部）、技術費用（軟硬體）、場地費用（如果是在公司外部場所）、差旅、參與者及教職員工的餐飲和住宿、材料和內容費用，以及計畫辦公室費用。組織應該建立動態模型，爲不同計畫元素提供靈活的現場實作。

計畫的預算決定了計畫設計最終會納入哪些內容，以及計畫的運作方式，因此應盡早釐清每個環節。對組織而言，一定要思考其領導力開發想要達到的影響，以及需要哪些措施和預算才能實現。正如我們在核心原則三所提到的，教室型學習的時代已經一去不復返，因爲它效率低且成本高。只要有創造力、適當調整和實用取向，組織也能運用經濟實惠的成本，設計出全面且有效的領導力開發計畫。例如，可以利用內部和外部人員合組師資、招募領導者和畢業學員擔任導師和教練、建立同儕學習小組並善用科技。

最後一個元素是對於實行計畫的組織要求（即所需的組織構念〔construct；譯註：構念是由多個簡單概念組成，用以整合想法、資源、行動等元素，進而達成相關目的〕）。這個組織構念不僅需要在未來兩到三年內推出初始計畫，還需要確保新的領導力行爲及心態能夠維持並發展。組織構念大多是以領導力學院的形式呈現，同時有許多設計問題和選擇將會影響決策。

就領導力學院的宗旨和目的而言，學院的範圍是什麼？它負責掌管哪些計畫？誰有資格？它與組織的其餘部分應該維持何種關係？這些問題定義了學院的地位和範圍，可能只包含最高層領導者，或是包含頂尖人才，甚至組織全體人員。

在內容和實行方面，我們認爲學院應該是持續性領導力開發計畫的一部分，如果眞是這樣，那麼它必須發展哪些正確的職能？在組織中的何處發展？這確實是學習內容的問題；從領導力的角度來看，這可能是開發計畫的直接結果，但是從更廣泛的意義而言，學院可能負責有形技能、在職培訓，以及其他無形技能如談判或溝通。另一個問題是，學院如何爲不同參與者群組客製化學習內容和學習方法。

在基礎設施和人員方面，學院應該是實體或虛擬？與組織的文化和品牌關係如何？需要哪些資訊科技？應該在內部或外部設立及運作？需要多少人手？只要對學院的活動能有足夠的控制、測量和管理，學院設立於組織內部或外包都無妨。

在治理方面，學院在組織的整體結構中地位如何？如何決策？如何支薪？若是大型組織，在地或區域機構可能會想控制學習內容和預算，這就可能變成煩人的問題。

這是一個複雜而棘手的階段，通常爲期六到十二週時間，取決於計畫的內容和群組數量。商業論證最終將和領導力開發措施的策略與任務緊密結合，需要得到最高層團隊配合及批准。此外，在這個階段開始展開「快速獲勝」是很重要的，常見的形式是整體組織的溝通，以及最高層團隊的象徵性行動。另外很重要的一點是，建立緩衝區以確保啓動計畫的資源和師資。

最佳表現：企業學院

最近我們拜訪了全球許多一流的企業學院，有了一些心得。例如，我們發現有一所學院通常對中央推動的計畫和頂尖人才擁有唯一的所有權，而且是管理人性質的組織文化。在某些情況下，它還會提供功能性和技術性計畫，內容必須與策略重點完全保持一致，並以領導力模型為基礎。該學院編制了高素質的職員，透過影響力極大的面對面培訓課程、行動科技和在職教導來完成計畫。它已整合到主要的人力資源功能中，同時保留足夠的獨立性，可以繼續接受新思想並挑戰傳統思維。它的影響受到三個主要委員會（涵蓋整個計畫、業務專案和個人學習）嚴格管理，並且利用分析法進一步增強學習和績效。

〉實行計畫

在這個階段，**組織著手實行計畫**。這是領導力開發措施見眞章的時刻，參與者經歷了領導力開發旅程，我們則開始見到個人發展、領導力效能提高，以及突破專案的影響。這個階段通常具有三個主要成果：應用現代成人學習原則（現場實作、論壇和教導）在所有群組實行計畫；實施融入機制（傳達、角色模範、領導力模型，融入所有人才流程）；以及在多個層級治理及測量計畫。

實行核心計畫

計畫的實行通常是以「波」的形式，涵蓋四個主要群組。**它始於最高層團隊**，這一點非常重要，不只是爲了確保高階主管以身作則來示範預期行爲，同時也是因爲組織與全球複雜性不斷升高，組織的全體人員都必須持續成長與適應，高階主管也不例外。典型的作法是由八到十五名最高階（N-1）主管參與，形成一個群組。

其次，必須迅速**讓組織裡緊鄰的下一級參與**（通常是大多數的次高階〔N-2〕主管和選擇性的第三階〔N-3〕主管），因爲這些人是在高階主管與日常執行之間，弭平差距的關鍵角色。有些組織將這些層級／職位的所有員工稱爲「頂尖人才」，其他組織（尤其是較大型的組織）則會比較早展開篩選過程。在員工人數一萬名以上的組織，這些群組通常爲七十五到一百五十人（取決於廣度和層次，以及頂尖人才的定義），大約等於四到八個群組。

其次是最高層的變革領導者和重要影響者，通常有二十到一百名，取決於組織的規模。最後，組織再由上往下於後續的各層級推行計畫，某些情況甚至會包括爲新進員工舉辦入門計畫。以員工超過一萬名的組織爲例，假設頂尖人才爲10%，總數即爲一千人，約等於四十組。前文已經提過，較低層級人才參與的計畫，通常負擔比較低、論壇天數較少，在職專案也比較寬鬆。

計畫實行時，每個群組通常會從一個起步儀式開始，這是爲了鋪陳未來的旅程。每個群組通常會經歷爲期六到九個月的旅程（資深群組可能拉長到十二個月，較資淺的則可能縮短爲二到三個月）。一般來說，各波計畫會錯開，雖然它們都是穩定的狀態。一旦奠定了計畫實行的能力，即可同時進行多個獨立的計畫。進行大規模轉型的話，可能需要花上二到三年才能觸及全組織的人員，小型的領導力開發則只需一年以內的時間。

組織應善用正確科技來實行混合式學習（線上與教室課程），包括遊戲化以及給參與者的每日「觸發器」（例如行動型提醒工具）。這些內容可以「及時」且「隨選」地送到參與者眼前。科技也有助於放大實行的規模。此外，重要的是採取「開放架構」的方法，視需要利用內外部師資、教練、輔導員和專家的廣大網絡。如此一來，可讓計畫的實行充滿彈性與活力。為了擴大促進作用的規模，我們一向採用「訓練培訓師」的方法，並且搭配結構化的輔導員開發計畫，目的是在組織內建立可持久的輔導員容量。請參見圖 7.6。

此階段準確符合了參與者的個人需求，並且透過選擇模組和集中學習時間，以及獨立安排專案工作，讓每一名參與者都能掌握自己的發展。本階段的重心是心態和行為，目標是揭露阻礙學習的潛在心態和根本觀點，協助人員永久改變工作方式。這種作法也可以看成是協助參與者建立所謂「內在掌握力」的基礎。

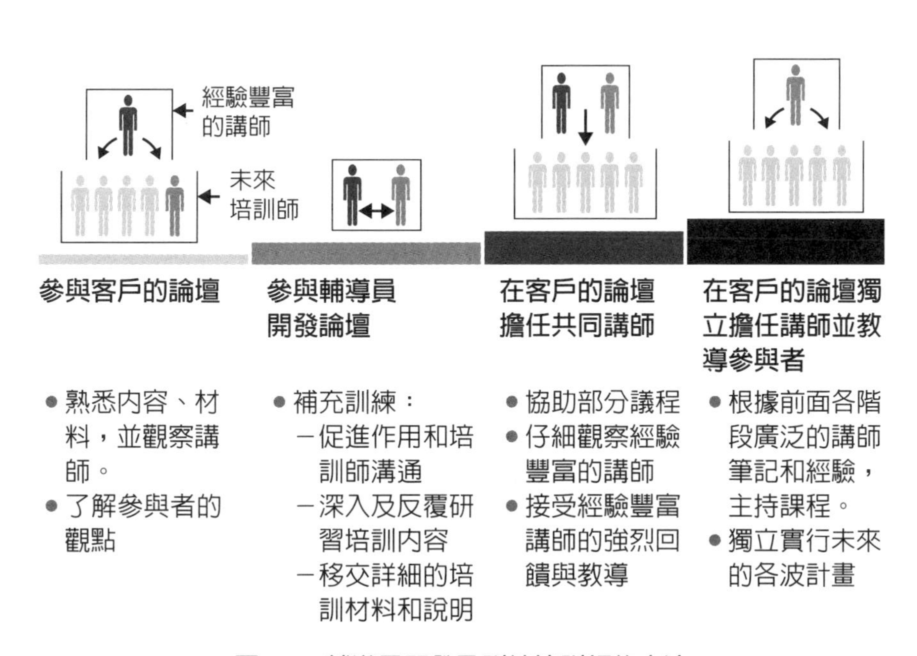

圖 7.6　輔導員開發及訓練培訓師的方法

融入機制就位

當計畫本身繼續進行，重要的是將它們置於更廣闊的視野中心，並且搭配傳播行動、最高層團隊角色模範，以及與人才管理系統整合。傳播應該從變革故事開始，這可以透過各種管道進行，而且可利用傳統和病毒式傳播（員工大會、內部網路部落格和上傳網站、慶祝成功／指出「它在哪裡生效」、一對一會議等），讓故事保持生氣勃勃。領導力模型也應該被傳達給所有員工了解，「科技」在融入計畫以及加深計畫對整個組織的影響方面，往往有非常重要的功用。

我們認識的某個組織曾經引起巨大轟動，它以令人印象深刻的方式設計領導力模型，然後印出來發給員工人手一份。同時，它又開設執行長部落格並更改公司的商標。這些動作發出了強烈的信號：「一切將要變得不一樣了。」此外，慶祝成功事件並表揚和獎勵實踐領導力行爲的員工，也能帶來好處。

除了首先向最高層團隊推出領導力計畫，最高層團隊和變革代理人也應該繼續展現角色模範和象徵性行動。當最高層團隊以身作則，在領導力計畫中表現出期望的行爲，例如擔任計畫講師、專案發起人、導師或教練，我們會看到巨大的影響。

在設計階段，領導力模型被轉化爲更詳細的績效方格，而且賦予每種行爲可觀察的客觀描述。在實施階段，則是將職能模型輸入人才管理系統。在推出領導力開發措施時，以下四個人才流程特別重要：

- **連結人才策略和業務需求**：這是在診斷階段完成的。人力資源部門應繼續將領導力模型和領導力要求，整合到策略性人力規畫中。

- **招募並加入團隊**：應將領導力模型（和特定行為）融入招聘、影響組織尋找人才的地方、評估人才的方法，以及組織所尋找的特定技能和職能之中。
- **認可及獎勵績效**：領導力模型應融入績效管理和個人關鍵績效指標中，使真正表現出領導力行為的員工，獲得財務和非財務獎勵。
- **接班規畫**：領導力模型應該以所有員工的總體績效管理為基礎，指引組織的未來領導者所需的條件。

實施計畫治理

在這個階段，計畫委員會正式成立了（通常涵蓋全體計畫、業務專案和個人學習）。它具有明確且各不相同的職責，確保領導力開發措施的不同要素皆能成功實施。每個委員會都有正式的會議節奏：人員和專案委員會通常會在計畫的開始、中期和結束時，就特定的群組／旅程開會；計畫委員會則可以持續地定期開會。這些委員會依據四個不同的測量等級追蹤影響，p.230的圖7.7是追蹤影響的典型方法。

這些測量具有雙重目的，不僅是測量開發措施的影響，也能當作內涵豐富的基線，供設計與調整計畫時參考。對於個人，我們依據領導力模型進行個人評估而建立行為基線，然後量身訂作個人學習目標的實行方案。我們能夠藉此更完善地連結開發目標與在職學習和群組專案、關注參與者的優勢（同時確保整個開發領域的最低基線），以及更容易找到延伸參與者脫離舒適圈的領域。

這個階段跟「設計與開發」大不相同。「設計與開發」通常是有時限的，而且可以交由相對較小的團隊完成。但是，在實行階段，每個小組通常要花六到九個月的時間才能完成計畫，而且必須完成一波又一波，最後才能達到整個組織層次，這可能需要一到三年的時間。不過，在最初六個月之內的階段也能開始產生實際的影響。

	說明	典型方法
組織影響	根據相對於成本的培訓影響，計算組織的回報（如財務、客戶、健康）。	• 培訓措施／專案所產生的財務度量項目（如收入、成本節約） • 非財務度量項目（如顧客滿意度、流程改善、組織健康） • 行動計畫／專案完成率
行為變革	員工的行為變革，以及在職務上學以致用。	• 直屬上司回饋／訪談 • 360度評鑑 • 在職觀察 • 績效評估
學習	測量培訓之前和之後的知識水準。	• 參與者自我評鑑 • 書面的前測與後測 • 直屬上司回饋／訪談 • 在職觀察 • 角色扮演
反應	參與者對培訓／學習經驗的反應。	• 參與者回饋表 • 參與行動計畫

圖7.7：追蹤影響的典型方法

〉推動影響

這是最後、也是開放性或持續進行的階段。它與實行階段並行，具有真正（連續）轉變組織文化、不斷提高績效的最終理想狀態。它通常具有四個主要輸出：持續監控影響和增強關鍵行爲變革；爲畢業學員制定清晰的計畫（每年更新、留任人才政策等）；根據具體環境重新評估組織領導力要求，並且決定下一個領導力開發重點領域；以及建立自我學習和適應的文化。

持續監控進展並視需要調適

第一個計畫啓動時，就必須開始收集參與者、教師和管理者的回饋，不斷調整計畫。這包括「微」調和大改。前者例如特定論壇或教導課程內容的時間與模組，後者則是諸如專案的關鍵成功因素，甚至是整體計畫藍圖和優先事項的更改。

在特定群組或計畫結束時，必須客觀檢討其整體影響，並根據檢討結果進行調整。組織必須採用測量其他（與績效關係更深的）措施的同樣嚴格標準，測量其投資報酬率。

為畢業學員制定清晰的計畫

此計畫的畢業學員在組織中具有極爲重要的地位。首先，他們是現任或將來的領導者，因此組織務必與每位畢業學員討論個人化的升遷途徑，以便在內部確定最佳的工作機會，並滿足他們的期望。組織也應該鼓勵個人實踐新行爲，這將有助於他們成爲更有效能的領導者。如果期望的領導力行爲打破了舊有的工作方式（例如從分級領導轉變爲包容性領導），這一點尤其重要。績效管理系統應包括領導力模型的元素，並且以個人貢獻爲基礎。如此一來，才能最大程度地減少不當消耗頂尖人才。「人員分析」技術可以指出並協助解決對員工眞正重要的問題，因此也有助於保留頂尖人才。正如我們在第六章看到的，組織經常會獎勵錯誤的事情，並習慣性忽略重要的非財務獎勵措施。

從績效和開發的角度來看，我們建議提供畢業學員更多培養能力的機會，以確保他們的能力得到更新和增強。這些機會的形式可以是年度人脈活動（對於組織內不同部門建立關係也很有用）、繼續進行一對一或小組同儕教導（我們稱爲「小型委員會」，不會增加額外費用）、更多資深同事的指導，以及該計畫內容所涵蓋的年度一日「強化營」。這些措施都是基於在職教導和團隊、同儕及導師的回饋意見。正如我們在第四章提過的，那些眞正掌握員工發展藝術的組織，會將大部分精力集中於培養持續成長和回饋的文化。

此外，善用人才的組織往往會在未來的領導力開發工作上，借重畢業學員。比如說，用在後續的同一項計畫，或是針對組織內較低層級的計畫。畢業學員可在論壇擔任客座演講人、導師／教練，某些情況下甚至可以成爲講師。這具有增進畢業學員學習的雙重目的，也是向組織發出有意義且具有象徵性的信號，那就是領導者很嚴肅地看待該計畫。在增進學習方面，研究顯示，學習新內容之後三個月的記憶程度，靠聽覺學習的部分記得10%，靠視覺學習的部分記得32%，靠實作學習的部分記得65%，靠教導學習的部分記得100%。[1]

根據具體環境重新評估領導力需求

在第一章，我們將領導力定義爲特定環境下的一組行爲，能使組織一致對準目標、促進執行任務，並確保組織自我更新。這些行爲可以透過相關的技能和心態實現。因此，有效的領導力需要對準目標、執行任務和自我更新。前兩個組成部分可經由預期的具體績效目標（和領導力模型）而實行，但自我更新通常更具挑戰性，因爲它需要重新定義目標，以及達成目標所需的行爲、技能和心態。學習速度比競爭對手快，是重要的競爭優勢。這一點被許多研究引用，包括「組織健康指標」。（「組織健康指標」結果中，「創新與學習」和整體健康的決定係數〔R^2〕爲0.86，代表相關性非常強。確實，在整體健康是最高四分位數的組織中，在「創新與學習」這項幾乎沒有第四或第三四分位數者，至於第二四分位數者占16%，而最高四分位數者則有84%。）

領導力開發也是如此：組織需要不斷修改其領導力開發措施，才跟得上最新趨勢，確保其員工展現執行策略所需的行爲。

我們經常被問到的一個問題是：「我應該多久修訂一次領導力開發措施？」領導力開發是（或理想情況下應該）與環境和組織目標密切相連的。理論上說，**只要環境發生變化，領導力開發即應該隨之改變**。環境非常重要，一旦有任何變動，組織都應該檢討對績效影響最大的特定領導力行爲，接下來則是檢討領導力開發措施。

當組織想要回應或是塑造它的營運環境時，「策略」對組織的環境影響最大。策略思考源自於軍事、政治、演化論，甚至宗教模式。②策略與外在不斷變化的環境之間，有必不可少的關聯，儘管如此，策略受到內在的組織觀點左右的程度，更甚於外在。麥肯錫最近的研究顯示，必須以公司地位及前景的外部看法，來權衡內部觀點。[③] 實際上，組織傾向於每三到五年就會改變或修訂其策略（例如「五年計畫」），政府和公共、商業組織都是如此。策略變化通常會導致三種領導力開發變化：

- **調整與增補**：持續對現有的計畫進行調整和增補，使領導力開發保持相關性。調整或增補的形式，可能是提出新作法，這取決於新科技或既有科技的新用途出現，也可能是新研究或新思潮引起的（例如1990年代的情緒商數〔EQ〕、2010年代的神經心理學）。
- **每三到五年進行一次廣泛檢討**：確保領導力開發符合策略目標。檢討的範圍可大可小，取決於策略和組織的變化程度。策略要務則是來自其他學科的策略分析和比較研究。[④]
- **徹底重新思考**：有些組織會進行重塑，這麼做有時是為了生存，有時是為了保持領先地位（在科技領域很常見）。這些大規模改變中，包括了新的商業模式，甚至連組織架構也會翻新，因此需要新的領導力開發計畫。有時候，在該行業並沒有任何人的經驗稱得上領導力專業知識，因為連行業本身都是全新的（在1990年代的網路公司風潮，以及2000年代的新型零售業很普遍）。這種情況下，領導力必須是集體事業，領導者才能夠相互學習。

其他項目不一定有時間限制的變化，但也會導致新的領導力開發要求。以下是部分比較相關的：

- 公司結構的變化，例如合併、收購或分拆的情況。
- 科技革命，例如在個人電腦、網際網路問世期間，以及如今大數據分析和數位化轉變的過程。
- 人口變化，例如嬰兒潮世代退休，在全球許多地方引發退休潮。

簡而言之，組織應隨著環境的變化，不斷修改領導力開發措施。由於外部環境的變動日益加劇，這一點也變得愈來愈重要。組織若是能持續找出並開發成功所需的能力，並且將這樣的能力制度化，即是所謂的「學習型組織」。

學習型組織的概念來自克里斯·阿吉里斯和彼得·聖吉等人的開創性研究。以聖吉爲例，他所定義的學習型組織，是人們不斷擴展能力，以創造眞正想要的結果、涵養新穎而廣泛的思考方式、釋放集體渴望，以及持之以恆地學習「如何共同學習」的場所。⑤

最近凱根和拉赫創造了「蓄意發展型組織」（Deliberately Developmental Organizations, DDO）一詞，這樣的組織隨時都致力於提升所有人員，學習已融入日常營運、例行公事和對話之中。⑥我們提出的四項核心原則，是一個循環流程，意即必須不斷回顧核心原則一（關於推行策略而需要的關鍵轉變）。若能有效實施這四項原則，將能達到類似的組織型學習，並且提高組織健康。在第八到十二章，我們利用虛構的故事說明這個方法在實務上的應用。

〉提升領導力效能的其他考量因素

領導力開發計畫當然不是實現公司變革的唯一解藥。在領導力開發過程的所有階段，都必須思考以下四個全面性主題：

1. **領導力開發只是提高領導力效能的一種方法，不應該架空進行**，它必須從一開始就是整體性操作。例如，假使大量招募新人的方式實際上比較有效，那麼在進行領導力開發時還去考慮適合的招募方式，並非明智的作法。「診斷」和「設計與開發」這兩個階段在此過程中非常重要。在診斷階段必須顯現由上而下的意圖，在開發階段則必須對由下而上的想法和措施保持開放態度。本書的重心是領導力開發，我們會在「常見問題」單元探討其他可以提高領導力效能的方法，而事實上你經常同時採行哪些方法。
2. **團隊效能是必須不斷解決的全面性主題**。個人的領導力效能未必會形成高績效團隊，但高績效團隊卻是組織領導力效能的前提。因此，就對準目標、執行任務和自我更新方面來說，提高團隊效能以及將新領導力行爲融入團隊規範，是具有巨大價值的作法。根據我們的經驗，組織通常需要明確應對組織中十到二十個關鍵團隊，並且將這項工作視爲領導力計畫的一部分。這些關鍵團隊通常涵蓋所有高階（N-1）團隊以及其他重要團隊。一般來說，此項措施至少需要每個小組一到兩天，也可以花更長的時間以及分次進行，取決於該團隊目前的效能和重要性。組織可以向其他團隊（高階的這十到二十個以外的團隊）提供附加計畫，採取自願、主動加入的原則。此外，領導力計畫的個別參與者，應該與其擴編團隊一起練習新知識。

3. **領導力轉變是重要時刻，有喪失重大價值的風險**。根據我們的經驗，在轉變期間，需要與領導者個別進行爲期半天的會議，然後與領導者及其團隊進行爲期一、兩天的會議。這些會議涵蓋的模組通常有：找出具高度影響的機會並制定策略、評估組織動態並與關鍵利害關係人保持一致、建立團隊，以及發展關鍵技能以成功擔任新職位。
4. 我們已經強調了環境的重要性。但是，在組織和策略環境（此項定義了領導力模型和優先領域）以外，**使領導力措施適應組織內部的環境也同樣重要**。這涉及幾個方面。例如，組織層級（資深與更多前線）、可運用的領導力開發預算，以及參與者人數，都對計畫藍圖具有重要影響。然而，關鍵的成功因素是遵守四項核心原則。我們發現，即使參與者很少且預算有限，這也是可行的。組織的另一個考慮因素是參與者的人口組成和文化，這兩者都會影響計畫內容與教學風格。年齡也可能對教學方法產生特殊影響，例如以學習態度和學習方式來說，千禧世代與前輩在某些方面有所不同。

本章摘要

領導力開發措施的成功率非常低，令人洩氣，其中未能達成及維持預期影響的個案，多達50%至90%。我們已經指出，必須隨時遵行的四項核心原則，做得好的組織將會獲益良多。但是，我們也知道領導力開發措施沒有靈丹妙藥，它的成功是關於做對許多事。然而，正面消息是，我們所調查的組織中，有部分組織透過全面且是最佳實踐的方法，能夠實現並維持其領導力開發目標。

如同我們在第二章所見，大規模領導力開發需要涵蓋四個關鍵領域的系統方法（請回顧p.71圖2.3）。此外，在這些領域必須確保行動的深度。除非採行了大約二十四項關鍵行動，成功的機會才會超過30%，採取四十項以上的關鍵行動，才會提高到80%，而涵蓋全部五十項行動的組織，其成功率將提高到接近100%。

這五十項行動並非供人勾選的清單，而是細節和紀律的路線圖。若是想要盡可能少做這五十項行動的力量（通常表現爲時間、金錢和人力資源的限制），大於想要全面完成任務的必要性，將會造成各種失敗。在實務上，啓動全面變革計畫是無比困難之舉。組織行為具有熵（entropic）的傾向，也就是事物容易崩潰（可有許多形式）而難以凝聚（形式較少）。優秀、有效並持續的領導力開發，需要真正的資源、時間和努力。因此，組織必須確保投入正確的資源，並且建立正確的組織構念，來維持、維護及發展領導力開發措施。

本章介紹我們所使用的典型方法，以及每個階段的關鍵輸出，圖7.8是4D步驟各個階段的總結。值得注意的是，初次實施的時候，這些階段是線性的，但是必須隨著過程的發展而反覆檢討。

在接下來的幾章，我們會利用一個虛構的故事，更詳細地說明我們的方法在實務上的應用。首先是介紹故事背景和主要角色，接下來各章則是分別針對4D的每個階段。我們讓每一章的故事保持簡要，重心在於領導力開發旅程的關鍵元素，以及每個階段的重要成果。然而，我們也想要說明領導者在變革計畫期間，所要面臨的一部分個人挑戰，還有為了使領導力開發措施能夠成功，背後不為人知的混亂狀態。

←4～8週→ ←6～16週→ ←12～18週→ ←持續進行→

診斷
有怎樣的差距？你的目的地是哪裡？

- □與策略緊密結合，也和最高層團隊一致的領導力模型。
- □三到五個關鍵的「從○到○」轉變（行為、技能、心態），將由領導力計畫實現。
- □量化組織每一個層級的領導力差距。
- □評估目前的領導力措施，以及它們與系統是否融合、融合的情況又是如何。

設計與開發
你需要做什麼才能到達目的地？

- □設計各群組的領導力開發旅程，包括所有內容。
- □定義目標參與者（對象、人數、時間）及選定第一批人員。
- □設計整合機制（變革故事、象徵性行動、系統變革）。
- □批准商業論證（包括目標影響、成本、工作計畫、所需資源和治理）。

實行
你應該如何行動？

- □應用現代化成人學習的原則（現場實作、論壇和教導）在所有群組實行計畫。
- □實施融入機制（傳達、角色模範、強化機制，包括將領導力模型融入所有人才流程）。
- □在多個層級治理及測量計畫成果。

推動影響
如何保持前進？

- □持續監控影響和增強關鍵行為變革。
- □為畢業學員制定清晰的計畫（每年更新、留任人才政策等）。
- □根據具體環境重新評估組織領導力要求，並決定下一個領導力開發重點領域。

圖7.8　4D步驟各階段主要輸出摘要

| Chapter 8 |

卡洛琳·藍道夫登場

安德魯·聖喬治&克勞迪奧·費瑟&
麥可·雷尼&尼古萊·陳·尼爾森/執筆

〉從溫哥華到上海

卡洛琳·藍道夫是新古典時尚服裝公司(以下簡稱NCL公司)充滿個人魅力的執行長。她在加拿大出生、成長,個性清新、乾淨俐落,外加與生俱來的務實取向,都是源自洛磯山脈和故鄉溫哥華的薰陶。卡洛琳大學畢業後的第一份工作,是靠大學時期的人脈介紹的,她跑到德國慕尼黑,在一家叫費美(Femme)的大眾市場零售商擔任採購助理。她很喜歡這份工作,並且大量學習新事物。她一向憑直覺行動、我行我素,費美公司的環境混合辛勤的工作和真誠的同伴,將她拉出了自我的防護罩。費美公司有強力的文化和堅毅的領導力風格,很適合卡洛琳在工作和生活上井然有序而沉穩的作風。費美的營業重心是低成本、最佳化與減少浪費。卡洛琳很快就一路高升到採購總監,負責重大的策略採購決定。她感到自己有個更大的使命,那就是爲社會提供平價服裝。她與家人和同事分享她的使命感。

十二年前,她接到一通電話,對方是NCL公司的執行長。NCL公司是一家總部位於上海的中型服裝公司,專攻古典風格又帶有現代色彩的產品，與卡洛琳的風格一拍即合。NCL公司的業務遍及二十個國家，自有一套企圖心旺盛的擴張計畫。卡洛琳被聘爲副營運長，營運長已年近六十歲，公司需要注入新血。

卡洛琳轉換跑道到NCL公司擔任副營運長，適應良好。NCL公司的員工喜歡她，也欣賞她直言不諱的觀點、解決問題的能力和親力親爲的做事方法，大家都知道她是個決策謹愼而行動堅定的人。她在NCL公司任職四年，升上了營運長的位置。她對這份工作如魚得水，公司業務在她的手上順暢無比。如同在費美公司，她的挑戰在於放手與授權。她總是追求效能，很難信任她的下屬做事也能和她一樣有高效能。

卡洛琳與NCL公司的人力資源長（CHRO）梅根·亨特克里夫（Megan Huntcliff）合作，凡是卡洛琳視爲會妨礙重大成果的路障，卡洛琳都會協助NCL公司的領導力團隊克服。該團隊知道，雖然卡洛琳很少表現出情緒或是有過強烈的反應，但是她會專心聆聽並對他們擔憂的事感同身受。她很迷人，只是有點一板一眼。她總是提出幾個精準的問題就能直搗問題核心。

卡洛琳擔任五年營運長之後，被NCL公司推舉坐上執行長職位。當時還有幾位高階主管同時在競逐這個位置，但是卡洛琳脫穎而出。她的表現有目共睹，更何況公司上下都很尊敬她。她超酷的能耐遠勝過官僚政治的牽絆，爲她贏得了董事會全力支持。

卡洛琳在當上執行長的前三年，完全發揮她的三大絕招：速度、成果導向和追蹤每名員工，確認他們不會脫軌。公司的業務一日千里，幾乎每個月都能打開新市場。卡洛琳歡喜迎接第五年的執行長生活，此時，NCL公司的業務已經拓展到五十個國家，年收入六十億美元，擁有員工三萬人，公司的底線也屬健全。在卡洛琳的領導下，公司的業務擴張到男裝與童裝，並且推出鞋子和飾品兩條產品線，不到幾年就已經達到服裝業務的三分之一。

股東很滿意NCL公司的進展，在卡洛琳高升執行長之後，每年的股價平均成長率有10%，而這個行業的平均不過7%。股價飆高後，股東當然希望成長可以持續下去，並且能利用自動化和效率創造更多利潤。對公司的期望以及對業績的要求不斷創新高，這是股價急速攀升換來的代價。卡洛琳敏銳地意識到了這些永無止境的期望。

〉時代在變，組織也要變

NCL公司在市場上的威名來自它能結合古典設計與最新的流行趨勢。但是，當它的設計總監終於告老還鄉後，公司開始跟不上流行的潮流。公司裡能幹的設計師守成的能力有餘，可是缺乏刷新視野、使他們走在潮流尖端的推力。爲了解決這個問題，NCL公司經過一番詳盡研究，併購了一家名叫「無極限時尚達人」（Infinity Fashionista，以下簡稱無極限公司）的小型連鎖服裝零售商。NCL公司利用併購的方式招兵買馬，得到費南多．維加（Fernando Vega）接掌高階設計主管的位置，他是無極限公司的創辦人。

無極限公司必須整合到NCL公司中、費南多必須融入高階主管團隊，這兩大挑戰耗去卡洛琳大量的時間。NCL公司一開始是打算精選無極限公司的幾條時裝和飾品產品線，放到NCL公司的店面，長期下來，費南多和他的時尚設計師可以爲公司帶來新鮮但不失古意盎然的點子。在商言商，這個交易合情合理。但是如何整合無極限公司最好？卡洛琳還拿不定主意。

她的新任策略與業務發展總監愛麗絲・伯曼（Alice Berman）有過合併與併購（M&A）這方面的經驗，卡洛琳借重愛麗絲的經驗，想找出方法保留無極限公司的優點，同時又能確保NCL公司繼續維持既有文化、系統與流程的和諧。費南多是年輕、充滿創意的創業家，靠無極限公司在葡萄牙、西班牙和南美洲打下一片江山。卡洛琳很清楚，整合無極限公司的部分工作，是讓費南多能充分掌控他自己的產品。費南多習慣單打獨鬥，因此她必須確定他在NCL公司的角色也能允許他有足夠的自主權。她甚至擔心被費南多知道他的觀念對NCL公司有多重要，NCL公司必須接觸到無極限公司原來那些初出茅廬且前景看好的顧客群，才能在這個刀光劍影的行業立於不敗之地。

卡洛琳的挑戰還包括另外兩個因素：首先，NCL公司正面臨一波中階經理和高階團隊的退休潮，說不定連她得力的財務長彼得・科迪（Peter Cody）也在內。這一波浪潮會在三到五年內來襲，因此還算不上嚴重的威脅。但是，她口袋裡的接班名單並不多。她必須承認，NCL公司的領導力管道虛弱貧乏。此外，目前的領導者在公司的資歷超過二十年。他們的經驗固然是一大強項，然而他們也陷在既有的處事方式，不知變通。

其次，自從才華洋溢但不好相處的策略與業務發展總監傑米・溫斯頓（Jamie Winston）怒遞辭呈之後，如今公司愈來愈難抱持大發利市的願景進入新市場。他拂袖而去的那一天，卡洛琳知道了一家大公司喪失資深的高階主管是怎麼一回事，還不說找不到恰當的繼任者。她對於聘任人選因此更加小心翼翼。她新近才找來愛麗絲頂替傑米的職缺，但並不確定這是否爲長久之計。愛麗絲是一個人才，而且有亮麗的經歷。她非常討人喜愛，充滿熱情。可是，她是不是具有高階主管該有的樣子？傑米總是有強烈的自信，愛麗絲的自信卻是平和穩定，看起來有些低調。

傑米的離職突如其來，但是在卡洛琳眼中，領導力是整體組織的議題，不容許因爲單一人員而變好或變壞。她因此責怪自己未能準備好一個公司整體領導力的穩健開發流程。她回想自己被NCL公司聘任的過程：NCL公司清楚知道需要一名副營運長，然後適時填補空缺。聘雇她是爲了NCL公司的未來定位，但如今，NCL公司的聘雇流程已經不復當年那麼堅定有力。

以上因素，再加上NCL公司的市場不確定感日益強烈，卡洛琳知道在經濟不確定性之下，奢華產品和「有也不錯」的設計師品牌服裝，會是消費者首先縮減的對象。NCL公司正處於關鍵時刻，必須改變步伐而促進成長和穩定性。

〉領導力……該怎麼做？

某個星期五早晨，卡洛琳正在回顧當週的目標。「最高層團隊主管週會：已辦。國際時尚協會演講：已辦。和主要供應商執行長開會：已辦。倉儲品管訪問：已辦。」卡洛琳喜歡在每星期的最後一天逐一消去已辦事項。她對於規畫和執行向來一絲不苟，很少把待辦事項留到星期五的下午以後再做。

但是，她的清單還剩下一條：「制訂五年策略初稿」。這是進行中的事項。卡洛琳大致上都是蕭規曹隨，走在前任執行長的路上。她當然有更新過公司的策略，可是從來沒有進行過翻修。NCL公司正在進行整體業務策略的全面檢討，目的是界定一個更廣大、更積極的五年策略。這是她提出來的主意。最高層團隊一致認可這個需求，此刻她的責任是完成這個策略。卡洛琳將在下一次董事會中提報新策略，那是兩個月後的事。在那之前，執行委員會有時間完成具體策略，可是卡洛琳想知道：「它會夠好嗎？」自從她接任執行長一職，這是她第一次發表眞正的NCL公司翻新構想，屆時她是眾人眼光的焦點。

卡洛琳覺得自己還欠缺一些東西。她一邊滑手機閱讀一篇又一篇新文章，一邊在瀏覽新策略。有一篇文章吸引了她的注意，它的標題是「領導力已死，領導力萬歲！」她快速瀏覽，見它寫道：「我們所知的領導力如今已經壽終正寢，超過三分之一的組織說他們的領導力不足以執行其策略，有一半的組織則說不覺得他們的措施能夠成功消除差距。」

卡洛琳對它很感興趣，覺得它根本是直接在對自己說話：「爲了弭平差距，領導力開發措施必須改弦更張。公司需要一個更全面、以事實爲基礎且更穩健的方法，來確保想要的業務成果。有一種新興的領導力開發方法，那些完全接受這種方法的先驅者，將會狠甩競爭者。」這篇文章主張一種以績效爲導向的領導力開發途徑，並且配合一個四階段的方法學。這個新方法強調了爲特定組織量身訂做，以及設計與執行領導力開發的重要性。

「就是這個！」卡洛琳心想。「我們必須讓領導力效能更上一層樓。」卡洛琳反思NCL公司，此刻她決定對NCL公司的領導力大興土木一番。她的出發點未必是由於人員因素，她還不知道有需要的話必須改變人員的行爲。她想的是如何讓NCL公司能以更整體性的方式掌握領導力這個觀念。卡洛琳想要提高組織的領導力效能，並且建立強大的接班梯隊。她知道自己需要一個徹頭徹尾全新的方法。

〉NCL公司的領導力團隊

卡洛琳花了一些時間思考NCL公司最高層領導力團隊（TTL）的同事，逐一考量他們每個人的風格和角色。

- **梅根・亨特克里夫，人力資源長**：梅根是卡洛琳的領導力團隊中，最了解NCL公司業務與文化的人。只要卡洛琳肯授權，她是主持新領導力開發措施的不二人選。
- **愛麗絲・伯曼，策略與業務發展總監**：愛麗絲在曼哈頓多家零售商任職的履歷非常卓越，能爲管理團隊帶來外部觀點。她的人緣很好，也是大家的開心果。不過，這一點會使她在制訂NCL公司策略時，很難實現自己的企圖心。
- **彼得・科迪，財務長**：彼得的風格是數字導向，他對工作很專心，又有愛爾蘭式幽默感，跟卡洛琳很合得來，雖然他有時候會利用幽默表現出事不關己的態度。這是他能與人保持距離，又同時讓人感覺溫暖的方法。領導力開發對彼得來說是一個棘手的題目，畢竟他已經六十六歲，退休生活指日可待。儘管如此，目前還看不出他有培養繼任者的意願，因爲他「熱愛自己的工作」，而且認爲自己還能再戰好幾年。
- **「布魯斯」席欽**（'Bruce' Xi Qing）**，營運長**：布魯斯目前四十八歲，是最高層領導力團隊最年輕的成員。他是上海人，對當地市場瞭如指掌。他接替卡洛琳的營運長職位，對NCL公司的營運問題都能勝任愉快。布魯斯是個極端營運取向的人，關心目的更勝於手段。卡洛琳知道這是偏食的毛病，跟她自己以前一樣。她覺得自己能教導他成爲更圓熟的領導者。

- **韋恩．米勒（Wayne Miller），銷售與行銷長（CSMO）：**韋恩是加州人，從年輕時擔任銷售助理至今，一輩子都在NCL公司任職，幾乎有二十年的時間都是在旅途上僕僕風塵地度過。隨著NCL公司成長，他的出差行程也跟著改變，從美國到中國，再來是足跡踏遍全亞洲，如今更是全世界的其他角落。他的奉獻精神是一大優點，但是他對自己和部屬的要求都太高了。梅根無意中聽到一名銷售副主管這麼說：「韋恩一輩子不回家，我沒意見，可是我想要偶爾陪陪家人。」
- **費南多．維加，設計總監暨無極限公司前執行長：**費南多是NCL公司新近併購的公司無極限時尚達人的創辦人。現在他從葡萄牙海岸調到中國，這是NCL公司併購交易的一部分。他對於這個變動保持開放的態度，卻不知道企業整合的行動正在進行中。他明白無極限公司的主要長處是設計方面的專業知識，也擔心NCL公司比較剛硬的流程和系統對他是個折磨，會傷害他的創意和設計品質。

〉卡洛琳帶頭做起

卡洛琳了解大幅改善領導力開發是一項艱鉅的任務，決定找她的人力資源長梅根加入。她信任梅根，卻仍然躊躇不前。她想要積極參與，至少在前六個月。她要確定各項措施都能整合到策略規畫裡面。

卡洛琳將那篇文章用電子郵件轉寄給梅根，請她星期一上午前來辦公室討論。卡洛琳也把文章傳給長年的好朋友兼導師漢斯·拉格（Hans Lager），漢斯給的意見派得上用場。漢斯同意NCL公司是個擅長策略和執行的組織，但是覺得NCL公司不夠重視人員這個面向，尤其是關於領導力開發。他認爲卡洛琳應該記住一件事：領導力效能雖然是績效的重要推力，但是無法解決他們的所有挑戰。他也建議卡洛琳應該向梅根清楚地界定：自己對於領導力開發計畫有何期待，以及她要透過其他措施解決哪些挑戰。

漢斯認爲那一篇文章所指出的結構化、成功導向方法會很有效，可是他提醒卡洛琳，心中要有大局觀。她必須確保計畫是針對NCL公司而設計的，不管那是四步驟還是二十步驟的計畫。它務必適合公司的策略、文化和心態。

他還提醒卡洛琳應該讓整個團隊都參與其中，並且隨時記得計畫的目標是開發傑出的領導者。她應該信任團隊，讓他們完整執行專案，不要想自己一人獨挑大梁。「請妳記住：他們都是位居大型跨國企業的高階主管。彼得經驗豐富而且了解財務，布魯斯是營運長，韋恩是高強的銷售經理，愛麗絲被嚇到了，但是要給她一點時間調適。假使妳不授權給這些人，豈不是在助長不正確的心態？或者說妳任用了錯誤的人選？但我們都很清楚梅根的能力很好。」如果卡洛琳無法使整個最高層領導力團隊參與這項措施，就注定要以失敗告終。

接下來的一個小時，卡洛琳與漢斯一起檢查可能的計畫，並且安排好下個月會致電追蹤進度。漢斯建議卡洛琳一定要謹愼規畫：「妳的團隊還沒有同意各項目標之前，不要太早開始構思計畫。這是許多組織常會忽視的關鍵第一步。謀定而後動⋯⋯」

本章摘要

領導力開發有很多種形式，它涉及的特定途徑或步驟為何，沒有比嚴格的方法學更重要。還有，領導力措施必須依據組織的特定情況量身訂作，並在一開始就清楚設定成功的標準，這一點非常重要。

領導力計畫一定要從高層開始，而且獲得執行長或最高領導者支持，以及有廣泛的高階主管領導力團隊共同參與。不僅如此，執行長和廣泛的領導力團隊都必須面對自己的領導力改變，並以領導者的角色成長。從計畫成形的那一刻起，言行一致和以身作則也開始了。

這個旅程下一個階段的重心，是確定達成目標所需的領導力行為，並且確保最高層團隊能保持和諧一致、優先化關鍵轉變，以及從領導者和領導力開發的角度，評估組織目前的進展情況。

| Chapter 9 |

設定領導力期望

安德魯・聖喬治&克勞迪奧・費瑟&
麥可・雷尼&尼古萊・陳・尼爾森/執筆

星期一卡洛琳提早上班，要在與梅根見面之前，先想好她的領導力開發途徑。她思考漢斯的話：「預先定義清楚妳想從領導力計畫得到什麼，也預先對準妳期望的最終狀態。」卡洛琳並不是很清楚最終狀態的樣子，但是她想像一個高績效領導力團隊，他們的明確接班人都已經就位。這樣子看起來似乎還不夠，因此她不禁納悶：「那不是所有組織都應該有的？」

突然間，她想起某一位她很喜歡的教授。當大家在討論志向時，那位教授總是說：「再想大一點。」他會像唸經一樣重複說著。她微微一笑，那正是她必須做的。「領導力能不能成爲NCL公司的競爭優勢來源？」她想著，順手記下幾個問題：「我們如何培養出最好的領導者？卓越的領導力能不能變成招募頂尖人才的工具？領導力效能如何讓我們打遍天下無敵手？我們能被看成領導力公司嗎？NCL公司需要哪一種領導者？我們應不應該定義一種『NCL公司式』領導力？」卡洛琳的腦海裡思緒紛飛，這時梅根敲了辦公室的門。

「嗨，卡洛琳，準備好我們十點的會議了嗎？」梅根開口問，她看起來總是充滿活力。

「當然，」卡洛琳回答：「請進。」她開始跟梅根談到領導力對NCL公司的意義，也分享她自己的看法。她談到可能的最終狀態，那是既能維持最高的績效，同時也是以領導力驅動的公司，業界都知道NCL公司擁有最優秀的領導者，領導力將成爲公司的競爭優勢和招募新人的主張。

說的比唱的還好聽，但是梅根不吃這一套。「我喜歡妳的抱負，」梅根說道：「但是我不確定把焦點放在個別領導者是不是最好的作法。以我的經驗來說，我們應該從組織的角度看領導力，我們的目標是提高NCL公司整體的領導力效能。而且，我們不應該爲了追求領導力而追求。我們需要將它和我們的績效與策略更緊密地結合。」

「妳說得沒錯，」卡洛琳說：「我們需要確定這是爲NCL公司量身訂做的，而且是爲了整個組織的領導力。我參加過許多領導力課程，造就我成爲個人領導者，可是要把這些新工具帶回到NCL公司，我實在做不到。」

她們討論到公司接下來應該怎麼做，都同意需要整個高階主管團隊提供更多意見，尤其是問問愛麗絲關於策略對準的想法。她們需要定義領導力期望，以及判斷達成目標所需要的主要措施。更具體來說，她們決定爲最高層團隊舉辦一、兩場領導力開發規畫研討會。梅根主動表示願意安排及舉辦研討會，她想要找古瑞格．麥克斯威爾（Greg Maxwell）幫忙，他是一名英國籍的顧問和領導力教練，以前NCL公司曾經雇用過。

〉古瑞格籌備最高層領導力團隊研討會

在研討會之前的三個星期，古瑞格和梅根密切合作，確定了議程。古瑞格解釋說，研討會想要成功，必須做到三件事。首先，他的指導原則是，就算不是全部的時間，至少絕大多數時間都要讓高階主管說話。他的角色是從旁協助，不是爲領導力開發提供建言。要是他那麼做，會搶走高階主管的所有權和承諾。他敦促梅根在一開始就要緊迫盯人。

其次，議程的設定要確保討論不會偏離正題。就他所知，這一點並不容易做到。他打算和愛麗絲及布魯斯合作，讓策略和營運兩方面想提出來討論的主題，都能完整進入議程安排。第三，他要使會議室裡整天都能保持興致高昂，而且要在高潮中劃下句點。這樣一來，整個團隊是在精力充沛的狀態下結束會議，而且會承諾實現領導力開發活動。

爲了確保討論不會離題，古瑞格建議梅根先讓NCL公司的整個組織檢測「組織健康指標」。這麼做可以對NCL公司的整體健康有基本的概念。而且，還會獲得一份領導力行爲報告，顯示NCL公司的領導力效能和具體的領導力行爲，以及在目前的組織環境下，哪些作法效果最好。梅根了解這個評估很有價值，而且沒有超出她的預算。但是，她擔心在還沒有正式公告做「組織健康指標」檢測的目的之前，NCL公司的員工對於接受這樣的調查，會開始感到不安。

她找卡洛琳商談，她們決定是時候宣布領導力開發措施了。第二天，梅根向全公司發出卡洛琳的簡短指示，正式宣布要進行「組織健康指標」調查。

古瑞格也建議，會前準備工作應該包括最高層團隊的一對一訪談，評估他們對於NCL公司的願景、使命、策略、績效期望，以及伴隨的領導力需求有何看法。古瑞格也問到他們的績效目標和差距。雖然這些主管沒有提到，但是NCL公司要他們放心，公司一直保持對績效的明確關注，包括在領導力開發方面。

古瑞格問他們，要實現組織的策略需要哪些領導力行爲，以他們認爲NCL公司的領導力優點和發展需求是什麼。他在訪談結束時，會跟他們簡短討論哪一種改變措施過去在NCL公司的效果最好，以及成功的原因。

〉全面思考領導力

舉辦研討會的日子終於到來，最高層團隊在蓮花宮渡假村集合，這是一家遠離都市塵囂的高級酒店。與會者有卡洛琳、其他六名最高層領導力團隊成員，還有古瑞格，一共八人。卡洛琳開場致辭：「朋友們，我們聚在這裡是爲了使NCL公司的領導力更上一層樓。過去幾個星期，你們已經和古瑞格談過，很高興我們今天可以集體在這裡繼續討論。NCL公司一路走來精采無比，而且我們還有雄心壯志。我們就快要完成制定新五年策略的工作，股東對我們的成功寄予厚望。」

室內眾人頻頻點頭，卡洛琳也表示認同，繼續說道：「雖然我們在過去也曾經有領導力開發措施，但是我們不曾整體性思考，不曉得這些領導力是否能在現在和未來爲我們執行策略。我的意思是說，領導力雖然不是成功的唯一條件，卻是重要元素……我也了解到，我們的領導力開發措施需要全面翻修。所以，今天讓我們一起在這裡發展出我們的領導力期望，並且規畫需要實行的主要措施，才能在未來實現我們的目標。現在古瑞格會帶我們開始……」

古瑞格從展示議程開始，說明研討會過程將分爲四大部分（請參見圖9.1）。

古瑞格回顧他與每個人的一對一討論。「每個人都爲NCL公司的願景、使命、高階策略和績效期望全力以赴，」古瑞格開始說：「我們都對未來充滿樂觀。」卡洛琳很高興，因爲她花了很多時間與最高層團隊一起進行最近的評估。古瑞格繼續說：「你們對於NCL公司的優勢和挑戰，都有清晰的認識。反觀歷史，我們的發展非常迅速，在很大程度上是因爲我們有注重結果的文化。正如你們之中的某位告訴我的，『NCL公司的人們都很盡忠職守』。你們都提到了另一項優點很多次，那就是組織的每個層級都有執行任務和解決問題的能力。我們擁有出色的人才，能有效合作而做出快速、高品質的決策。而且，你們都注意到我們強大的企業文化。」

今天要做什麼？

圖9.1 研討會議程

他頓了頓。「那是好事。然而，你們提到有兩方面是NCL公司可以改進的。第一，有一部分人覺得我們開始『打安全牌』。以往我們習慣開拓新風格、管道和顧客體驗，如今卻經常選擇保守或低風險的解決方案。第二，我們可以更以顧客爲中心。我們太過於討好自己人，專注於執行。有時候這麼做會妨礙我們盡可能爲顧客提供最好的服務。」

「他對我們了解得眞透澈。」韋恩心裡想著。最高層領導力團隊有幾位成員也有同感。

古瑞格繼續說著：「以領導力來說，我們認爲最高層領導力團隊團結一心，表現得很棒。這個團隊擁有恰當的專業知識，經常很清楚地知道我們走在相同的路上。」他這麼說，是在提出批評之前先讓他們安心。「然而，沿著最高層慢慢往下看，我們發現組織缺乏領導力、未來領導力的開發，以及接班規畫。我們的員工在崗位上都很得心應手，但是很少人特別有遠見。我們想看到更果敢、更能激勵人心的領導力。而且，我們需要對市場更能洞燭機先、能預見最新潮流，並且先行掌握想要什麼，而不是在後面緊追。」

費南多第一次面露微笑。時尚本來就是關於走在前面和成爲中心。

領導力與組織健康

討論進行到「組織健康指標」的結果和領導力評估。古瑞格向大家報告，NCL公司有76%的員工接受調查，比全球平均值大約60%還要高，而且也收集了超過一千份自由評語。接著，古瑞格放幻燈片，把「組織健康指標」的結果放映給團隊看。「組織健康指標」的結果顯示整體得分為67分，屬於第二四分位數，至於領導力方面，也是第二四分位數。

古瑞格給這些高階主管幾分鐘的時間，好讓他們消化這個結果，會議室裡一片寂然。他們顯然預期NCL公司會拿到第一四分位數的成績，不只整體應該是，領導力這一項也不能例外。古瑞格開始簡報，他強調策略方向、協調、控制和職能方面的優點，這些都是最高四分位數。如他們稍早所見，NCL公司的執行力很強，員工都能和整體策略保持一致。

可是，「外部導向」及「創新與學習」這兩個項目落到了第三四分位數。雖然團隊早就將這些視為挑戰，但是看到第三四分位數的結果，大家都嚇了一跳。

古瑞格接下去談領導力。他開始說明領導力行為報告，這是「組織健康指標」調查的一部分內容。他介紹了「情境領導力階梯」（請參見圖9.2），解釋不同的領導力行為多少都有其效果，要視組織環境而定。他也舉出基線行為，把它當作組織的參考點。在繼續下去之前，他又一次讓卡洛琳的同事有時間消化資訊。

「這是技術部分，」古瑞格說道：「從這裡可以看出得分的意義，我們的組織健康指標得分屬於第二四分位數。首先，我們必須確保滿足所有基線行為。目前看來，這四個面向當中，有兩個是第三四分位數，低於組織健康第二四分位數預期的結果。其次，如果我們的組織健康要躍升到第一四分位數，必須改變領導力風格，更專注於使員工發揮最大的才能，以及重視NCL公司的核心價值。而且，不能因此犧牲生產力和獲利能力的基礎。」

團隊深入討論這些調查結果，包括低分項目可能的根本原因。最高層領導力團隊成員領悟到，或許過去他們過於重視任務

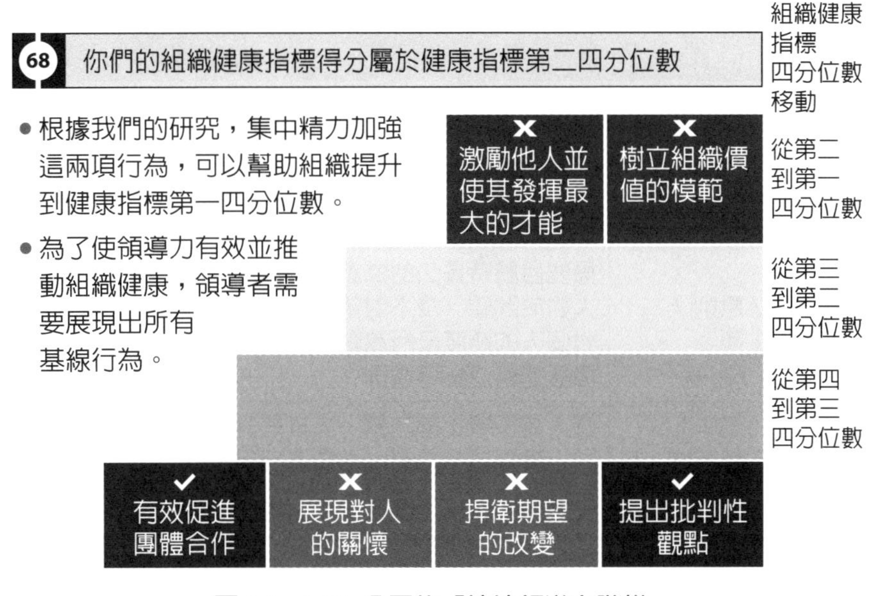

圖9.2　NCL公司的「情境領導力階梯」

執行和結果，卻未能以NCL公司的廣大願景和使命，適當地激勵員工投入。

領導力模型和價值觀

當高層領導力團隊重新集合時，古瑞格引入了領導力模型的技術概念（請參見p.258的圖9.3）。他先簡要說明所使用的語言：「我們要做的事有很多不同名稱，令人困惑。我們要定義引導NCL公司工作方式的領導力主題、價值觀或原則。組織通常會陳述其中四到六個信條。有些組織會將價值觀和領導力主題分開，有的則是將它們結合在一起。」他放出幻燈片，供團隊成員研究。

術語	意義說明
願景	組織想前往何處。傳達事業的目的和價值觀（著眼於未來）。
使命	組織如何達到目的。定義首要的事業目標（著眼於目前而邁向未來）。
價值觀／原則／領導力主題	重要且歷時長久的信念／原則或觀念，通常是一群人對於渴望（及不渴望）什麼的共同想法。價值觀對個人的態度及行為有很大的影響力，是身在所有場合的廣泛指導原則。
職能／行為／心態／工作方式	個人言行舉止的方式，尤其是針對他人的時候。當別人實現這些行為，你知道自己「贏」了。
績效方格／評鑑方格／評估架構	一套評估架構，概述預期行為的不同表現等級（如1～5）。組織的不同層級，往往有不同行為。

圖9.3：定義NCL公司的領導力模型

古瑞格繼續說：「在NCL公司的績效管理系統中，早已融入了許多價值。但是，績效評估是二分法的，你可能實現了價值，或是沒有；而且，價值並沒有眞正推動員工的行爲。」高階主管們點頭稱是。「我們正在嘗試做一點不同的事。領導力模型可以顯示NCL公司對整個組織的領導者有哪些期望（同時了解全體上下的每個人都能成爲領導者）。它著重於造成最大變化的主題，也支持高階領導者實現其策略和營運目標。它加強從高階領導者到第一線工作的特定行爲和思考方式（即心態），並整合到核心人才流程中。這是NCL公司的獨特之處，而非一般的品質清單。」

「我們建議的目標，是將NCL公司的領導力模型，與其願景和使命連結起來，並且將它固定在績效方格上所顯示的可觀察行爲，藉此做爲評估每位員工的基礎。」（請參見圖9.4）。

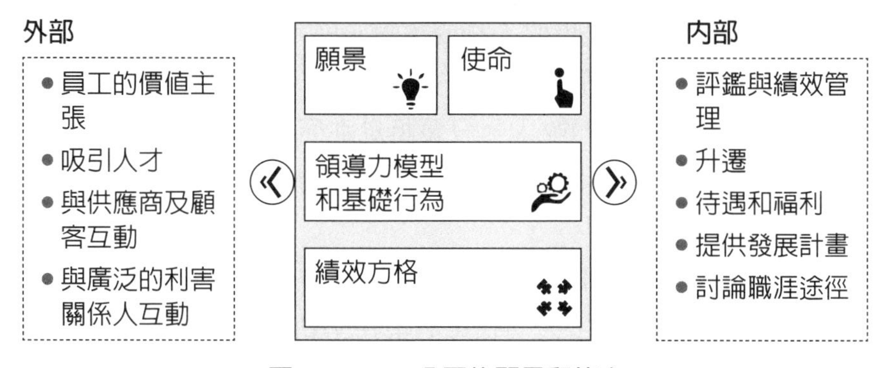

圖9.4　NCL公司的願景和使命

真正使NCL公司大不相同的領導力行為

簡單用過午餐之後，團隊開始應付大家正在等候的問題：「NCL公司的領導力模型應該是什麼樣子？」最高層領導力團隊成員有非常多的想法，但卡洛琳要他們集中討論對業務眞正重要的部分。

「我們稱這個單元是『以績效奠定領導力期望的基礎』，」古瑞格說：「意思就是，我們讓領導力在這裡成功了。在進入執行策略所需的領導力主題之前，我們先來檢視策略的關鍵業務驅動力。」

梅根、愛麗絲和古瑞格共同努力準備這個單元。他們知道，如果組織憑空定義領導力模型，此模型會比較重視個人領導力，而不是整個組織的需求，如此一來會造成意想不到的困難。

梅根說：「讓我們來看看怎樣的定義適合我們的公司。我們要特別討論NCL公司，以及適合我們長期目標和計畫的領導力行爲。首先，感謝彼得的團隊提供的背景資料。古瑞格將展示『驅動力樹狀圖』，它會呈現收入和成本的次要元素。古瑞格……」

「讓我們先來追蹤收入，」古瑞格說：「你們的收入來自商店數量乘以每家商店的收入。只要將走進商店的顧客數量，乘以購買商品的人數百分比，再乘以每位顧客的平均購買量，計算之後就會得出收入有多少。」

團隊討論每個元素，將樹狀圖分成更詳細的層次。在樹枝的右側，團隊列出使NCL公司在每個業務驅動力之中，都能獲得成功的特定行爲。

這項工作的最後一步，是將收入分析與NCL公司的未來策略重疊。團隊早就熟悉五年策略，這是現在正在進行的工作。當大家廣泛討論最會影響業務的特定行爲時，卡洛琳很高興看到愛麗絲沒有退縮，而是挺身而出，促成熱烈討論。接著，愛麗絲向負責營運工作的布魯斯求助。討論很快就釐清了，在達到最高目標方面，無機成長（inorganic growth，編注：透過合併、收購和接管新業務，來增加產量和業務範圍等。）將發揮重要作用。此外，他們也看到NCL公司必須完全接受數位化，這是無可避免的。彼得解釋說，這將改善顧客體驗並降低成本。

卡洛琳注意到她的助理阿麥開門進來向她示意，於是她說：「太好了，我們的下午茶已經上桌，現在讓我們先休息一下，再繼續下一步。」卡洛琳想讓她的團隊感受到特別待遇，也想給他們時間反思一下聽到的資訊。在NCL公司的日常工作中，時間和空間都顯得不足，來一場下午茶可以同時滿足這兩項需求。更何況，她覺得偶爾在時間上奢侈一下也無妨。

古瑞格開始最後的三小時單元：「現在我們有了建構領導力模型的資訊，」他說：「我們已經探討過建構領導力模型的四個輸入來源：那就是高階主管訪談、組織健康指標和領導力行爲報告、領導力模型基準，以及業務驅動力。我們能將它們整合成一套方便易記的主題嗎？」

於是團隊開始熱烈討論NCL公司的領導力模型。每次產生共同的主題時，團隊就會定義兩到三個實現主題的關鍵行爲。卡洛琳不斷地推他們一把，挑戰他們：「再想大一點。這個行爲眞的有效嗎？」

當天快要結束時，最高層領導力團隊爲NCL公司的新領導力模型初稿，寫下了最後一筆。它包括領導者和員工應該實現的五個主題：以結果導向、發揮自我和他人的最佳才能、把顧客放在第一位、促進由下而上的創新，以及成爲科技型領導者。而且，每個主題都細分爲兩到四個特定行爲，最高層領導力團隊也確定了優先關注的關鍵行爲是哪些。

梅根總結了當天的成果：「我們今天的目的是要開發適合目標的領導力模型，我們順利達成目的了。這個模型包含五個有意義的主題，以及十五個領導力行爲。新模型將會融入到我們現有的一切價值之中。我們無法一次完成所有事情，因此決定首先強調的主題是『發揮自我和他人的最佳才能』，以及『促進由下而上的創新』。這些主題由五項特定行爲組成 。」

愛麗絲補充說：「我們還可以用其他方式來看這個模型與策略的關係，那就是對準目標、執行任務和自我更新，這三個概念定義了何謂良好的領導力。這五個領導力主題將能確保我們在協調和執行方面發揮優勢，同時解決我們發現的領導力差距。」

卡洛琳爲研討會劃下完美的句點：「我們的下一步是確定模型和行爲，針對領導力的具體需求和期望達成共識，並且討論如何使領導力計畫付諸實行，包括最高層領導力團隊的必要角色。請古瑞格和梅根繼續執行模型建構，並且與愛麗絲檢討策略對準；請彼得進行預算調整、布魯斯進行營運調整、費南多關注產品、韋恩進行銷售和顧客影響評估。我們將在下次最高層領導力團隊會議上核准以上各項要點。」

〉領導力差距

研討會結束後，梅根花了兩週的時間使領導力模型更臻完善。她還利用焦點團體、與經理討論，以及取自現有人才管理系統的數據，確定NCL公司的領導能力差距在哪些方面。在最高層領導力團隊會議的前一天，卡洛琳騰出兩個小時，與梅根共同檢視經過些微更新的領導力模型，並且討論了領導力差距。

「焦點團體幾乎證實了我們的假設，」梅根開始說：「績效是我們的優勢之一，但是僅止於此，沒有其他了。這意味著我們的領導力無法鼓舞人心，也沒有讓別人發揮最好的表現。焦點團體喜歡我們提出的主題，他們沒有添加新行為，但是對行為進行了微調。」

「我也分析了我們的領導力需求。我與最高層領導力團隊及部門主管合作，設法精簡領導力需求的數字。根據我們的未來成長計畫，總共需要至少六百五十名領導者。這是往下算到直至第四階（N-4），包括區域經理，但不含店面或工廠經理。不過，布魯斯還想為店面或工廠做些準備。我用這張圖（圖9.5）總結我們所知道和必須實現的事。」

「這是未來五年領導力需求的總數？」卡洛琳問道。

「是的，」梅根說：「這是匯總圖，我還有組織內部每個層級的統計圖，是按照領導者的類型、職能和地理位置細分的。我

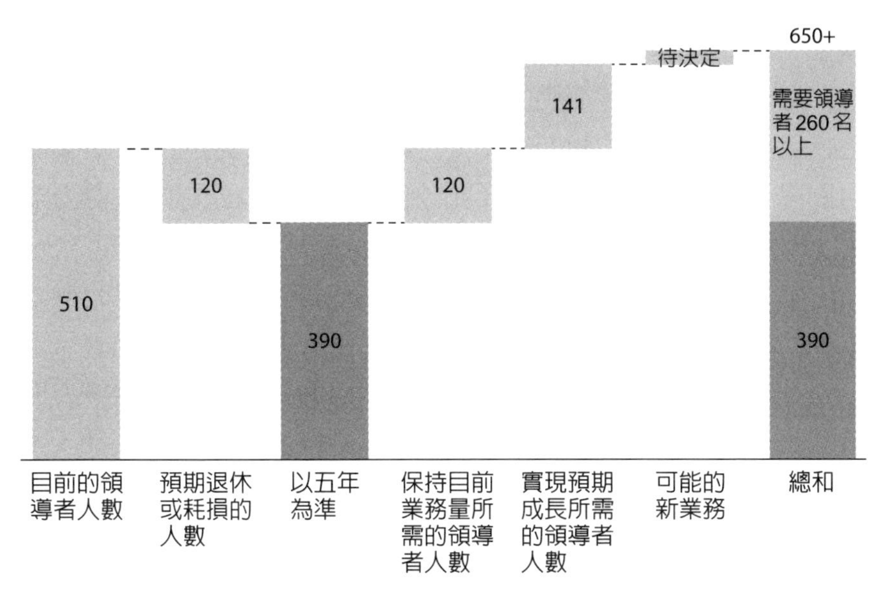

圖9.5　NCL公司未來五年的領導力需求

們的營業目標是每年成長7%左右，這表示每年增加的領導力需求約爲5%，要看我們如何劃分地理位置才能確定。」

「當我和愛麗絲審查規畫部分時，我們意識到裡面並不包括潛在的特殊領導力需要，例如收購或特殊專案。布魯斯警告說，我們的規畫並未解決部分營運問題，例如危機管理，或是零售、供應鏈或製造方面的額外需求。韋恩希望我們能爲偶發事件做準備，像是意外的銷售成長，以及新銷售管理科技的培訓。當然，彼得需要詳細的預算。這些都還要再思考，但同時我們也探討了未來五年的額外領導力需求是每年大約超過50人，總共250人以上。假使我們都沒有成長，也需要大約一半的人數，也就是每年大約25人。」

卡洛琳盯著圖表，意識到速度和規模與計畫內容及實行同樣重要。而且，領導力開發必須與策略、生產力及績效目標保持一致。這一切包含許多活動的零件，而她內心有股沉重的感覺，認爲自己把這些零件的組裝搞錯了。她是不是讓公司和最高層領導力團隊失望了？她知道如果自己無法填補NCL公司的領導力需求，公司未來的管理將不樂觀。

她深深吸了口氣：「我們能滿足這些需求嗎？妳有沒有檢查過我們的領導者管道和當前的領導力開發計畫？」

「是的，」梅根說：「我回顧了當前的效能和效率領導力開發計畫。我們純粹花在領導力開發的費用大約是400萬美元，不包括其他『學習與發展』（L&D）。這不但低於業界基準，花費方式也不正確：有13%的費用花在旅行和住宿、40%用於第三方課程，我們可以把其中一部分轉移到公司內部進行。此外，大多數培訓都是由指導員在現場指導的，我們可以採用更多虛擬和線上自學課程以節省成本，同時保持甚至提高品質。還有，我們對於在職發展也不夠重視。」

梅根繼續說：「我們的終端用戶調查建議將領導力開發與我們的策略目標連結起來。古瑞格和愛麗絲都同意我的觀點，某位高階主管的話倒是讓我震驚。他說：『大多數培訓的安排，都是獨立於整體業務目標之外。』最後一點，我們無法測量領導力開發計畫對業務的影響。反之，我們主要是依靠參與者的回饋。」

她嘆了口氣：「我知道那是很多壞消息萬箭齊發，但我們必須找最高層領導力團隊來討論所有的壞消息。」

卡洛琳一想到如何才能在這麼多個層面上進行變革，就更加意識到，如果她失敗了，將會造成多大的風險。

「梅根，」卡洛琳說：「試試看從高層設計解決領導力差距，去找古瑞格還有任何妳需要的人幫忙。然後，把結果帶回來給我，我們再決定如何進行。幾個星期以後我們再見面談，談完後再向最高層領導力團隊報告。到時候，距離董事會還有一點時間。」

「還有，我同意妳如果有需要的話，去找個別的最高層領導力團隊成員談，一起提出高層設計的草案。」

〉描繪「從○到○」轉變

在那一週裡，梅根和古瑞格抽選員工進行了一對一的訪談，話題集中討論了最高層領導力團隊優先化的兩個關鍵主題：發揮自我和他人的最佳才能，以及促進由下而上的創新。梅根知道，爲了持久改變員工的行爲，領導力計畫也必須解決潛在的心態。

爲了發掘員工的心態並找出特定的必要轉變，梅根採用了深度結構訪談（DSI），這個方法的目的是探索個人和組織行爲的隱藏層面。這種反思過程類似於自由交談的對話，仰賴採訪者和受訪者之間的開放、信任的關係。它對於探索固執的心態、預設和基本價值非常有用，可以幫助梅根發現根深柢固的焦慮，以及群體或個人改變的心理障礙。

梅根和古瑞格進行了許多成果豐富的對話。當她深入NCL公司領導者的心態時，知道了許多員工堅定不移的信念，這些是領導力計畫必須解決的，新領導模型才能成功。梅根爲每個主題繪製圖表，呈現主要的行爲轉變以及所需的心態改變。她準備了心態轉變的摘要（見p.266的圖9.6），提供給卡洛琳和最高層領導力團隊參考：

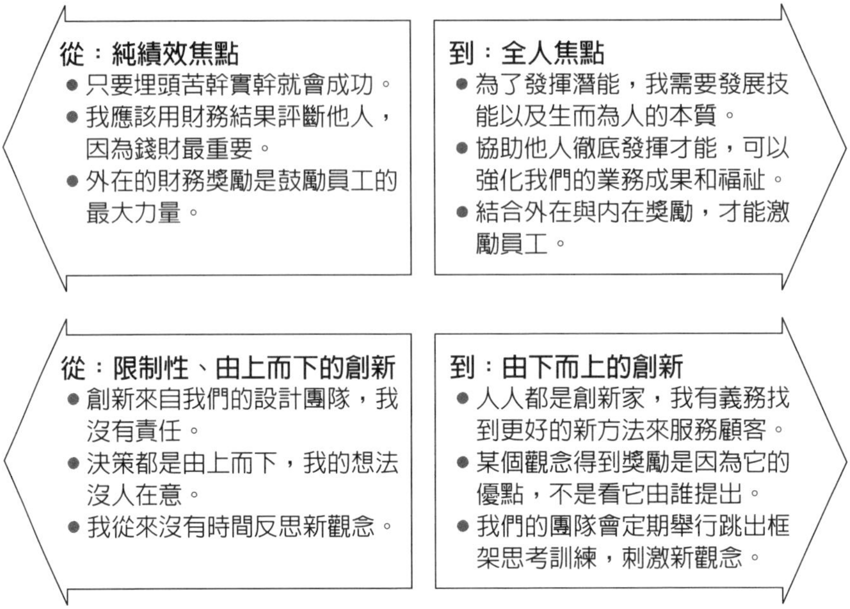

從：純績效焦點
- 只要埋頭苦幹實幹就會成功。
- 我應該用財務結果評斷他人，因為錢財最重要。
- 外在的財務獎勵是鼓勵員工的最大力量。

到：全人焦點
- 為了發揮潛能，我需要發展技能以及生而為人的本質。
- 協助他人徹底發揮才能，可以強化我們的業務成果和福祉。
- 結合外在與內在獎勵，才能激勵員工。

從：限制性、由上而下的創新
- 創新來自我們的設計團隊，我沒有責任。
- 決策都是由上而下，我的想法沒人在意。
- 我從來沒有時間反思新觀念。

到：由下而上的創新
- 人人都是創新家，我有義務找到更好的新方法來服務顧客。
- 某個觀念得到獎勵是因為它的優點，不是看它由誰提出。
- 我們的團隊會定期舉行跳出框架思考訓練，刺激新觀念。

圖9.6　需要的心態轉變

〉領導力巔峰計畫誕生了

在董事會召開前兩週的星期一上午，梅根向卡洛琳提交了計畫，其中包括更新後的領導力模型、診斷結果的綜合版本、焦點團體的訪談結果、所需的「從○到○」轉變，以及高層的全公司行動計畫。這個行動計畫包括混合式學習方法，內容是以領導力模型爲基礎。梅根希望將在職專案工作也納進來，在愛麗絲的要求下，也納入了師徒制／教導元素，藉此結合計畫與業務成果。

卡洛琳非常喜歡梅根的計畫，但是她追加了另一項要求：讓最高層領導力團隊成員走上自己的領導力開發旅程。這只是卡洛琳在溫哥華待了一週所做的部分回應，但是她希望藉由焦點團體的回饋意見來實施。

她已經了解，如果領導力開發的挑戰是她個人的事，如果她的想法已經落空並且犯了錯，對其他最高層領導力團隊成員來說也是個人的事，他們需要努力提高自己的表現。她也覺得（雖然她沒說）高層領導力團隊成員可以從領導力培訓中獲益，包括她在內。

當最高層領導力團隊討論到計畫的命名時，彼得建議用「績效領導力計畫」（Performance Leadership Programme）。可是，最高層領導力團隊覺得這個名字與舊思考方式有太深刻的關係，未能善用新的領導力期望。最後他們得到「領導力巔峰計畫」（Leadership Peak Programme, LPP）這個名字，象徵NCL公司身爲組織而樹立的「領導力階梯」。它也是比喻發揮個人的潛能，這是團隊認爲優先的項目，而且它在策略上與「發揮他人的優點」保持一致。

梅根鬆了一口氣。在整個團隊的支持下，卡洛琳將百分之百的精力放在如何讓董事會完全了解這個計畫。現在距離董事會僅剩下兩週，距離卡洛琳第一次讀到領導力開發文章已經兩個月。

〉員工大會

在下一季度的董事會上，卡洛琳依序簡報了五年策略、整體「組織健康指標」結果和領導力開發計畫。董事會批准了五年策略，但是當他們看到「組織健康指標」結果時，五年策略就從他們的腦海中消失得無影無蹤了。他們完全被調查結果吸引，但是並不滿意。低四分位數的部分招致許多批評，而卡洛琳費了不少力氣才讓他們專注於領導力開發計畫。她解釋，領導力開發計畫將如何使NCL公司向前及向上移動，並且矯正低四分位數。經過一番唇槍舌戰，董事會批准了領導力開發提案，要求卡洛琳迅速採取行動。

在接下來的一週，高階主管團隊在NCL公司的餐廳舉行了一次特別的員工大會，正式發表新五年策略。同時，大會向組織的所有單位（包括工廠和店面）進行視訊直播。不同的高階管理人員輪番上陣，介紹策略中各自的部分。儘管發表的內容很棒，但是員工覺得高階主管是在介紹「自己的點點滴滴」，似乎還不夠連貫。許多人看不出這些主管的策略如何適用於組織。

梅根在會議的最後簡報領導力開發計畫，爲大會帶來吸睛的尾聲。她對計畫的內容大賣關子，但是她大膽表示計畫將以某種方式觸及所有層級的所有員工。

聽眾對於領導力計畫抱持審慎樂觀的態度。NCL公司經歷過許多績效措施和變革，更不用說收購無極限公司了，無極限公司的員工已感覺到相當程度的變革疲勞。儘管如此，這一切看起來還是令人感到興奮，每個人都可以思考它將如何影響自己的職涯途徑。現在，從最高層級的經理到第一線員工，大家都參與或至少了解新計畫了。

那天晚上卡洛琳開車回家時，她回顧了過去幾週以來的大事。現在，她有一個批准的五年策略、一個批准的領導力開發計畫，還有預算。但是，她心裡明白這只是旅程的開端，接下來的兩個月至關重要。當卡洛琳把車子開進車道時，她決定密切關注梅根在未來幾週的進展如何，以確保一切都不會出紕漏。

本章摘要

領導力開發旅程到了這個階段，組織應該已經建構了量身訂作的領導力模型（或者，如果有現成的模型，則是更新該模型）。組織應該優先關注關鍵轉變，以及量化領導力差距。此外，組織應該檢討當前的領導力開發計畫，還有將領導力融入系統中的現行方法。最後，務必確保整個最高層團隊從一開始就參與領導力開發計畫，並且與領導力開發優先事項保持一致。

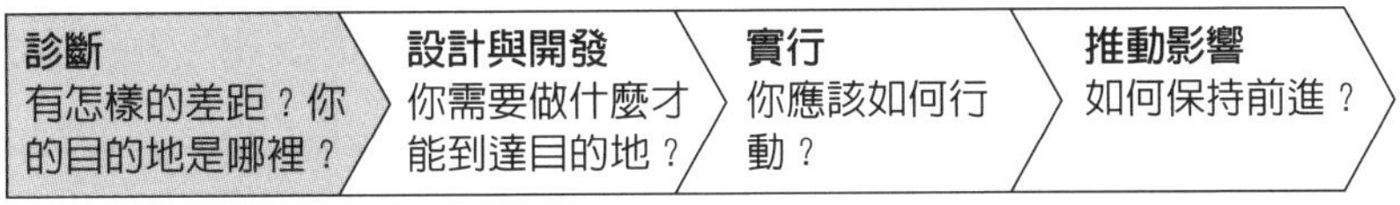

診斷	**設計與開發**	**實行**	**推動影響**
有怎樣的差距？你的目的地是哪裡？	你需要做什麼才能到達目的地？	你應該如何行動？	如何保持前進？
✔與策略緊密結合，也和最高層團隊一致的領導力模型。 ✔三到五個關鍵的「從○到○」轉變（行為、技能、心態），將由領導力計畫實現。 ✔量化組織每一個層級的領導力差距。 ✔評估目前的領導力措施，以及它們與系統是否融合、融合的情況又是如何。			

下一階段旅程的焦點，是為所有目標群組設計所需的措施（能力養成內容和系統融入）、確定誰應參加計畫，以及為實行而製作的商業論證。

| Chapter 10 |

設計實踐藍圖

安德魯・聖喬治&克勞迪奧・費瑟&
麥可・雷尼&尼古萊・陳・尼爾森／執筆

董事會批准了領導力開發計畫，令梅根大受鼓舞。梅根因爲評估NCL公司的領導力需求和領導力差距，學到了不少知識。現在她必須利用這些知識建立學習模組，用來實施必要的變革。她和古瑞格開始著手塑造與設計NCL公司的計畫，並在必要時拜訪最高層領導力團隊及其職員。當他們考量到知識、實踐、財務和專案的必要性時，古瑞格幫助梅根開發了跨學科的方法。

他們集中在三個規畫領域：首先是解決關鍵的設計選擇，包括領導力巔峰計畫的範圍和義務。其次，他們應該先實施哪些計畫，以及何時實施？第三，開始構思計畫，從每個模組的內容、速度、知識等級，以及學習風格的範圍入手。

梅根和古瑞格向卡洛琳報告最新進度，卡洛琳十分滿意。不過，她投來了一記曲球。

「從副總裁和最高層領導者開始是沒錯，」她說道：「但是我想從更高的職位開始。在上次的季度董事會之前，我就花了一些時間思考，因此這件事我已經考慮一陣子了。我非常確定我們需要加大力道，最高層領導力團隊也應該接受領導力培訓才行。」

卡洛琳假裝沒看到他們的驚訝神情（她猜得到這兩人一定在想，有沒有搞錯！誰教得動那些大牌的高階主管？），繼續說：「我找漢斯‧拉格過來，他會和最高層領導力團隊成員共事幾個月。」

梅根該報告的事不多了，於是說道：「好，卡洛琳，聽起來不錯。我自己想先開始接受漢斯的教導，早開始總比晚開始好。」

梅根沒料到自己得接受領導力培訓。她可能知道該來的遲早要來，但是就像往常一樣，她只是全心全意地跟上卡洛琳的腳步。不過，她認爲這是個好主意，而且非常需要。她很高興在下週開始接受漢斯的教導。她在內心深處倒是鬆了一口氣，因爲是由卡洛琳把這個安排告訴最高層領導力團隊。她知道最高層領導力團隊不會喜歡聽到這個消息。

〉檢視關鍵的選擇

下一步是與最高層領導力團隊討論計畫的設計，將在辦公室舉行兩次半日研討會。第一次是以計畫的範圍爲中心，第二次的重心則是挑選計畫參與者。

研討會1：計畫的範圍

梅根在研討會開始時強調，爲了設計眞正適合NCL公司的領導力巔峰計畫，他們可以有哪些選擇。最高層團隊爲領導力巔峰計畫設定了雙重的目標與使命：

1. 在整體健康達到最高四分位數的過程中，領導力得分達到最高四分位數。
2. 每年計畫專案的業務影響，需能回收計畫的成本。

「我們有一個集中的任務，那就是推動整個組織的領導力開發。領導力巔峰計畫將會成爲全公司指派的參與者必不可少的任務，因此我們會與業務部門合作。」

梅根已經與彼得討論過參與者的人數。她告訴團隊，NCL公司集團人力資源部會承擔費用並統一分配，減輕業務部門預算主管的擔憂。

研討會結束時，他們新增了六項重要元素：

1. NCL公司的每個人都應該在某個時機下參與領導力巔峰計畫。
2. 務必盡速遍及整個組織。
3. 針對頂尖人才的領導力巔峰計畫，包含現場實作、論壇和教導計畫，每一個計畫爲期九到十二個月，而且會根據不同層級進行調整。
4. 非頂尖人才部分，每年參加一個單日計畫，計畫會因應層級調整。
5. 從組織高層到工廠現場，每個人都要參加「價值觀日」（Values day），進一步闡明NCL公司的價值觀，並討論如何將這些價值具體呈現在NCL公司的重要使命中。
6. 這些計畫將取代全公司當前的所有領導力開發措施，補充現行的技術／技能培養計畫，並保持向員工開放。

研討會 2：挑選計畫參與者

在下一次最高層領導力團隊研討會上，梅根的重點是討論NCL公司應該選擇哪些人參加領導力巔峰計畫。他們討論了挑選標準，並設定在參與領導力巔峰計畫之後如何測量個人績效。最後他們達成第一年的共識，把它稱爲「群組1」。

在第一年期間，他們的評估將以現行的績效評估爲基礎。往後幾年（古瑞格稱之爲「領導力巔峰計畫穩定狀態」），選擇參與者以及評估領導力巔峰計畫「畢業學員」，將成爲新績效管理系統的一部分，評估的依據則是新的3×3矩陣（請參見p.274的圖10.1）。該矩陣有一軸是關鍵績效指標，另一軸是評估該員工示範領導力模型行爲的表現。他們決定只要是被歸類爲「頂尖人才」的領導者，都可以參加領導力巔峰計畫。他們規畫對所有員工（店面、供應線和工廠員工除外）進行360度評量。在布魯斯還沒有發表意見之前，他們先爲這些員工（大約80%的人力）制定了單獨的領導力開發計畫。店面和工廠經理將接受培訓，並根據領導力模型評估其員工。NCL公司將在店面、工廠和倉庫舉行「價值觀日」活動。

這時，韋恩問道：「右上角的『頂尖人才』區應該有多少人？」

由於卡洛琳、古瑞格和梅根已經計算過，古瑞格便回答說：「各種組織的頂尖人才性質各不相同，有些組織的名單超過一份，有些組織的名單有比較嚴格的限制。頂尖人才的人數要依公司的不同而調整，有些大型組織是『前700名』、有些是『前200名』，還有一些組織則少到『前40名』人才。」

梅根補充說：「精確來說，NCL公司擁有30,000名員工，其

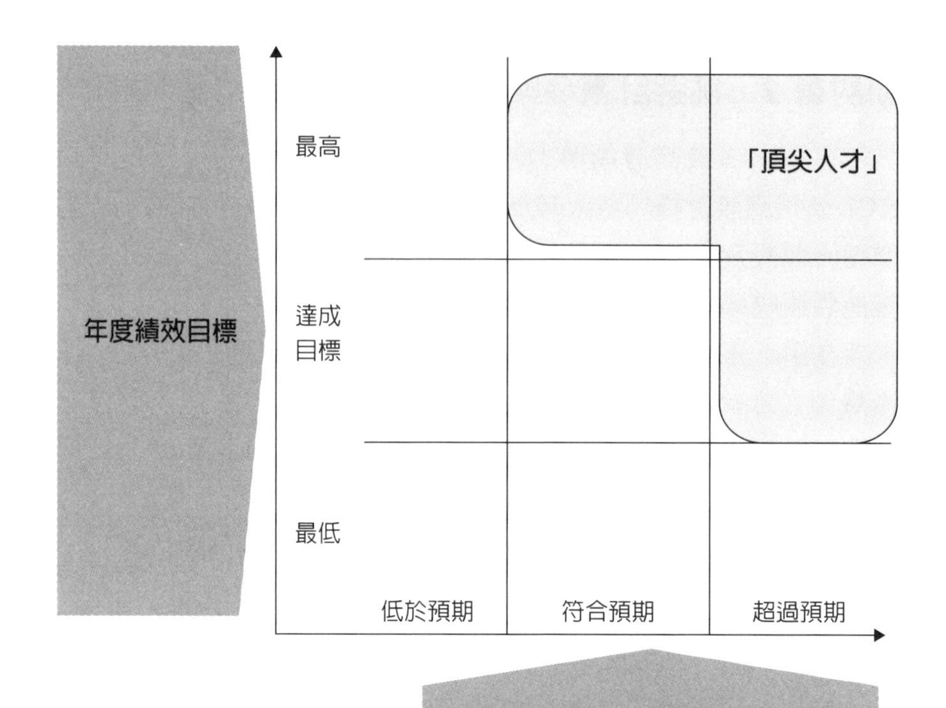

圖10.1　3×3矩陣

中24,500名是店面、倉庫或工廠爲主。我們會以不同系統評估他們，讓他們都能獲得良好的培訓。剩下的5,500名員工是潛在的領導力巔峰計畫候選人，古瑞格，適合的比例是多少？」

「在這5,500名員工中，」古瑞格說：「被標記爲『頂尖人才』的員工應該不超過15%（約800名），才能使這個名稱和計畫保持被追求並擁有獨特的地位。實際上，許多組織都在努力尋找15%以外的眞正頂尖人才。」

最高層團隊一想到現有的領導力基準可能不夠深刻，不禁嚴肅地研究了15%的含義。這八百多名「頂尖人才」分布在四個組織層級：有最高層領導力團隊、副總裁／董事（以職級而論，以上人員均包括在內）、總經理，以及經理等層級。所謂15%的規則，大致以圖10.2的方式劃分，往後將由下而上進一步細分。

梅根接著解釋說：「我負責執行高階主管的大部分就職工作，也追蹤了業務單位的人員留任報告。員工通常會在每個級別工作五年，因此每個層級每年大約有20%的新加入人員。我們每年的自然流失率約為10%，所以在穩定的狀態下，每年將有大約240名新頂尖人才，或是頂尖人才晉升到新層級。」

「我們來看總數，」她說：「我們大約有9位董事和副總裁、36位總經理和200位經理，表示每年大約有十四個群組是處於穩定狀態。但是，一開始我們需要推這些頂尖人才一把，讓他們參加計畫。」團隊利用這個數據，想到了一套領導力巔峰計

<table>
<tr><th>組織層級</th><th>員工人數</th><th>頂尖人才（15%）</th><th>群組數量</th><th>參與者／群組</th></tr>
<tr><td>執行長</td><td>1</td><td>1</td><td rowspan="2">1</td><td rowspan="2">7</td></tr>
<tr><td>最高層團隊</td><td>6</td><td>6</td></tr>
<tr><td>副總裁</td><td>32</td><td>32</td><td rowspan="2">3</td><td rowspan="2">19</td></tr>
<tr><td>董事</td><td>157</td><td>24</td></tr>
<tr><td>總經理</td><td>812</td><td>122</td><td>7</td><td>17</td></tr>
<tr><td>經理</td><td>4501</td><td>675</td><td>32</td><td>21</td></tr>
<tr><td>總和</td><td>5509</td><td>860</td><td>43</td><td>無</td></tr>
</table>

圖10.2　頂尖人才的劃分

畫，可以有三種方式搭配參與者，即組織層級、工作環境（特定學門或專長）和所需的頂尖人才數量。

他們規畫了四個層次：

1. **頂尖人才計畫**：旨在適應四個組織層級員工（非店面和工廠），並以公司目前的規模，涵蓋約800名員工。這些計畫將包括針對最高層領導力團隊、副總裁和董事、總經理和經理的計畫。
2. **核心領導力計畫**（每年一天）：所有員工均強制參與，內容依組織層級調整。
3. **價值觀日**：所有員工均強制參與。
4. **入職計畫**：所有新員工強制參與。

〉後續漣漪效應

一週後，梅根和古瑞格回顧設計階段的進展。目前，他們的工作大綱包括了誰應該參加領導力巔峰計畫、需要多少參與者、應該學習什麼以及何時參加、應該參與多長時間（學習內容和領導力模型，與NCL公司所需的特殊業務技能連結）。然而，他們的決定（經過團隊會議加強）現在具有更廣泛的意義。有一個因素是古瑞格已經知道，而梅根此刻也感覺到它的影響：那就是正確實施和推行的領導力開發計畫，在整體組織中會產生很多影響。

「我覺得自己正在抓章魚，」她焦躁地對古瑞格說：「我必須確認所有的計畫是否都能接受領導力巔峰計畫的巨大影響。這就像是在池塘裡扔石頭，看著漣漪漫延開來。」

「那是必經的過程，」他肯定梅根的話：「但是，知道這一點並不會使事情變得容易一些。」

「我確實知道我們在推廣的行爲需要得到獎勵，這麼做有道理。但是，我們可以使用目前的績效管理系統嗎？」

「可以，也不可以，」古瑞格說：「妳可以使用績效管理系統，但是妳不可以使用現行的系統。妳必須更改標準，這表示要更改主管所注意的內容。妳必須更新績效管理系統，我們才能利用360度評量方式，來評估員工體現領導力模型的表現和業務績效。」

「領導力主題該怎麼處理？」梅根問。

「這一點，妳和最高層領導力團隊說了算，」他說：「但是我建議在整個NCL公司中保持主題統一，然後依層級量身訂作特定行爲。接下來你們的360度評量才可以匯入到待遇、晉升、人才管理和接班規畫裡面。」

「沒錯，」梅根同意：「所以我們首先必須培訓評估人員。」

「是的，這是擴大領導力巔峰計畫影響力的絕佳機會，」古瑞格表示贊同。

「我認爲還不只如此，」梅根補充說：「我們應該將招募策略與領導力模型保持一致，因爲領導力模型也會間接影響我們與外部利害關係人的互動方式，這些人包括供應商和顧客。」

「說得好，」古瑞格說：「但是我建議妳更廣泛地思考。妳有沒有聽說過影響模型？領導力計畫的施行，務必觸及它的全部四個象限，才能確保領導力措施能夠持續。」古瑞格和梅根繼續研究計畫內容的設計，也制定了將變更融入系統的計畫。

〉一邊開飛機，一邊造飛機

針對每個計畫元素，梅根仍然需要卡洛琳的簽核。她曾經希望這個計畫能使卡洛琳有更多授權，而不是微觀管理。但是，她也感謝卡洛琳的關注和放心。

不過，梅根心想：「卡洛琳需要放手、更信任我……但是，我不確定現在是否該告訴她。也許我可以展現給她看。」

首先，梅根向卡洛琳逐一說明影響模型的四個元素：促進理解和信服、藉由正式機制強化改變、成為模範，以及培養變革所需的人才和技能。他們需要將這四個元素都納入領導力巔峰計畫中，此計畫才能具有生命力。

梅根解釋，這些元素的每一項都具有一系列必要條件。例如，要促進理解就需要有內部傳播策略、內部行銷材料及公司傳播活動。

卡洛琳非常喜歡。「太好了，我們要盡快展開領導力巔峰計畫。在公司裡，董事會、最高層領導力團隊和妳的團隊，都已經有人在討論公司的新領導力計畫。在公司員工大會之後，我也擔心有些熱情不高的經理人員會很高興看到我們失敗，好讓他們推廣自己的想法。把握時間真的很重要。」

「我們將錯開計畫的推出時間，」梅根回覆她：「依妳所見，即使我們還沒有完全設計出領導力巔峰計畫，迅速啓動還是很重要的。」

「這是保持動能的唯一途徑，」卡洛琳同意：「我們必須確保在員工大會公開宣布之後，大家能看到有形的東西。我們將從前面推行的幾個計畫學到經驗，然後根據這些心得調整後續計畫的設計。」

「計畫的進行速度是關鍵因素，」她補充說：「董事會同意計畫的時候，希望我們能迅速採取行動。有一位董事告訴我，快點去做吧，市場瞬息萬變，而且往往愈變愈複雜，競爭條件也是如此。我們所做的任何領導力開發，以及我們認爲可能會增進的領導力效能，都必須超過市場增加的複雜性才行。」她並沒有重現董事的嚴格聲調，但是梅根已經聽懂了這個訊息。

梅根說：「這是我們的提案。」（請參見p.280的圖10.3）。在第一年，領導力巔峰計畫將啓動四項措施：

1. **「360度評量」**：對象是最高層領導力團隊、董事和副總裁層級的領導者。
2. **最高層領導力團隊旅程**（暫時稱爲提升〔Elevate〕）：古瑞格同意卡洛琳的觀點，即變革必須從最高層開始，藉此支持最高層團隊的領導力開發，並向全公司宣示最高層領導力團隊對這個計畫的嚴肅態度及言行一致，如此一來，將會鼓勵組織的其他成員支持計畫並改變自己的行爲。
3. **副總裁和董事的頂尖人才計畫**（暫時稱爲跳躍〔Leap〕）：本計畫第一年將從兩個群組開始，涵蓋這個層級目前的頂尖人才。往後每年運作一次，使新進頂尖人才得以維持自然吸收的效果。
4. **價值觀日**：向全體人員推廣新的領導力模型，並且展示組織正在改變，同時更加強調如何實踐領導力模式。

此外，還會有持續的角色模範和傳播措施。

「我們希望穩定狀態能包括其餘的計畫，」梅根對卡洛琳說：「但是先等到成功設計並啓動前兩個計畫之後，我們再來處

	活動	第一年	第二年	第三年（穩定狀態）
領導力巔峰計畫課程	頂尖人才計畫	完成設計並對最高層領導力團隊和董事／副總裁實施	設計及對總經理、經理實施	所有計畫穩定狀態
	核心領導力計畫	構思計畫	實施（交錯推行）	所有計畫穩定狀態
	價值觀日	為全組織設計及舉辦首次價值觀日	穩定狀態	
	入職計畫	構思計畫元素	實施 → 穩定狀態	
內部流程與系統融入	360度評量	完成設計並對最高層領導力團隊和董事／副總裁實施	推向全組織（經理以上層級）	穩定狀態
	新系統全面評估循環	推向最高層領導力團隊和董事／副總裁	推向全組織	穩定狀態
	傳播及角色模範	快速致勝 → 持續進行的措施	持續進行的措施	持續進行的措施
向外流程	員工價值主張		設計並啟動	
	招募策略		設計並啟動	

圖 10.3　領導力巔峰計畫提案

理這一點。我們必須馬到成功，因爲在進入穩定狀態之後，將會利用更新的績效管理系統、促銷／結果管理決策、待遇決策和接班規畫，對整個公司進行360度評量。」

〉跳躍計畫的高階藍圖

接下來的一週，梅根和古瑞格以及她的職員一起設計「跳躍計畫」，從評估階段（確定差距和「從◯到◯」轉變）一直到實際需求階段。爲了支持領導力模型所需的行爲轉變，他們確定了可以著手製作的領導力模組和措施有哪些。例如，想要從「重視績效」轉變爲「重視績效與發展」，他們知道需要納入的模組是關於確定優勢、教導他人和進行具有挑戰性的對話。這可不是簡單地告訴大家「開始開發別人」就夠了。

處理完模型中的每一項元素之後，他們坐在梅根部門的會議桌旁，緊盯著一份綿延不絕的清單，上面是可能的模組和主題。

「好多啊！」梅根嘆了一口氣。

「別害怕，」古瑞格說：「有時候組織的胃口太大了，我們應該集中在眞正重要的轉變。」

他們在每個領導力領域找出要優先處理的主題，同時確保它們和領導力模型有清楚的關係。

「要使參與者保持扎根在NCL公司的環境，需要將某些關鍵的『從◯到◯』轉變的分量，看得比其他更重要。」古瑞格提醒梅根。

她同意：「我們必須爲這些轉變留出更多計畫空間。」然後他們轉向實行方式。梅根在她的團隊協助之下完成了評估，比較了線上學習與面對面學習，以及自主學習與強制學習。「在研究評估圖表之前，」梅根說：「讓我先告訴你一些訊息。我和團隊請教了一位神經科學家，討論的主題是各種學習措施的優點。她給我們一份清單，那是關於培訓計畫的關鍵措施。」

- 確保有一個無風險的環境，可以刺激學習和實驗。
- 計畫能令人興奮並包含獎勵規則，以維持參與者的動機。
- 使參與者延伸到舒適圈以外。
- 透過行動學習、在職應用，以及能增加業務價值而量身訂做的突破專案，使參與者的經驗更加深刻。
- 專注於參與者的優點（同時確保其他各方面都能符合最低標準）。
- 包含個人化教導（在一開始進行360度評量，然後是個人或群組教導，加上師徒制）。這是使計畫能同時符合組織需求與個人需求的好方法。若是有預算限制，可以改採同儕配對教導。
- 處理潛在心態議題：可藉由模組選擇和輔助單元，或是透過個人反思與教導。
- 關於團隊執行專案或是在模組間隔期間的線上學習，或者其他類似情況，請保持相當的彈性，使參與者有部分主控權。
- 測量進展和業務影響。
- 使周邊系統保持一致，支持及強化參與者的行為。

「我們還回顧了不同的學習方法，」梅根繼續說道：「列出每種方法的利弊。比如說，我們研究了面對面的課堂培訓、虛擬課堂培訓、論壇行動學習、新技能在職應用、延伸突破專案，以及現場實作工作輪替。我們也研究了不同類型教導和師徒制的優缺點。」

梅根初次接受漢斯的教導，從中得到了自信。現在她激發了一部分自信，向古瑞格展示其部門的跳躍計畫工作草案。古瑞格曾經研究過較早的版本，但是他對這份新的工作文件感到滿意（見p.285的圖10.4）。

隔天，梅根和古瑞格、領導力巔峰計畫團隊，以及NCL公司全球人力資源部門高級專員，舉行了視訊會議。梅根為他們說明跳躍計畫，並採用不同人力資源辦公室的人組成一個工作小組。梅根要他們每週開會，確保計畫內容的相關性以及能反映最佳作法。跳躍計畫共有五個主要元素：

1. 個人化開發

- **全方位評估**：根據領導力模型量身訂做
- **個人開發計畫**（IDP）：包括優點、開發領域、在公司的期望，以及主要的追求行動。每名參與者在「論壇1」之前寫好自己的個人開發計畫，並在計畫期間與教練討論。

2. 論壇

- **領導自己**：以中心化領導力元素為基礎，聚焦於協助參與者增進自我覺察，從自我覺察核心領導。
- **領導他人**：以中心化領導力元素為基礎，但聚焦於人際動態，奠定管理及領導群體的基礎。
- **領導業務**：專注於參與者在組織中的領導者角色，培養關鍵的業務技能（解決問題、策略、產業動態）。

- **領導變革**：專注於設定績效和組織健康的期望，制定變革管理計畫，以及實施變革。

3. 現場實作

- **在職應用新技能**：參與者在日常工作上應用所學，同時寫工作日誌反省其成功與挑戰。
- **突破專案**（BTP）：超過參與者日常工作的任務，由跨功能群組執行。每個突破專案都與NCL公司的策略優先事項連結，具有創造業務價值及協助參與者實踐新技能等雙重目的。

4. 教導和師徒制

- 在計畫的開始、中間和結尾，進行個人（一對一）教導。
- 利用團隊教導討論「突破專案」、個人學習計畫和在職應用。
- 指定導師，以支持技能應用及提供回饋

5. 啓發活動

- 客座演講
- 拜訪表現最佳的公司
- 社交活動

他們得到許多有用的觀念，有的是增加它的效益，有的是避免可能的缺陷，為跳躍計畫增色不少。

一位團隊成員建議將部分內容進行群眾外包，利用公司內部網路詢問NCL公司人員眞正的需求是什麼。這個作法將增加文化和地區方面的輸入。

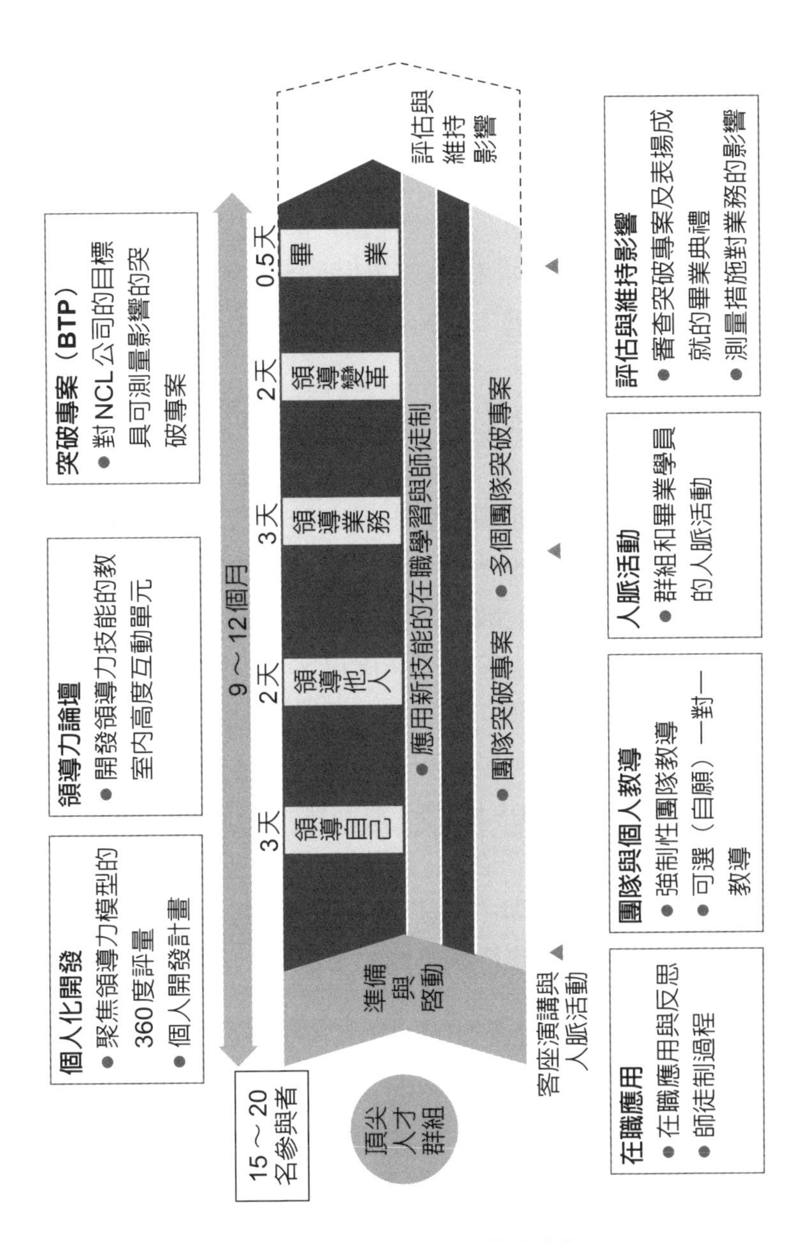

圖10.4　NCL公司的跳躍計畫

古瑞格身為公正的局外人，列舉了其他組織的最佳作法，以及有關領導力開發主題的最新思想。他致力於使NCL公司成為學習型組織。

「與每個利害關係人的每次互動，都是學習的機會。具備能夠從中學習的能力，對於本計畫的成敗至關重要。」古瑞格解釋說：「這是一項競爭優勢。」梅根寫下筆記，以便向卡洛琳提到這項優勢。

在治理方面，團隊確定了「3P」主題，涵蓋人員（People）、專案（Projects）和計畫（Programme）。首先是「開發委員會」，由它要求參與者和講師對參與者的學習負責。該委員會的職責包括審查參與者的個人開發計畫、執行定期檢查，以及審查後續的360度評量和其他調查，判斷其學習與發展的情況。其次是「專案委員會」，由它簽核「突破專案」的初始設計、定期評估進度、提供意見和教導，以及進行最終評估。第三是「計畫委員會」，由它根據目標、預算和里程碑來評估整體進度，例如透過定期的指導委員會議。他們一致同意，不同委員會的成員可能會重疊，重要的是成員在執行不同任務時要戴的「帽子」。例如，務必要清楚分開參與者的學習和專案兩方面的成功，才能平衡取捨並確保兩個目標都得到足夠的重視。

〉撰寫商業論證

完成了跳躍計畫並制定所需內容之後，團隊針對第一年要啓動的高層領導力團隊旅程、360度設計和執行，以及首次價值觀日等三項元素，進行了類似的研議程序。他們也設計了有助於

NCL公司將變革融入系統的方法，其中包括三個主要元素：

1. 編寫變革故事和傳播計畫。
2. 擬定一份象徵性行動和快速致勝清單，讓變革領導者藉由執行這些項目，傳遞出改變成眞的信號。
3. 爲了促成新領導力行爲，定義下列各領域需要發生的改變：人才管理系統、組織結構、授權矩陣，以及主要流程。

隨後他們繼續進行撰寫商業論證的任務，共有四個元素：首先是目標影響，重申實現「組織健康指標」最高四分位數及領導力的目標。此外，也針對參與者回饋、360度評量改進，以及「突破專案」的業務績效等項目，評估期望達成的目標。他們指出，藉由「突破專案」的額外影響，領導力計畫可回收成本。

其次是施行時間表，它分爲三個階段：涵蓋第一年、在第二至第三年擴大規模，然後是在穩定狀態下持續開發計畫。第三項是預算，團隊尋求各種方法，在不影響品質的情況下降低成本。例如，利用培養內部教練、爲總經理和經理開發頂尖人才計畫的內部輔導員（他們決定繼續使用外部輔導員，來執行最高層領導力團隊和副總裁／董事的頂尖人才計畫），以及利用畢業學員擔任未來群組中部分模組的講師。

最後一項，團隊提出了設計、啓動、擴大規模和維持計畫的組織要求。梅根堅定認爲，領導力計畫需要有高素質的人才來領導。她不覺得NCL公司內部具有這樣的能力，因此在預算中編列了聘雇新學習長，以及第一年由兩人組成的小型團隊。

〉組織不會變，變的是人

梅根完工之後，這天卡洛琳和漢斯對坐。漢斯已經開始教導最高層領導力團隊，知道了計畫的根本原由、內容、範圍、速度和持續時間。他對計畫的意圖和效果特別感興趣。

漢斯非常積極，他喜歡團隊能根據NCL公司的優勢而採取全人方法。他也覺得該計畫很全面。

卡洛琳解釋，這個計畫是由梅根、古瑞格和最高層領導力團隊負責執行，但是由於他們採取開放的方法，所以有一些參與者已經在提供建議和制定計畫。漢斯很高興，他認爲NCL公司需要的確實是民主，而不是專制的領導風格。但是他建議卡洛琳思考其他幾方面：溝通非常重要，必須廣泛交談和傾聽。如果有人想跟執行長交談，就只有執行長可以傾聽，這是工作的一部分，就像執行長的工作有一部分正是與NCL公司員工交談。此外，角色模範、象徵性行動、說故事和表揚活動，也都非常重要。

漢斯還與卡洛琳討論到如何利用領導力開發計畫，使NCL公司扶搖直上。他們應該提前想好，如何將領導力開發計畫與更廣泛的人力資源系統整合，使得招募、績效管理、晉升、接班和待遇，都能保持一致、透明而公正。這將是巨大的挑戰，但是未來不會等人，組織必須以正確的速度適應及變化。

漢斯問卡洛琳個人參與的情況。「你知道嗎？」她回答道：「過去幾週，我一直在大量反省，我知道自己仍然在微觀管理人員和任務。我也知道當控制狂老闆是個毛病，但我不能冒險而把事情搞砸。」

漢斯敦促卡洛琳現在就解決這個問題：「以強烈的結果取向運作，並且使團隊保持正常，這是屬於『第二四分位數』特質的行爲。如果妳想要提升到第一四分位數的領導力，需要保持這些重要的行爲。但是，妳還應該用更具啓發性的領導力來補充，才能幫助他人充分發揮潛能。」

「我也想這麼做。我在理智上知道，但是在情感上還做不到。」卡洛琳承認：「我想要以價值觀和願景來領導，我眞的想要將NCL公司提升到領導力和健康的最高四分位數。」

「先不說其他的，」漢斯說：「它需要妳付出更新自我的努力。」他們討論了她的目標，並且同意漢斯將與她一起實行這項特殊的個人轉型計畫。談話過後，卡洛琳注意到一封梅根的電子郵件，上面還附了一份報告。她的第一個反應是要仔細檢查梅根的報告，但是她阻止了自己。她需要信任梅根，讓梅根有最好的表現。她無法靠微觀管理做到這一點。

本章摘要

在旅程的這個階段，組織應該已經設計好整體藍圖，並且依群組制定領導力開發旅程的內容、定義目標參與者以及在群組推行的時間、設計系統整合元素（變革故事、象徵性行動、強化機制），以及簽核了商業論證（包括目標影響、工作計畫、預算和實行計畫的組織要求）。

診斷 有怎樣的差距？你的目的地是哪裡？	**設計與開發** 你需要做什麼才能到達目的地？	**實行** 你應該如何行動？	**推動影響** 如何保持前進？
✔與策略緊密結合，也和最高層團隊一致的領導力模型。	✔設計各群組的領導力開發旅程，包括所有內容。		
✔三到五個關鍵的「從○到○」轉變（行為、技能、心態），將由領導力計畫實現。	✔定義目標參與者（對象、人數、時間）及選定第一批人員。		
✔量化組織每一個層級的領導力差距。	✔設計整合機制（變革故事、象徵性行動、系統變革）。		
✔評估目前的領導力措施，以及它們與系統是否融合、融合的情況又是如何。	✔批准商業論證（包括目標影響、成本、工作計畫、所需資源和治理）。		

領導力旅程的下一階段，是在各個時期（直到抵達穩定狀態）實行計畫、實施系統融入元素，以及在多個層級實現對計畫的治理與測量。

| Chapter 11 |

實行領導力巔峰計畫

安德魯・聖喬治&克勞迪奧・費瑟&
麥可・雷尼&尼古萊・陳・尼爾森/執筆

NCL公司的密集領導力開發工作就要正式啓動了。董事會已經明確了解這項措施的原因，而卡洛琳也摩拳擦掌要實現所期望的影響。卡洛琳、梅根和最高層領導力團隊現在要啓動第一波計畫，他們必須建立並維持全公司上下廣泛的支持。這一波計畫包括「提升」(用於最高層領導力團隊)、「跳躍」(用於副總裁/董事等頂尖人才)、360度評量，以及第一次價值觀日。往後，計畫會在第二年到第三年擴大規模，差別是增加其複雜程度。

卡洛琳深知最高層領導力團隊必須積極熱情、全心全意地支持這個計畫，但是她也知道，若是同事有不同的觀點，自己必須保留接受異議的餘地，應該認眞聆聽任何衝突的價值觀。首先，卡洛琳希望變革是從上層開始的，最高層領導力團隊主管需要在日常工作以及跳躍計畫的環境中，以身作則地示範期望的領導行爲。

她希望所有最高層領導力團隊成員都能開啓自己的領導力旅程，才能體驗領導力的成長，因此鼓勵他們擔任計畫的教師、專案發起人、導師或教練。梅根和古瑞格已經知道這件事，現在卡洛琳也告訴韋恩、彼得、費南多、布魯斯和愛麗絲。

梅根請卡洛琳安排漢斯對最高層領導力團隊的輔導課程。漢斯認爲，卡洛琳、整個最高層團隊以及NCL公司，都具有巨大的潛力。在計畫啓動之前，他已經跟布魯斯、愛麗絲、韋恩、彼得及費南多面談過，而他和梅根、卡洛琳則早就開始合作。

卡洛琳了解每個人都有很多優點，但同時也各有阻礙，讓他們無法充分發揮領導潛力。布魯斯比其他高層領導力團隊成員年輕，需要與他們一條心，成爲她可能的繼任者，並把他的思考提升到公司層次的策略格局。卡洛琳已經開始指導布魯斯成爲她潛在的繼任者，她願意盡可能繼續幫助布魯斯發展。

愛麗絲太安靜了，以至於在最高層領導力團隊的會議上顯得沒有價值。她喜歡卡洛琳的成就，但是卡洛琳很好奇，爲何這位新任策略總監未能表達自己的主張。如果愛麗絲只是幕後的策略家以及在公開場合唯唯諾諾的女人，她的功用就無法具有與資歷相配的價值，卡洛琳很擔心這一點。

彼得對這個計畫抱持謹慎的態度，不只是因爲此計畫正在消耗預算，還因爲他即將退休。他認爲自己沒有改變的必要，但他也還沒有安排繼任者的計畫。卡洛琳知道，假如沒有人實實在在推他一把，彼得可能不會去思考潛在繼任者的事。而且，在留下可貴經驗方面，她想知道漢斯是否可以重新定義彼得繼任者的議題。

最令人擔憂的也許是韋恩。他把自己逼得太緊，而且總是在當空中飛人。卡洛琳知道這不是長久之計，她認爲韋恩也可能心裡有數。然而，他對失敗的恐懼不斷推著他向前衝，他相信必須如此拚命才能成功。除非他改變心態，了解授權其實能夠提高整個部門的績效，否則他不會改變自己的行爲。卡洛琳做了筆記，要更加密切關注韋恩的發展，並且盡一切可能提供協助。

費南多是個棘手的對象。他以前的成績讓他相當得意，對自己的能力非常有信心。因此，他不相信NCL公司的同事或領導力巔峰計畫，能教他任何東西。儘管他確實才華過人，但是他不願意學習新事物的態度對他是個傷害。卡洛琳希望漢斯能幫助費南多廣納多元意見，而且更願意嘗試新事物。卡洛琳相信這麼做能幫助費南多將自己的創造力和設計推向新境界。

〉最高層領導力團隊旅程

卡洛琳和梅根要召集最高層領導力團隊舉辦一場研討會，正式啓動領導力巔峰計畫。成員可以利用研討會共同定義他們的期望，並決定如何使最高層團隊轉型。爲了準備研討會，古瑞格與每位最高層領導力團隊成員進行一對一訪談，更深入了解最高層領導力團隊的動態。他還做了最高層團隊效能（TTE）調查，爲領導力巔峰計畫建立基準。

經過漢斯的教導，卡洛琳意識到不要將計畫強加給最高層領導力團隊，而是應該與他們共同制定。如果是在以前，她會與漢斯制定一個計畫、列出若干個最高層領導力團隊研討會，然後由上而下交辦。但是，漢斯說得很清楚，經由共同創造的計畫，才能換來最高層領導力團隊全心全意支持領導力巔峰計畫，這一點很重要。現在她很好奇，想看看大家的解決方案有沒有比她的更好。

研討會從古瑞格的發言開場：「領導力巔峰計畫涉及每個組織層級的領導力開發以及個人開發。若想要影響整個公司，就必須專注於大規模建立所需的行爲。爲領導力巔峰計畫補充個人開發計畫和教導，當然也很重要，但是這樣還不夠。我們還需要加入團隊效能。團隊是提升領導力效能的關鍵元素，卻經常被忽略。最高層團隊很少能發揮應有的作用，而最高層團隊效能在開發組織和個人領導力方面，對NCL公司的整體領導力至關重要。」

最高層領導力團隊討論了古瑞格收集的單一語氣回饋（匿名），還回顧了「最高層團隊效能」調查的結果。這項調查著眼於四個主要方面：對準目標、執行任務、自我更新和組成，不過團隊關注的是前三項（請參見圖11.1）。

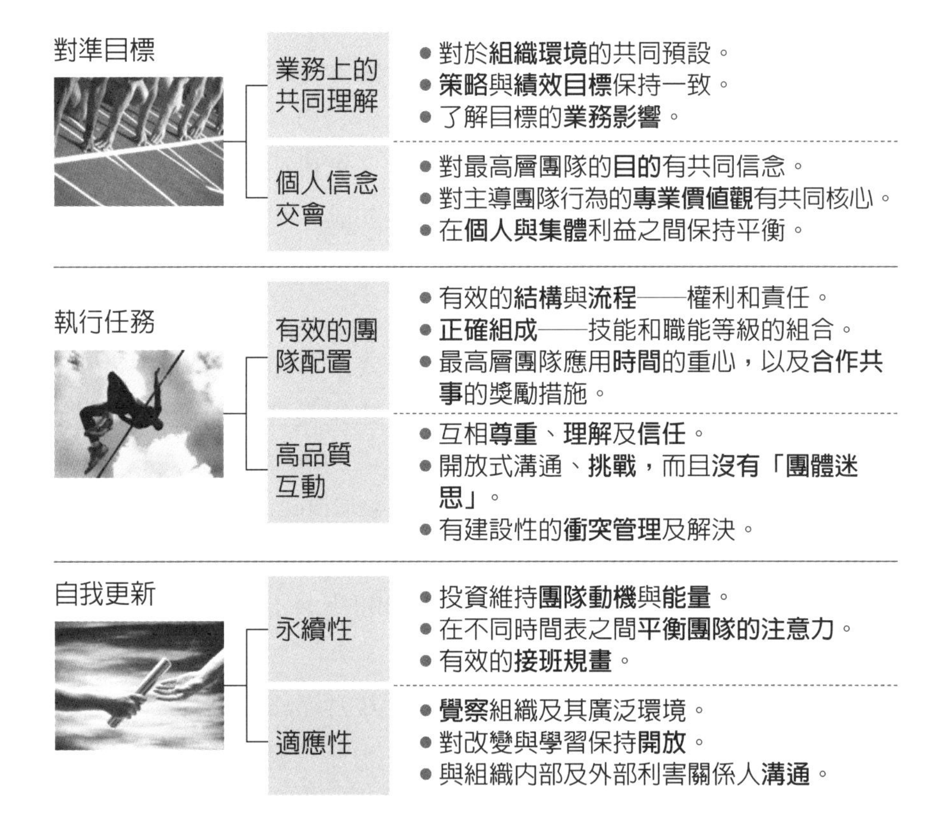

圖 11.1　最高層團隊需要共同解決的重要議題

接著，古瑞格引用他最喜歡的訴求重點：「要辦很多場研討會，才能建立一支頂級團隊。我們已經從最高層團隊效能調查收集到數據，現在我們開始討論結果。下一步是根據這些結果採取行動，所以我們對於提高效能的行動，將在最後達成共識。」

研討會結束時，最高層領導力團隊同意在每週會議上討論領導力開發計畫，以及每隔兩個月與古瑞格舉行一次追蹤研討會，爲期一年。古瑞格的職責是營造遠離工作的安全環境，爲他們策畫一個團隊形式的旅程。他將與他們分享回饋意見，指導他們並互助合作。他們計畫在六個月內進行後續「最高層團隊效能」調查。

〉改變成員的冰山

「最高層團隊效能」活動使團隊成員也展開了個人的開發計畫。他們同意在未來六個月與漢斯進行幾次一對一輔導，藉此發現他們的「冰山一角」，亦即他們的行爲、潛在心態，以及對世界最根深柢固的假設，並且改變那些會阻礙他們的核心信念。對某些人而言，這種改變是痛苦的；對其他人來說，卻是喜悅的。相同的是，這一切都是對他們的挑戰。然而，一段時間過後，最高層領導力團隊成員發現他們的個人旅程非常令人滿意。

布魯斯隨著成長而成爲營運長之後，對NCL公司有了更廣闊的視野，對自己的領導者角色也有更切身的認識。與卡洛琳及漢斯的合作，讓他了解到成爲全面型領導者的價值。他的廣闊視野使他的工作更有效能，不僅是在監督店面和工廠營運方面，在整個公司層次也是。

愛麗絲找到身為NCL公司領導者的立足點：她形成了對於公司的認識、結交了朋友，開始享受上海的生活，最後終於把自己安頓下來，租下一間可以欣賞浦東美景的公寓。隨著自信心增強，她成為策略思考的有力擁護者。當她堅持領導力巔峰計畫需要更強大的師徒制作法，最高層領導力團隊同意了。她益發大膽的坦率態度，使她和卡洛琳的關係愈來愈親密，也更有生產力。愛麗絲繼續努力讓領導力巔峰計畫成為整體策略的推動力。

現在的韋恩對區域經理來說，是更有效的領導者和良師益友。韋恩更尊重他們、給予更多權力，栽培他們而非施加威嚇。韋恩在旗下能力強大的經理協助下，一年多來可以保持良好的銷售業績，每個月只需要出差兩週，而不是每週。他的家庭生活也因為他的改變而受益，他在家中感受到更多的存在感和滿足。

彼得找到四名大有可為的高階財務經理，他們的年齡在四十幾和五十幾歲之間，彼得開始親自指導他們。除了哈里希・梅農（Harish Menon）是常駐上海的亞洲區財務經理，彼得輪調其他三人進駐總部。不久，他在NCL公司的每個大陸金融辦事處都有信任的副總裁。他與這些學徒的關係愈來愈友好，而他的心胸開闊，為他贏得更多同事的友誼。彼得仍然在乎計算數字，但是現在他很少躲在數字後面。他的六十七歲生日來了又去，他依然沒討論過退休問題。但是，他承認自己期待有一天「可以放慢腳步」。

經過漢斯的輔導，費南多發揮技能團結了公司的不同部門，打破孤島現象。他召集無極限公司和NCL公司的設計師，在他的領導下建立強大而統一的團隊精神。此外，多年來，費南多第一次承認自己沒有答案。他在為新設計尋找不同觀點時，變得更加自在，結果新設計反而爆紅。

卡洛琳賦予梅根的更多獨立性，梅根亦欣然接受。梅根的挫敗感降低了，漢斯則協助她減輕額外領導職務的壓力。回到她的人力資源長角色，她致力於指導團隊中的頂尖人才，擴大他們的領導力。NCL公司的使命給予梅根的成就感愈來愈大，但是她不忘透過領導力巔峰計畫，幫助整個公司具有高度潛力的女性，實現專業成長。

〉湯姆跳躍前進

跳躍計畫的第一批參與者人選，是根據現行的績效管理系統選出來的，因爲360度評量尚未完整實施。張湯姆（Tom Zhang）是其中一名參與者，他從未參加過領導力開發，但是有意願參加。他以前就想知道自己是否有機會在NCL公司接受這樣的培訓，甚至以爲其他公司的領導力開發機會更好。當他看到有關跳躍計畫的海報，就不再東張西望了，隨後參加了內容豐富的公司員工大會。當天的演講內容，暗示了他在NCL公司的未來發展，有賴於成爲更好的領導者。

當他的大主管哈里希．梅農通知他獲選跳躍的第一批參與者，他馬上就加入了。透過閱讀管理文獻，他知道領導力非常重要，而且是可以學會的。在他心中，自己正在成爲更好的NCL公司領導者。

制定個人開發計畫

在計畫啓動的前三週，湯姆收到360度調查問卷，內容是關於NCL公司領導力模型的特定行爲。湯姆將問卷轉寄給他的主管、同事和團隊成員，他自己也填寫了問卷。這是他第一次進行完整的360度評量。

這個起步行動闡述了未來的旅程，而且讓參與者有半天加上午餐的時間，可以和其他參與者見面。一週後，跳躍計畫的學員即展開完整的課程，也會見他們的領導力教練。湯姆被指派給依芙．布拉德（Eve Bullard）指導，依芙．布拉德是經驗豐富的教練，來自肯亞，在上海工作了八年。湯姆與依芙共同完成「個人開發計畫」（IDP），依芙說明它將引領湯姆的個人旅程。這份計畫包括他的期望、優點、缺點和開發領域，這些都是經過360度評量得到的結果。360度評量並未直接體現他的個人目標，此目標是來自他與依芙對計畫的討論。他們共同確定了「一件大事」，它是湯姆未來四個月的任務。

依芙將他們的教練課程，與NCL公司的領導力模型連結在一起，湯姆才看出來所有行動是如何整合的。領導力開發工作乃是針對群組和個人量身訂做，依芙解釋這個計畫如何經過仔細規畫，才能長期保持和諧與整合。它能滿足組織的領導力需求，以及湯姆的個人需求（藉由計畫開始、中期和結束時，進行一對一的教導來定義）。湯姆想探索如何變得更開朗和自信，以及如何在工作上發揮更多才能，而不是僅僅爲了數字而努力。彼得、哈里希以及現在的依芙，都向他強調了這種平衡。

在培訓期間，除了群組的計畫，湯姆也使用自己的「個人開發計畫」。他部分保留地向財務團隊介紹他的個人發展期望，並要求他們表示意見。這對湯姆和他的下屬來說，都感到很不自在。事實上，第一回合簡直是一場災難。經過向依芙諮詢，湯姆這次小心翼翼地營造了一個無風險的環境，讓職員可以隨興發表自己的想法。湯姆會寫日誌記錄自己的進步情形，並且在每次與依芙見面之後更新「個人開發計畫」。依芙協助他在個人領導力的成長方面，選擇新的重點領域。

參與論壇活動

本計畫有四個主要論壇，總共持續十天。每個論壇都是在NCL公司以外的場地舉行，使參加者有機會深入反思並專注於學習。第一個論壇稱爲「領導自己」，爲期三天。

當執行長卡洛琳·藍道夫本人上台，介紹第一個模組是關於如何更充分實踐新領導力模型時，湯姆和他的同伴參與者全嚇了一大跳。卡洛琳以溫暖的語氣提到她對NCL公司未來領導者的信念，他們都很興奮，知道她說的未來領導者就是他們。

湯姆覺得接下來三天的論壇十分引人入勝。計畫一開始是強調個人意義的模組，接著是討論應付觸發因子和管理個人能量的策略。湯姆和依芙共同研究如何實現下一個模組：建立支持網絡。最後，論壇督促大家設法更深入參與工作和家庭生活。計畫的焦點始終集中於如何體現NCL公司的領導力模型。

這個論壇給湯姆帶來前所未有的體驗。這裡沒有課堂報告或正式講課，而優閒的氣氛則是爲參與者提供了思考眞實自我的空間。湯姆的個人改變過程就從這裡開始了。

其餘的論壇延續第一個論壇的主題，一個是關注價值，一個是提供反思空間以及實用的工具，還有一個是協助參與者來制定成爲全面領導者的「行動計畫」。公司和它的諮詢網絡派來經驗豐富的輔導員，協助帶領課程進行。NCL公司爲特定模組找來該主題的專家，最令湯姆大爲驚訝的是，每個論壇至少會有一個最高層領導力團隊成員參與，協助推動一個或兩個模組，展現高階主管對這項計畫的承諾。其中他特別喜歡彼得．科迪的課程。

在「領導他人」論壇上，湯姆學會一些實用的人際交往工具，例如以優點導向的教導方法，以及如何建立與領導高績效團隊。他與依芙一起進行角色扮演來呈現教導的情境，非常佩服依芙能夠把每個角色都表現得入木三分，而且能指導他如何正確回應。他與依芙的練習觸及了跳躍計畫的對準目標、執行任務和自我更新這三個核心元素。輔導員則是鼓勵參與者和自己的工作團隊應用新工具。

第三個論壇的主題是「領導業務」，重點轉移到更多技術和技能上，它們與NCL公司的核心策略主題相關：即以顧客爲中心、創新和上市速度。論壇參與者在跨職能的環境中討論這些主題，效果非常好。儘管許多參與者都擔任過高階職位，但是他們在參加跳躍計畫之前並不認識，湯姆因此結交了NCL公司其他單位的朋友。

本論壇代表NCL公司第一次採用眞正跨職能的方法，來解決重要業務領域的問題，公司也因此找到更好的新方法，爲顧客提供服務並實現其業務目標。例如，湯姆的團隊在創新模組設計了一種新流程，藉由合併及活化來自新聞通訊、網站和收銀台的顧客資料，從根本上加強店面層級的以顧客爲中心。

最後一個論壇是「領導變革」，它融合了所有內容。在檢視過NCL公司的「組織健康指標」總體結果之後，參與者集中於其中的次級項目，找出它們與自身所在單位的相關性，同時思考自己身爲變革領導者的角色，學習如何變得更有效能。湯姆參加過論壇之後，對於自己能夠帶領組織提高績效和健康一事充滿信心。他知道可以從個人掌控和自我覺察的角度出發，加上運用

NCL公司的價值觀，使其他人發揮最大的能力。

現場實作及「突破專案」

在兩個論壇的間隔期間，湯姆執行了兩種類型的現場實作。首先，是將新技能應用到工作上，以及練習他想改變的「一件大事」。透過360度評量、自我反思以及與依芙的討論，他的目標是成爲更好的聽眾。他與依芙合力找出那些使他成爲不良聽眾的基本心態。湯姆認爲，他的大主管梅農希望他每件事都能迅速實行，以至於他相信許多任務都比眞實的狀態更緊迫。於是，湯姆總是打斷別人的談話，或者急於談下個主題而不顧他的職員是否跟上。爲了解決「一件大事」，湯姆讓團隊成員告訴他（沒有風險），自己是否沒有花時間聽他們說話。他用日誌記錄各種方法的效果，並與依芙討論。他的手機上有一個應用軟體會定期發送通知，提醒他「個人開發計畫」的目標。

湯姆的第二級現場實作涉及跨職能小組執行的「突破專案」。除了日常工作外，第一批參與者還執行四個「突破專案」。就策略議題而言，他們的專案具有雙重目的：讓參與者可以分組討論，以及實踐新領導力技能，並且以確實成果推進NCL公司的業務議程。

湯姆的專案重心在於**改善顧客體驗**。這個任務太過空泛，因此跳躍團隊聚焦於客服中心的運作。他們描繪了顧客接觸點，然後設計並實施改進措施，包括教導客服中心人員。他們試行解決措施，並在專案進行中及結束時，向專案委員會提供數據和分析。

他們得到的成果很明顯：試行地區的首次來電者解決率，從

60%提高到80%，解決問題的時間則減少30%。試行團隊的缺勤率，比非試行地區減少50%，這可能是由於培訓增加和工作流程更有效率。此外，團隊和客服中心工作人員一起解決了許多團隊動態問題，包括教導、衝突解決，以及同儕之間的領導。

到了計畫結束時，專案委員會批准了實施資金，包括聘請專職的「顧客體驗」團隊、為每家店面配備新技術，以及為所有前線同事提供顧客體驗培訓。據團隊估計，顧客滿意度提高，導致五個試行地區的銷售額成長了2%。NCL公司目前的年收入略高於六十億美元，因此對於公司整體而言，這意味著最高可以增加一億美元的收入。高階團隊顯然對這個專案感到非常興奮。

跳躍計畫的第一批參與者還有其他三個「突破專案」。第一個「突破專案」是利用新設計產品，**了解及接觸千禧世代**。過去幾年，NCL公司在吸引年輕世代方面遭遇了挑戰。跳躍團隊認為，他們經由深度訪談、焦點團體、對千禧世代的研究，以及提供無極限公司產品線的商品，已經「破解」了問題的一大部分。團隊確定了許多趨勢以及市場的「空白」，NCL公司可以藉此在千禧世代的購買力上掌握更大的占有率。團隊估計，NCL公司每贏得5%的千禧世代市場（在合適的地區），將使收入增加約1.5%。這顯然是一個非常有吸引力的機會，團隊將在接下來的三個月繼續該專案的工作，以完成實施。

卓越流程專案已經確定了對NCL公司真正重要的五個關鍵流程，針對每個流程皆詳細標示、確定黏著點以及設計改進措施，並且在三個不同地點進行試驗。試驗結果非常鼓舞人心。在董事會全面測量的結果，效率提高了兩位數。團隊在變革方面遇到了一些內部阻力，因此卡洛琳或布魯斯不得不介入幾次。然而，團隊成員相信，未來的結果將會是最好的證明。專案委員會同意，在現有「營運改進」團隊成員的領導下，NCL公司將在未來六個月內推出內部改進措施。據該團隊估計，改進措施的主要好處是可以釋出三十名全職人員，NCL公司可以將他們部署到其他地方。此外，他們希望可以小幅提高流程輸出的整體品質。

最後是南美市場開發團隊在商業論證上遭遇很多挑戰。當地的競爭非常激烈，有好多個在地的大型競爭者，想要成功進入市場，將需要相當大的行銷預算。而且，NCL公司內部沒有所需的專業知識，進入市場似乎很冒險。高階主管團隊決定取消這個專案，等一年後再重新檢視，這段期間剛好可以讓無極限公司的產品線在南美有一些進展。

其他計畫元素

湯姆非常喜歡與依芙的教練課程，這是他第一次接受適當的「行政」教導，依芙對他有很大幫助。湯姆和導師兼大主管哈里希的相處，也讓他獲益良多，哈里希一直都在傳授彼得·科迪的經驗，儘管彼得還很活躍。

哈里希擁有過人的智慧和廣闊的視野，他對湯姆的關照讓湯姆大感意外。哈里希也在湯姆的「突破專案」助了一臂之力，協助他的團隊瀏覽整個組織，有需要的話，也會幫他敲開資深同事的辦公室大門。有些團隊亦選擇成立定期的「同儕教導」，讓參與者可以定期開會討論他們的「個人開發計畫」。湯姆問哈里希，是否可以每年與伊芙進行幾次電話或Skype教導，追蹤自己的進展情形。

參與者也參加了各種主題的專家網路研討會，以及有關最新趨勢的數位課程，像是分析學、數位化、自動化和虛擬實境。這些課程是行動科技的產品，可以採取小分量的形式提供，非常受參與者歡迎。有的課程是必修、有的是選修，而湯姆完成了絕大多數的課程。

跳躍計畫偶爾舉辦的「啓發活動」讓湯姆很感動，例如拜訪最佳表現的領導力學院，參與者在那裡親眼看到成熟的學習型組織如何運作。NCL公司也邀請知名的領導力大師，在領導業務論壇演講。

在最後一個論壇結束幾週後，卡洛琳．藍道夫再次出現，主持了首屆畢業典禮，目的是鞏固學習成果，以及表揚參與者的旅程。湯姆回顧他接受的教導、團隊效能工作、師徒制，以及他所吸收到的NCL公司意義深遠的價值觀，令他萬分感恩。他知道自己在成爲理想領導者方面已經跨出了一大步。當他走出畢業典禮的禮堂，哈里希將他拉到一旁。「湯姆，你進步很大，」他的導師說：「我以你爲榮。如果你像彼得一樣學以致用，而且我知道你會，那麼我相信年底前你會成爲我的亞洲區財務助理副總裁。聽起來怎麼樣？」

〉更廣泛的組織

接下來幾個月，領導力巔峰計畫在整個NCL公司打開了知名度，受到廣泛的重視。但是，卡洛琳聽到了一些懷疑者的聲音。她擔心自己可能無法帶領整個公司（一共三萬名員工）一起參加這次旅程。但是，她心裡有一個很棒的工具。

最高層領導力團隊的最初規畫中，即包括全公司範圍的「價值觀日」活動。卡洛琳想了很多充分利用它的方法，要給它一點戲劇效果，引起更多關注。她想表揚領導力巔峰計畫，鼓勵所有人思考及擁抱NCL公司的價值觀。

梅根一向讚賞具有強烈價值觀的組織，那些價值觀經常受到讚揚。卡洛琳希望價值觀日能夠實現這個目標。NCL公司的業務遍及五十個國家／地區，卡洛琳想要他們依地區集合，再利用線上方式連結，一起表揚NCL公司的價值觀。她要求每個業務部門提出一個價值觀專案，在當天執行。

最高層領導力團隊採取績效管理的形式，也就是評估領導力模型的實施情形，將領導力模型進一步融入NCL公司的結構中。領導力巔峰計畫培訓評估員也推出新績效管理計畫，全公司的每個人（參與店面、倉庫和工廠獨立計畫的員工除外）都必須接受360度初始基準評量。然後，在一年後進行第二次360度評量。評量的內容是學習新領導模式的程度如何，並根據回饋採取行動。

此外，布魯斯領導開發NCL公司的應用程式，要把跟組織有關的內容全放進去，成爲一站通吃，應有盡有。一開始，它只是從簡單的通訊更新開始，後來擴充到包括論壇、現場民調以及競賽。布魯斯也跟梅根合作，要創建或策畫與新領導力行爲相關的學習模組，讓所有員工皆可使用。

〉漏網畫面

卡洛琳對於她和梅根的領導力巔峰計畫團隊達到的成就，暗中感到自豪。她開始看到員工在心態和觀點上的轉變，進而在工作上表現出不同的行爲。在第一階段的九個月計畫即將落幕時，也就是在第一次畢業典禮結束後，她前去拜訪梅根和她的領導力巔峰計畫小團隊。她很想知道梅根有看到什麼變化。整個措施從頭到尾，梅根都有追蹤關鍵績效指標、參與者的回饋等等。她和參與者及他們的經理都談過，講到在參與者身上看到的差異。

卡洛琳注意到員工的語言已經不同。現在，她聽到的是角色模範和象徵性行動、說故事和戲劇。從財務績效可以看出來，更快樂的NCL公司（根據其「組織健康指標」得分）同時也是利潤更高的NCL公司。

在領導力巔峰計畫小組會議結束時，卡洛琳要求梅根留下來喝杯咖啡。她們一起認眞思考自從最高層領導力團隊決定實施領導力開發計畫以來，公司所發生的變化。當公司裡的人不斷談到生生不息的領導力變革，她們看到現在整個公司有了共同的價值觀和領導力語言。在公司的各個角落，從會議室到倉庫，從設計工作室到廠房，都有明亮的海報傳達著新標語。

梅根和卡洛琳在走到大樓庭院的路上，聽到一群員工（現在稱爲「同事」或「夥伴」）在靠近學習區的走廊裡聊天：「我們眞的能感覺到變化。很高興我也能接觸到這個計畫。」梅根笑了：計畫實行成功；第一次價値觀日；新人力資源系統使用中。然而，卡洛琳也知道速度很關鍵。她和梅根需要迅速涵蓋組織的其餘部分，才能提高領導力和績效，永遠改變公司。領導力巔峰計畫在第二年會有重大計畫，爲總經理和經理啓動計畫並推出近四十個群組，這是涵蓋所有頂尖人才的一部分初步計畫。

本章摘要

整個旅程到了這個階段，組織應該已經在所有群組實施了領導力計畫，將期望的變革融入到更廣泛的組織中，以及在各個層級實施治理和影響追蹤。

診斷 有怎樣的差距？你的目的地是哪裡？	設計與開發 你需要做什麼才能到達目的地？	實行 你應該如何行動？	推動影響 如何保持前進？
✔與策略緊密結合，也和最高層團隊一致的領導力模型。 ✔三到五個關鍵的「從○到○」轉變（行為、技能、心態），將由領導力計畫實現。 ✔量化組織每一個層級的領導力差距。 ✔評估目前的領導力措施，以及它們與系統是否融合、融合的情況又是如何。	✔設計各群組的領導力開發旅程，包括所有內容。 ✔定義目標參與者（對象、人數、時間）及選定第一批人員。 ✔設計整合機制（變革故事、象徵性行動、系統變革）。 ✔批准商業論證（包括目標影響、成本、工作計畫、所需資源和治理）。	✔應用現代化成人學習的原則（現場實作、論壇和教導）在所有群組實行計畫。 ✔實施融入機制（傳達、角色模範、強化機制，包括將領導力模型融入所有人才流程）。 ✔在多個層級治理及測量計畫成果。	

旅程的下一階段是關於開發計畫，其中包含在穩定狀態下持續監測影響和加強關鍵行為轉變、為畢業學員制定清晰的計畫（每年更新、人才保留政策等），以及定期重新評估特定環境下組織的領導力需求。

| Chapter 12 |

推動影響

安德魯・聖喬治＆克勞迪奧・費瑟＆
麥可・雷尼＆尼古萊・陳・尼爾森／執筆

〉員工大會：續集

領導力巔峰計畫已經推出三年了，如今所有計畫都已經啓動並運行，畢業學員形成了關係緊密的社群，新的360度評量與績效管理系統也已經開始運作，「價值觀日」則是迅速成爲NCL公司結構的一部分。

在歐洲辦事處，卡洛琳正要向員工大會致辭。她步上舞台，問候大家。在領導力巔峰計畫之前，原來的她總是占去大部分的說話時間，但是現在情況有所不同了。現在的她打算讓高階主管同伴們「表現最好的自己」，因此呼籲每位成員與她共同出席會議。卡洛琳讓他們在員工大會談論各自負責的領域，有助於展現她想建立的形象，那就是一個全心全意投入的團隊正在進行有意義的行動。

新制的員工大會改爲每季一次，是最高層領導力團隊溝通措施的一部分。每次的會議都會全程錄影，然後在公司內部網路上公開播放，讓所有同事都可以跟得上公司的最新消息。卡洛琳希望，在最新的員工大會中，同事們能察覺到最高層領導力團隊比以往更加團結和諧。可以確定的是，他們說的話更有凝聚力，而且在他們之間似乎有某種化學變化。卡洛琳放眼四顧，比起她和梅根剛踏上這一段旅程時的情景，她覺得現在的NCL公司已經改頭換面。

〉全面盤點

員工大會結束後，梅根將與卡洛琳邊喝咖啡邊討論領導力巔峰計畫的進度。在領導力巔峰計畫之前，梅根滿討厭跟卡洛琳開更新會議，因爲她們總是在「交叉詰問」中結束。卡洛琳比較關注的是問題，而不是看清大局，感覺好像梅根只是在爲卡洛琳的任務跑腿。然而，如今梅根在執行自己的措施時，有了更大的自由來實現自己的願景，卡洛琳只是從旁指導並給予支持。

梅根決定找古瑞格加入討論，一起向卡洛琳簡報領導力巔峰計畫的進展情況（目前領導力巔峰計畫處於穩定狀態）。

梅根和古瑞格開始回顧每個群組的測量結果。古瑞格概述測量結果，卡洛琳專心聆聽古瑞格的說明：「首先，參與者的回饋非常正面。在『所花費時間的價值』方面，這些計畫的平均分數高於6.4分（滿分7分）；在整體效能方面則是6.6分（滿分7分）。另外，整體淨推薦值爲81分，這是極高的分數。」古瑞格繼續按計畫和計畫元素等細說各項得分情形。

梅根接手。「這是匿名回饋，」她說：「請妳看一看。」

卡洛琳讀到：

這個計畫深深改變了我的生活。它超出了我以前工作的範圍，它的焦點不只是領導力的硬性技能，也包括個人方面的軟性技能。我因而對自己有更多的認識，在工作和家庭兩方面都更快樂，也更有效能。

另一名參與者寫道：

這個計畫讓我更相信NCL公司未來的成功，也是我在公司感到很快樂的主要原因。

第三則說：

這是我多年以來參加過最棒的計畫，它爲我的工作帶來的意義，跟我的信仰團體所做的一模一樣。我在這裡看到了目的和方向。

卡洛琳看得面露笑容。

梅根繼續報告360度評量的分數：「過去三年全公司的平均分數從3.8上升到4.4，成長了15%，表示組織裡的員工正在實現NCL公司的領導力模型，比計畫剛開始的時候更加充分。」梅根提到說，她花了很多時間與員工交談，絕大多數的人都注意到同事的行爲有明確的正面轉變，而且符合領導力模型。他們也認爲效能提高是由於這些轉變。這麼大幅的改變令卡洛琳印象深刻，但是她不禁納悶：「難道說這代表以前的NCL公司高階主管全是差勁的領導者？不管是或不是，這個計畫和360度評量，讓我們更了解到NCL公司的某些重要眞理。幸運的是，這些眞理也是大家都能夠遵循的。」

最後，是關於非常重要的業務影響。將業務上的成果歸功於特定的領導力發展措施，總是相當容易被挑戰的。組織健康指標可以提供間接證明的方法。剛啓動這個計畫時，NCL公司在整體和領導力方面都是位於第二四分位數。此後組織每年會再度檢測組織健康指標，其結果在很大程度上都是正面的。NCL公司的分數每年平均提高四個百分點，整體從67分提高到了79分，並且在第二年結束時，領導力和整體成績都達到最高四分位數。這是很大的進步，但是仍然有成長空間。NCL公司的下一個期望是：在這兩方面均達到最高十分位數。

就「突破專案」而言，它們在過去三年已經實現了具體的價值。整個群組中有超過三分之二的專案已獲得批准實施，而第一批群組的專案目前則已經全部實施。梅根估計，到了第三年，這些專案確實足以自付每年領導力巔峰計畫的費用，這是計畫在一開始的既定目標之一。

展望未來，梅根決定在迄今爲止討論過的方法之外，新增其他測量方法。比如說，她想調查領導力巔峰計畫畢業學員與同儕的流失率，以及NCL公司在雜誌的年度「最佳雇主」排名。梅根夢想能躋身前十名。

「關於領導力巔峰計畫的畢業學員，」卡洛琳問：「我們與他們的關係怎麼樣？」

「我與計畫的每名參與者都有過個人職涯討論，以確保NCL公司能夠充分利用他們的才能，而且能考慮到他們的期望。」梅根回應道：「此外，我們同意要做的一年一度『強化營』，得到極大的成功。畢業學員樂於與同伴一起度過一天，同時還能加強計畫的內容。我們會繼續善用計畫的畢業學員（包括所有層級），由他們擔任組織的變革代理人和計畫講師。

〉卡洛琳的沉思

在會議結束後，卡洛琳開始思考最高層領導力團隊每位成員的旅程：最高層領導力團隊已經變得更有效能，而那些不是最高層領導力團隊的每一名成員，也以相同的速度在轉變。漢斯認爲「改變的是個人，不是組織」是很正常的。正如卡洛琳從自己的經驗所學到的，改變需要時間。

她接著思考自己的旅程。她學會了少管事、多授權，信任別人跟她會有共同的願景。與漢斯共事後，她有系統地確定了自己的限制性信念，而且開始改變信念。比如說，她公開要求其他最高層領導力團隊成員提供回饋意見。在NCL公司董事發言時，就算董事會不同意她的建議，她也感到更有自信。現在，她把異議當作學習的工具，不自動預設她或其他人是正確還是錯誤。

她仍然覺得NCL公司在組織整體上需要更有方向感，持續將領導力巔峰計畫與公司的策略目標連結起來，是非常重要的。「構思計畫時，心裡要隨時謹記組織的整體目標。」她在心裡想著，呼應漢斯的話語：「然後計畫就會強化績效。」

這一切的核心在於個人的轉變，這些人分散在整個公司裡。雖然不是每個人都有改變，但是測量結果顯示很多人確實都變了。至於那些依然沒改變的人，他們會前進，或者理解到需要改變，甚至是如同卡洛琳所知道的，他們對領導力巔峰計畫增加了多元的聲音，這些聲音在NCL公司是第一次聽到的，也改善了領導力巔峰計畫。她想，這一切都歸結於人，像我這樣的人；而且，是像我這樣在組織裡一起工作的人。

卡洛琳沉思組織的方向和個人變革之間的正面張力。歸根究柢，這一切都是關於人，關於人們在特定情境下的思考和行爲如何被影響。每一名同事都有個人的行爲方式，這些行爲方式的總和，決定了公司的領導效能和整體績效。看起來就是這麼簡單。

〉上升與前進

卡洛琳與漢斯見面的頻率變少了，但是偶爾見面一次，仍然讓她覺得獲益匪淺。既然領導力巔峰計畫目前已經達到穩定狀態，卡洛琳迫不及待想要與漢斯討論計畫，還有她自己的下一個境界。她安排與漢斯見面，在星期五稍晚共進午餐。

一切的進展狀況令漢斯很欣賞，可是卡洛琳還有煩惱。

「我擔心接下來會怎樣，」她說：「市場變化無常，我不知道同事們是否有能力應對這些變化……我也不確定自己能不能。」

漢斯經歷過許多領導力計畫，他很清楚這是一個持久不懈的旅程，三年時間只是一個開始。「世界愈來愈複雜，」漢斯說：「未來還會更複雜。因此，組織必須進化，NCL公司不能原地不動，領導力巔峰計畫也是。」

他們討論了領導力巔峰計畫的下個階段。目前的策略和計畫啓動時大致相同，漢斯強調，領導力巔峰計畫尚未涵蓋領導力模型的所有行爲。因此，務必每年調整一次領導力巔峰計畫的各種計畫（頂尖人才計畫、全體員工的一日計畫、價值觀日等），確保每一個「從○到○」轉變都已經處理妥當，溝通與角色模範措施也不例外。「在未來兩到三年，」漢斯說：「領導力巔峰計畫必須處理NCL公司領導力模型的全部十五個行爲，文化才能眞正轉型。」卡洛琳點頭同意。她知道測量成功的終極指標，是組織文化轉型，同時將領導力行爲融入NCL公司的DNA。

他們還討論了管理日益複雜多變的營運環境所需的技能。卡洛琳渴望繼續在計畫中採用「中心化領導力」元素，用來建立適應性；而且，同時也增加「解決問題」和「設計思考」兩方面的內容。漢斯表示同意，並且建議卡洛琳也要考慮「提高公司的數位智商」，這是一個跨領域的主題。

「領導力巔峰計畫必須持續進步，」漢斯總結說：「組織能不斷確定及發展成功所需的職能，並且將這樣的能力制度化，就可以成爲學習型組織。NCL公司還算不上學習型組織，但是正走在成爲學習型組織的路上。」

〉床邊故事《綠野仙蹤》

在接下來的週末，卡洛琳反省著整個計畫。她認爲這個計畫是成功的，其中至少有一個原因是她自己經歷了個人轉型。一年前的自己會讓她覺得不夠好，更不用說想到三年前的自己。她知道現在的自己不再是吳下阿蒙，已經變得更有智慧，也更冷靜。

那個週末，卡洛琳爲她的孫子讀床邊故事《綠野仙蹤》（*The Wonderful Wizard of Oz*）。她從小就喜歡這個故事，很高興再讀一遍，書中的好女巫格琳達說的一句話，尤其令她愛不釋手。過去三年來，她實施新策略、推行領導力計畫，展開自己的領導力旅程，格琳達的話幫助她理解了這一切：「親愛的，你一直都擁有這個力量，只是你必須自己學會。」

本章摘要

在旅程的這個階段，組織的領導力開發措施已經展開，而且可能正處於穩定狀態：能持續監控計畫的影響、期望的行為變革繼續融入更廣泛的組織系統中，成為文化的一部分。此外，畢業學員保持參與，同時他們的職涯發展也得到良好的管理。

然而，計畫不會停滯不前。組織必須定期重新評估計畫，確保執行策略所需的領導力職能和行為，在整體組織中持續實現。因此，4D 步驟變成循環不斷的過程，而且持續進化，藉此在千變萬化的環境中維持相關性。

診斷 有怎樣的差距？你的目的地是哪裡？	**設計與開發** 你需要做什麼才能到達目的地？	**實行** 你應該如何行動？	**推動影響** 如何保持前進？
✔與策略緊密結合，也和最高層團隊一致的領導力模型。 ✔三到五個關鍵的「從○到○」轉變（行為、技能、心態），將由領導力計畫實現。 ✔量化組織每一個層級的領導力差距。 ✔評估目前的領導力措施，以及它們與系統是否融合、融合的情況又是如何。	✔設計各群組的領導力開發旅程，包括所有內容。 ✔定義目標參與者（對象、人數、時間）及選定第一批人員。 ✔設計整合機制（變革故事、象徵性行動、系統變革）。 ✔批准商業論證（包括目標影響、成本、工作計畫、所需資源和治理）。	✔應用現代化成人學習的原則（現場實作、論壇和教導）在所有群組實行計畫。 ✔實施融入機制（傳達、角色模範、強化機制，包括將領導力模型融入所有人才流程）。 ✔在多個層級治理及測量計畫成果。	✔持續監控影響和增強關鍵行為變革。 ✔為畢業學員制定清晰的計畫（每年更新、留任人才政策等）。 ✔根據具體環境重新評估組織領導力要求，並決定下一個領導力開發重點領域。

PART 3

常見問題

Frequently Asked Questions

| Chapter 13 |

領導力開發常見問題

柯爾尼利厄斯・張&法里登・多提瓦拉&
弗洛里安・波爾納／執筆

Q1 在有限預算下，我應該如何優先化領導力開發？例如廣泛但淺薄或選擇性但深入？

簡短的答案是，你需要兩者兼顧，這取決於環境。但是，如果不得不選擇的話，我們會傾向於採用由上而下的方法，專注於所謂的關鍵影響者，這是選擇性但深入的作法。這單純只是因爲領導力包括角色模範，關鍵影響者因爲角色因素、可信任的關係或是性格，對組織中其他人的行爲有超越比例的影響力。關鍵影響者以身作則地示範那些要鼓勵他人表現的行爲，這些行爲會逐漸向下蔓延。組織的前一百名領導者（最高階、次高階、第三階和關鍵影響者）可以觸及十萬人，所結合的選擇性領導力開發措施，應該是在各個層級量身訂做的領導力模型、系統融入和在職開發文化。如此一來，即使他們沒有參與正式的領導力開發措施，所有員工也都知道良好的領導力是什麼樣子，並可以接受在職實習。

除了關鍵影響者之外，在考慮廣泛與深度措施時，值得將關注重點放在最忠實執行組織策略的關鍵角色。例如，快速週轉消費品組織的策略，如果是以消費者爲中心，那麼負責銷售、客戶服務和行銷的人可能會很重要；若是專注於研究的醫療保健服務提供者，那麼負責創新、研發和臨床試驗的人，可能會脫穎而出。

有疑問的話，請注意階層結構和關鍵角色，以及對角色模範和影響的明確期望，將能在整個組織中傳播領導者的心態與行為。你應該能夠回答下列三個問題：

- **誰是關鍵角色**？所有領導力開發計畫都應該從策略對準開始。組織裡是否有某些重要的群組或單位，攸關策略元素的執行？某些單位是否有領導力差距，以至於難以推進執行長的議程？
- **以前做過什麼**？詢問以前在領導力開發方面的投資。探索是否值得繼續投資這些領域。對現有或舊計畫進行啓動／停止／繼續分析，然後將其結果與新解決方案進行比較。
- **長期下來如何平衡初始措施、維持期限和達成目的**？另一個思考「廣泛與深入」的方法，是確定是否有足夠的理由針對關鍵量領導者制定可持續的計畫。計畫施行的過程可能一開始是經選擇的領導者分散進行的工作，但經過一段必要的時間之後，合成廣大的事業。你可以採用2×2矩陣，一軸是選擇性與廣泛，另一軸是淺薄與深入。爲了充分改變組織的環境和文化，需要深入觸及臨界量的領導者。這表示往矩陣的右上象限移動，亦即向足夠深入和廣度移動。

Q2 在混合群組或真實團隊推行領導力開發的正反理由為何？

這取決於你想要實現的目標。你需要考慮兩件事：首先，如果你的目的主要是增強個人的領導力和整個組織的合作，那麼參與團隊的組成無關緊要。其次，如果你希望集體改變行爲，尤其是那些會依賴團隊的行爲，那麼保持團隊成員的完整性是比較好的選擇。

混合群組傾向於個人開發，爲反思、同儕指導和分享創造了更安全的空間。此外，在打破成見、促進跨領域網絡和合作共事方面，如果能適當招募群組成員，並且設計適當的計畫，則混合群組對整個組織都有正面影響。混合群組的成員，可以與其他部門的人見面、欣賞他人的工作，在計畫正式結束後，這種「群組效應」仍可能會持續下去。用數字來說，一個由20名參與者組成的混合群組，有助於加強380個一對一的連結。若有五個群組（即達到前一百名領導者），總共可建立1900個連結。如果組織能夠同時（例如透過「公司百人」活動）加強前一百名領導者的個人連結，這種獨特的連結數可達到將近一萬。

單一團隊群組比較傾向於以任務和團隊爲中心，而且目標是成爲績效較高的單位（例如專業運動隊伍）。在單一團隊群組中，可以釐清角色並探索團隊動力，進而達到團隊開發（有許多關於團隊開發的文獻）。①

在實務上，我們發現**結合個人和團隊取向的領導力開發，具有最大的效果**。儘管我們經常設計混合群組的計畫，但也建議爲組織的前十至二十個團隊安排專門（較短）的單元，用以補充這些計畫。

Q3 如何應付不願或不能參加廣泛領導力變革的人？是否有某部分勞動力不可避免地會被拋在後面？

我們或許可以這麼說，大多數組織的員工都有不同的參與度。根據我們的經驗，推動轉型或領導力開發措施的過程中，員工可依照參與程度分爲四類。②

- 大約有20%是**積極投入的領導者**：他們有高度影響力／活力，對變革的熱情也很高。這些人有助於領導力開發計畫的成功。
- 大約有50%是**滿足的追隨者**：他們的影響力／活力低，但對變革的熱情很高。這些人理解並支持計畫的重要性，卻可能缺乏貢獻的能力或設施。
- 大約有20%是**被動的觀察者**：他們的影響力／活力低，對變革的熱情也低。這些人不了解計畫的意圖或根本原因，或者沉溺於往日的組織，因此基本上是與外界脫離的。
- 大約有10%是**積極的反對者或破壞者**：他們有高度的影響力／活力，但對變革的熱情很低。這些人就像船上的叛變者，會因爲歷史、個人或狹隘的職業理由，而積極反對計畫。

那麼，應該如何應付各個群組？關鍵是爲每個群組量身訂作開發方法。對積極投入的領導者，可信任他們擔任導師、專案發起人和教練，也可以讓他們在計畫中扮演教師的角色。他們應該被指派重要的領導力職務，以主動領導者的身分參與。事實上，這個群組的人愈延伸愈好。

對滿足的追隨者，他們需要了解計畫的目標，以及適當的資訊和培訓（*在他們參與的計畫*）。理想的情況是，他們具備相關措施所需的技能，然後和第一類群組合作。這一組的部分員工也可以展開領導力開發旅程。

對被動的觀察者，他們只需要接收資訊即可。這包括傳達已實現期望的成功措施的故事，同時確保這些故事能連結到推動變革的團隊／領導者。

至於反對者或破壞者，必須面對他們並迅速將他們轉化爲支持者。如果辦不到，那就應該重新安排他們在組織內的職位，甚至解雇，使其負面影響降至最低。我們的研究顯示，變革領導者最大的遺憾，就是沒有迅速採取行動來中和人們對變革的抵制。然而，我們發現有一半的反對者能被轉化。由於他們具有高度的影響力，可以成爲組織內正面改變最有力的象徵。組織必須在一開始就細心觀察潛在的信奉者，並在信奉者轉化後，繼續讓他們成爲思想領導者及變革推動者。

我們經常問執行長，他們認爲在轉型過程中有多少人不會做出或甚至抗拒所需的變革，他們的回答是大約30%。然而，根據我們的經驗，如果變革計畫管理得當，這個數字可以減少到5%到10%。

從本質上說，組織的某些部分通常會被拋在後面。事實上，具有深厚文化內涵的組織，會發現員工的適合程度愈來愈趨於兩極。③在領導力開發措施的過程中，關鍵之處在於組織能掌握不同組別的分布情況，然後針對各個群組量身訂作相關措施。

Q4 領導力開發只適用於大型組織嗎？那中小企業怎麼辦？

所有物種，只要是具有某種形式的大腦和社交活動，我們就能觀察到領導力現象。例如，十八世紀的社交互動模型中，蜜蜂群擁有一隻女王蜂。④另外，如1930年代的羅伯．耶克斯（Robert Yerkes）、1970年代的珍．古德（Jane Goodall），再到2000年代的羅賓．鄧巴（Robin Dunbar），他們對靈長類動物進行的人類學研究顯示，靈長類動物群體具有首席領導者和最佳族群規模。

更具體地說，無論何時何地，若干群體爲實現目標而聚集（透過商業、政府、慈善或志願實體等形式），便需要有人領導。而且，不同群體執行相同的任務，有些群體會做得比其他好（更快、更有效、更徹底等）。無論群體或組織的規模如何，所有績效都可以經由改進其領導力而提高。

中小企業（SME）的領導力開發，傾向於配合組織本身的成長，隨著組織的規模變大，對領導力的要求也會愈來愈高。拉瑞．古瑞納（Larry Greiner）在一篇開創性的文章中列出了公司生命週期的五個階段，每個階段的成功需要不同類型的領導力（1998年，這五個階段被修改爲六個階段，稱爲「古瑞納成長曲線」）。⑤

因此，中小型企業也應該重視培養領導者，不應誤以爲可以推遲領導者開發，等組織達到一定規模再說。在成長快速的階段，這一點尤其正確。組織成長快速時，隨著有更多員工必須被領導及管理，對領導者的需求不僅會發生變化，而且會加倍複雜。

正如我們在核心原則一的討論，若要確定組織的關鍵領導力行爲，「組織健康」通常是很有用的主要視角（與組織限定的其他次要視角結合使用）。我們曾經合作過的組織非常多，包括多元資產型組織和家族企業，其中有的只有幾百名員工。較小型的組織，即使預算更嚴格，健康仍然很重要，而四大核心原則對中小型企業的意義如同對大型組織（另請參見下一題問答）。

Q5 領導力開發會因組織層級不同而有怎樣的典型差異？

我們在問題一討論過，如果被迫取捨，那麼將領導力開發支出優先集中於較高層級，通常是明智的作法。事實上，我們也看到，愈往組織的低層級走，每名員工所分配到的領導力開發預算愈少。因此，組織中較低層級的領導力開發措施，必須適合這些限制條件。其中的關鍵仍然是必須遵守四項核心原則。即使局限於預算，也能透過務實及巧妙的設計，在推行領導力開發時實踐這四項原則。

核心原則一在組織的所有層級都具有非常重要的意義。無論我們面對的組織實體是業務單位或個別團隊，領導力開發措施皆應該聚焦於最能影響績效目標的關鍵轉變。預算有限的領導者，可以參考本書所描述的研究和方法，確定要開發的行爲、技能和心態。

相反地，不建議給與員工「培訓目錄」和預算，由他們自行勾選課程，除非這些課程確實反映組織的績效優先事項。在內容方面，我們經常在組織較低層級看到的情形是，除了領導技能以外，領導力開發措施也開始納入愈來愈多功能和科技型技能，因爲這些往往是協助個人在工作上表現更好的必要條件。

核心原則二指出，必須要有臨界量的領導者參與，組織才能在行爲轉變的過程達到引爆點。在組織中的較低層級，同樣適用這條規則。更有限的預算可能代表更強調科技、內部輔導員，乃至由經理和同儕扮演教練／輔導員的角色，藉此達到足夠的規模。例如，大量的線上公開課程（MOOC）是大規模進行領導力開發的有效方法。同樣地，有部分組織也投資開發量身訂做的線上學習課程，可以在成本接近零的條件下提供使用。在組織中的較低層級推行領導力開發措施，好處是各種活動通常會更親密，而且更容易聚集同事參加較短期的現場課程。在某些情況下，中階管理人員希望爲他們的團隊推廣領導能力，每個人最後都可以參與計畫。這麼做的影響力，比只有針對5%到15%的人員來得更大。

核心原則三強調，必須採取整體性方法，推行以神經科學爲基礎的領導力開發措施。本原則主張領導力開發措施應包括現場實作、論壇和教導方法，以及下列幾項原則：確保有正面的環境、聚焦於進一步開發優點、延伸，還有自主學習。在組織的任何層級，都應該持續遵守這些原則。例如，由團隊領導者管理的一線人員領導力開發計畫，應該包括結構化論壇（例如，由組織領導者或同儕主持的知識共享課程）、在職見習、教導和師徒制。而且，每個人都應該負責自己的發展旅程，以及制定個人的開發計畫，專注於自身優勢並加以擴展。

核心原則四認爲，領導力開發工作應融入更廣泛的系統中，用以支持及持續實現預期的行爲。對於組織的較低層級，這個原則同樣重要。例如，個別員工需要看到他們的經理以身作則地示範那些期望的行爲，員工必須有改變的信念，人力資源系統應該激勵改變，而且組織的結構、流程和權限應該支持他們。以上有部分元素可能是個別經理不容易左右的，但是，關鍵是確保在進一步推行領導力措施時，各方面都能保持一致，並且不要在架空的狀態下推動而無視組織的其他文化和領導力措施。

利用數位平台或線上學習的方式，在組織第三級推行普通的入門計畫，可能並不昂貴。歐洲有一家大型醫療保健組織，爲三萬名職員（以及全體新進職員）進行線上第三級領導力培訓課程，但是同時間進行的第一級管理碩士培訓生只有一百名。軍事組織會在初始培訓和初始軍官培訓上投入大量資金，確保基本的最低標準。商業組織則傾向於花費更多成本，培訓在職業中期和後期的員工，確保他們能有最佳表現。

Q6 不同行業的領導力開發有何不同？公共或社會部門是否有差異？

行業的環境一向很重要：不同部門需要制定特有的策略目標，這些策略目標則會進而產生特定的領導力模型。例如，電子通信組織可能不同於公用事業或專業服務組織。同樣地，這些組織若是由政府（或公共部門）營運的，又會有所不同。由政府經營的專業服務機構，它的公用事業管理機關會有屬於自己部門的特色，以及源自策略計畫的產物。

我們於核心原則一指出，在檢驗和開發組織領導力時，我們經常以健康做爲首要觀察角度，因爲我們發現健康是跨越行業、地理和組織規模的元素。然而，我們也提到，組織健康指標具有四個「配方」，共同組成條理清楚的管理作法而彼此互補。

若是組織能與健康的四大配方其中之一高度一致，相較於一致性不佳的組織，有五倍的更高可能性，會達到健康指標的最高四分位數。⑥每個行業都有居主導地位的配方，因此，如果我們運用「配方」來反映行業環境，組織就能找到有力的起點，成爲它投入精力的重心。例如，企業對消費者（B2C）和消費產品公司通常是遵循「市場塑造者配方」，利用在所有層級創新，並且基於對顧客及競爭者的深刻了解與快速執行，獲得競爭優勢。它們應該關注的一部分最佳作法是：聚焦於捕捉外部觀念、以顧客爲中心、競爭洞見、由上而下創新、角色清晰性和事業夥伴關係。

組織應該從健康狀況和市場塑造者配方，來理解其行業和策略。然後，採用多角度的方法，將可獲得更符合所需的領導力模型，這個模型能與組織的績效目標更緊密連結。例如，在歐洲有一家國家級醫療保健服務提供者，其核心精神是致力於不斷改善對病患、人群和健康的照護，並且追求物有所值。那麼此處的需求是，領導者有能力在地方合作夥伴關係中發展醫療保健系統，需要富於同情心、包容力和有成效的各級領導者，需要有關如何改進的知識，需要學習，以及需要促進監管和監督。⑦

除了行業限定和組織限定的領導力行爲，還有一些領導力行爲應該考慮。我們的研究確定了四種應該隨時保持的「基線行爲」，亦強調務必建立適應性，幫助領導者在不斷變化的環境之間過渡。

Q7 領導力開發的回報是什麼？

在第六章，我們討論了測量領導力開發措施影響的重要性。通常是測量四個元素：

- 參與者的反應
- 學習的程度
- 行爲變革
- 組織影響

我們不會測量學習措施的投資回報，因爲要準確隔離培訓的影響並不容易。

然而，還是有一些方法可以思考實際回報，而且它們的結果都指向同一方向：回報很大。首先，是領導力開發計畫參與者執行的「突破專案」，這是超出他們日常工作範圍的任務，我們可以量化「突破專案」在財務方面的影響。這些專案的影響可能是增加收入（例如新產品或市場成長）、降低成本（例如透過採購節約計畫），或改進流程和工作方式（例如可以加快上市速度及提高每位員工的效率）。根據我們的經驗，「突破專案」的財務影響，往往值得爲領導力開發計畫付出成本。

其次，我們一向建議測量這對組織健康，尤其是對領導力開發的健康結果有何影響。但是，組織還可以更進一步。那就是大致估計領導力開發計畫（與其他健康相關的措施分開）對整體健康的影響，然後以基準估算健康成長對財務的影響。我們的研究追蹤了多家公司十二個月，研究結果顯示：致力於績效和健康的組織，在十二個月內將健康狀況提高了四到六個百分點，EBITDA（未計利息、稅項、折舊及攤銷前的收益）成長了18%（對比標準普爾500公司同時期的11%成長率）。

第三，組織可以根據領導力開發計畫所需的績效改變，計算償還成本的收支平衡點。這個收支平衡點通常很小。例如，假設某個全組織範圍的領導力開發計畫耗資五百萬美元。如果你檢視可以透過領導力提高的財務績效（例如，每名員工的銷售額、每名員工的產出量、資產績效），那麼平均員工（中間的五成）的績效必須提高多少，領導力開發計畫才可償還成本？這個數字往往非常小，絕對的績效需求仍然低於績效最高的前25%的員工。換句話說，透過更好的領導力，就有進一步改善的空間。

本質上，這些不同的方法都得出相同的結果：**領導力開發的回報很大，是相關直接成本的許多倍**。此外，如前文所述，組織通常都有編列學習與發展的預算，亦即資金是現成的。你的義務是必須更有效地使用這筆預算，而非爲領導力開發撥出新資金。

Q8 組織可以使用哪些人力資源工具來提高領導力效能？

本書的重點是利用領導力開發措施做爲主要方法，強化組織的領導力效能。以下我們檢視可考慮的其他工具，可區分爲兩個主要方法：

- **改變環境**：指組織的結構、領導力角色和員工承接的任務，以及組織如何安排及激勵員工。
- **改變人員**：指改變員工行爲的方式。

改變環境

組織結構

我們對領導力的定義是「領導力是一組行爲……得到相關的技能和心態支持」。有些組織的結構或多或少會有利於特定行爲。例如，你希望領導者更能合作共事，但這在具有強大、垂直部門結構的組織（有時稱爲穀倉組織、地理或基於產品的部門或功能）可能很難實現。穀倉組織的替代方案是矩陣組織，這一類型組織的成員同時是許多團隊的一分子。在美國有超過五分之四的員工都經歷過這種工作。⑧矩陣式組織的功效尚不明確，它的權威和責任未能清楚界定，而且渴求的領導行爲也很容易大打折扣。但是，它能結合速度與穩定性，使工作方式更爲靈敏，因此成爲行爲和心態改變的肥沃基礎。

組織流程以及決策權位於何處

舉例來說，假如你想要促進更快速的決策，但是員工卻凡事需要層層簽核，那麼這種組織的結構將無法配合（或服務）速度和果斷的行為。或者說，如果你想要更多授權，但是所有權限（或合規性、治理）都歸某個人掌握，那就必須變更權限才行。

員工動機，尤其是領導者和頂尖人才

改變整個組織中用來激勵和留住人才的人力資源流程，可以對行為和領導力效能產生深遠而持久的影響。在這方面，了解與測量非常重要。數據分析學對人力資源領域很有幫助。⑨ 預測型人才模型則是能夠快速辨識、招募、培養及保留合適的人才。對應人力資源數據，有助於組織辨識當前的痛點並制定改善措施。然而，令人驚訝的是，數據所指出的方向，未必都能符合經驗豐富的人力資源主管內心的期望。⑩

改變人員

策略性勞動力規畫

這個議題已經包含在前文的故事中，此處的新內容是關於高階分析如何運用在策略性勞動力規畫。藉由高階分析，我們可匯集大量關於人才需求（與策略有關）和人才供應（向外部市場探尋）的數據，然後按照地理、業務部門、層級和特定技能類型需求，進行分解。演算法還能預測未來的變化，例如某個變化對於成長的影響、新產品系列發表，以及像是依層級區分較高的人員流失的風險模型。分析學能協助我們從「回顧的數據」轉變為「前瞻預測的洞見」、從「判斷」轉變為「有事實依據的決策」、從「戰術決策」轉變為「策略規畫」。

接班規畫

根據美國全國企業董事協會（National Association of Corporate Directors）於2014年所做的一項調查，全美國有三分之二的公營、民營公司沒有正式的執行長接班規畫。2015年，那些告訴獵人頭公司光輝（Korn Ferry），他們確實有這類規畫的高階主管，只有三分之一對結果感到滿意。⑪所以說，接班規畫並未受到充分利用，也不夠完善。好的接班規畫可以透過三種方式與領導力開發結合：長期性、在領導力標準方面，以及在選擇方面。

首先，接班規畫應該是與領導力開發結合的多年型結構化流程，然後執行長接班就會成爲主動開發潛在候選人的措施所自然得到的結果。例如，有一家亞洲公司的董事長任命了三名潛在執行長擔任聯合營運長。然後，每兩年讓他們輪流擔任銷售、營運和研發的領導者角色。最後有一名被剔除，剩下兩名競爭大位。

其次，下列三項標準可協助公司評估潛在的候選人：專業知識，例如技術知識和行業履歷；領導力技能，例如執行策略、管理變革或激勵他人的能力；以及個人屬性，例如人格特質和價值觀。這些標準應該符合企業的策略、行業和組織要求。例如，從五到八年的角度來看。

第三，執行長接班規畫可能會導致偏誤，其結果是任命了特定的人選。我們都知道決策總是會有偏誤，但是在執行長接班規畫方面，以下三種偏誤似乎最爲普遍：受「更像我」（more of me）偏誤影響的執行長，會尋找或試圖製造自己的副本。受到破壞型偏誤影響的現任者，會有意無意地提拔可能尚未準備好（或太軟弱）的人選擔任最高職務，因而破壞了接班過程，也因此可能延長現任執行長的任期。當負責接班流程的委員會有意無意地迎合現任執行長或董事長的觀點，就是羊群偏誤正在發揮作用。

招募策略長期下來可能會產生巨大影響，必須與領導力模型結合。某些招募可視爲組織價值的延伸（例如，基於價值的招募），它是利用其品牌或被感知的價值，來吸引志趣相投的應徵者。同樣地，爲了克服一致性偏誤，需要尋找的員工可能是來挑戰組織公認的智慧與價值觀。如今我們可使用「人員分析」改善招募結果並消除偏誤（例如在多樣性方面，請參閱第十四章的問題三）。

| Chapter 14 |

領導力相關趨勢常見問題

艾蜜莉・岳&瑪麗・安德拉德&尼克・范丹／執筆

自動化、數位平台以及其他創新，已翻轉了工作的性質。麥肯錫全球研究所（McKinsey Global Institute）最近發現，根據目前所呈現的科技，全球有六成的工作至少有三成的活動可以被科技自動化。[①]意思就是說，大部分的工作會改變，更多人必須和科技一起工作。這種現象不分已開發或開發中國家，因此對領導者的要求以及領導力開發，都必須隨之調適。本章要討論的是未來工作的方向，以及對領導力的影響。此外，我們還會檢視影響學習的最新科技趨勢。

Q1「工作世界」的改變如何？

工作世界正在改變，速度之快或許史無前例。我們在第三章重點討論了和領導力有關的六個重大趨勢，這些趨勢都發生在一個充滿挑戰性的廣大環境：有人說，我們正在體驗第四次工業革命。[②]

第一次工業革命（1760年到1840年）帶來機械化和蒸汽動力；第二次工業革命（1870年到1914年）帶來化工業、電氣化和大量生產；第三次工業革命（1960年到1990年）帶來電子和數位通信；如今，我們正處於新的工業革命。[③]這一波轉型將在

2020年之前順利進行，它的特色是以往互不相干領域的發展，像是人工智慧和機械學習、機器人技術、奈米科技、3D列印，以及基因學和生物科技。④

第四次工業革命將轉變我們的生活與工作方式。以工作來說，許多現有的工作將會消失，也會有目前尚未存在的工作將迅速成長。

克勞斯·史瓦布（Klaus Schwab，2016）爲世界經濟論壇（World Economic Forum）撰文，指出第四次工業革命與第三次工業革命有下列三處不同：

- **速度**：此次革命是指數型而非線性。
- **廣度和深度**：它立基於新的工業革命，並且結合多種科技。這種新組合模式，可望在經濟、商業和社會方面實現前所未有的典範轉移。
- **系統影響**：它涉及系統的全面轉型，包括國際、國家、公司、產業和整體社會。⑤

它的影響十分徹底。2013年牛津大學的一項研究總結指出，由於科技和自動化等因素，未來二十年已開發國家的工作流失率將高達47%，藍領和白領階級都包括在內。⑥這項趨勢在已開發國家中是一致的。⑦傳統製造業在這條路上走了很長一段時間，例如汽車業，目前的車廠幾乎已全面自動化。許多勞力密集產業亦然，例如亞馬遜的最先進自動化倉儲（和試驗中的無人機送貨部門），以及第一家完全自動化的餐廳（包括點餐、送餐和其他部分活動，甚至連烹飪也是）。

然而，接下來輪到更多的中等收入勞工，如會計師、律師、官僚和金融分析師。對這些工作者來說，電腦的效率愈來愈高，可以分析大量數據並從中獲得洞見和解決方案。如本章開頭所述，我們的最新研究發現，現有技術可能對六成以上的工作產生重大影響。我們針對全球計算得出，應用當前已知的自動化科技可能會影響世界經濟的五成。⑧但是，如果科技繼續呈指數型發展，這個數字可能會進一步提升。

一個相關的趨勢是「去中介化」（dis-intermediation）。錄影帶出租連鎖公司百視達（Blockbuster）全盛時期在全球擁有九千多家店面，卻在2010年宣告破產。⑨百視達和一般錄影帶出租店業務受到網飛（Netflix）等線上供應商干擾，被切斷了（實體）中介的錄影帶出租業務。網飛公司讓用戶可以線上瀏覽、租看及支付電影費用。此外，演算法還可依據用戶的喜好、評語和以前的租看歷史來推薦電影。其他行業（包括零售、保健和教育）亦開始感受到去中介化的影響。⑩

有的工作會消失，也有工作會被創造出來。有一項報告推估，今天的小學生到了將來出社會時，會有65%的工作是目前尚未存在的。⑪下列未來工作只是舉例說明十到十五年後的世界會有多不同：無人機操控員、3D列印設計師、遠端保健照護專員、智慧型家居技工、數據視覺化分析師、虛擬化身經理、虛擬實境體驗農夫、垂直農法農夫、社群網路長，以及專業部族。⑫

技能和知識將以更快的速度沒落及發展。四年制的技術學位課程在第一年獲得的知識，可能有很大一部分到了畢業時就已經過時。除了科技化技能或硬性技能，雇主同樣重視與工作有關的實作技能，例如內容創建或判斷資訊相關性及目的，而這些技能在未來幾年可能也會發生重大變化。⑬

Q2 工作世界瞬息萬變，對員工未來十年的技能要求有何影響？

關於員工和組織必須發展哪些技能才能繼續茁壯成長，這些趨勢有何啓示？世界經濟論壇的《就業前景報告》（*Future of Jobs Report*）對於未來所需的技能提供了全面性概觀，它指出2020年在職場最重要的技能有：⑭

1. 解決複雜問題
2. 批判性思考
3. 創造力
4. 人員管理
5. 與他人協調
6. EQ
7. 判斷力與決策力
8. 服務取向
9. 協商
10. 認知彈性

其中值得強調的是下列幾項技能的重要性：解決複雜問題、批判性思考（解決適應性挑戰，而非技術挑戰）、確保持續創新的創造力，以及與人有關的技能。未來對創造力的需求尤其顯著，目前正在迅速成長中，因爲這是人類獨有的，無法自動化。

另一份報告的內容與上述技能一致，然而，該報告發現，將認知與社交技能結合的能力，是未來最重要的。⑮它認爲，科技進步使社交技能變得愈來愈重要，而非無足輕重。該研究與麥肯錫的研究結果密切相關，包括指出中心化領導力的重要性。中心化領導力的基礎是高度自我覺察，有助於建立更快速適應環境變化的能力。

除了上述跨領域技能，我們相信專業知識也有愈來愈蓬勃發展的趨勢。獲取知識的速度和業務的整體速度一樣，都是日益加快。有人認爲，如今維基百科隨手可得，淺薄的通才時代已是明日黃花。[16]這個現象亦反映在世界上許多地方，例如具有通才學位的管理人員正逐漸減少。我們相信，知識工作者的傳統「T型」路線已經不夠用，工作者必須終身學習，反映出新的「M型」模式（請參見p.338的圖14.1）。[17]二十一世紀的世界仰賴人們建立知識資本的能力，它將是價值的基礎。人們需要在整個職業生涯中掌握多個領域，才能持續不斷成爲高手。

最後，值得特別談到科技：它無所不在、支持工作上的許多變化，與未來所需技能的轉變亦息息相關。在2015年，歐洲的十六歲至七十四歲人口中，有幾乎半數的人（44.5%）數位技能不足以參與社會和經濟。[18]關於數位能力的架構，請參見p.340的圖14.2說明。

Q3 不斷變化的工作世界，對領導者和領導力開發的意義是什麼？

首先，領導者必須具備在問題二所提到的技能：

- 解決適應性問題及創新的能力
- 人員管理
- 中心化
- 終身學習能力（發展「M型」專業知識）
- 知道如何使用科技

然而，我們發現領導者還有其他四項技能要求值得一提。這

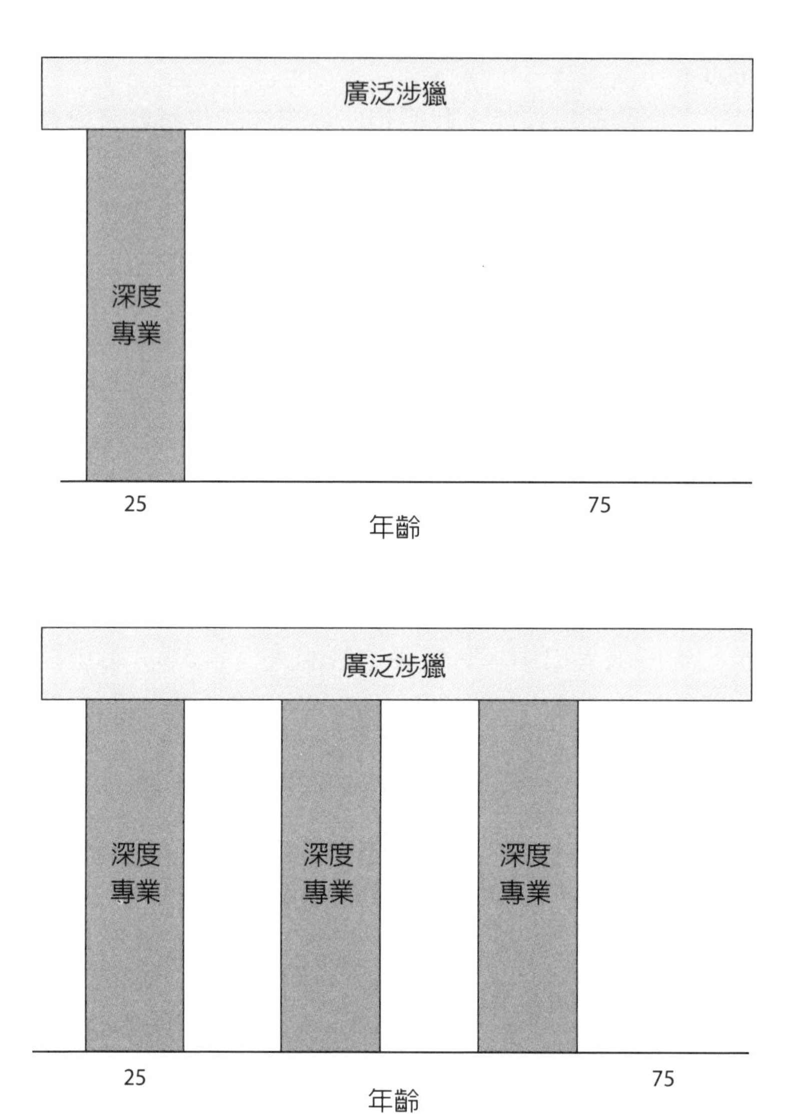

圖14.1　從T型到M型：知識工作者的新型態

四項並非全部，而且它們與前述技能有關。雖然如此，我們認爲它們是未來領導者的關鍵技能，應該特別強調。

對領導者的前三個要求涵蓋三個不同的層次：分別是組織生態系統、組織本身和個人。第一個層次是有能力管理日益複雜的生態系統。從歷史發展來看，價值鏈是線性的，建立在特定的最終產品和服務。但是，過去幾年我們看到了分散式工作場所和零工經濟浮現。到了2020年，美國可能有50%的勞動力是自由業（兼職和全職）。[20] 許多組織外包給第三方的工作愈來愈多，例如有許多製藥公司的大部分研發工作已不再於內部進行，而是與生態系統複雜的夥伴們合作。存放在「雲端」軟體服務的資料數量不斷攀升，大型組織的帳簿上不一定擁有大量實體資產。這些「任何點對任何點的生態系統」都是建立在創造價值的互動之上，而這些互動是指迅速適應新的需求和想法，這在很大程度上歸功於我們所在的世界變得更加VUCA（易變、不確定、複雜、模稜兩可，請參見第三章中的重點介紹）。因此，領導者必須學會如何駕馭這些生態系統、以靈敏的方式協作，以及規律而迅速地適應。他們需要掌握策略並在系統層次上執行，而且能夠激發並影響他們所處的生態系統。這一切往往是與他們可能素未謀面的遠端合作夥伴共同達成。

其次，領導者將不得不管理更爲靈敏的組織。世界愈來愈VUCA，不僅影響組織的生態系統，也影響組織本身。我們在研究中發現，最善於駕馭複雜操作環境的組織，是因爲能夠將穩定的操作流程和結構，與動態能力（流動性和速度）結合。想要促成這項動態元素，需要更流暢的目標設定、結構、流程和個別角色說明。此外，隨著科技透過自動化和數位化，接手了愈來愈多日常營運工作，這又進一步增加了專案取向知識的工作量。這意

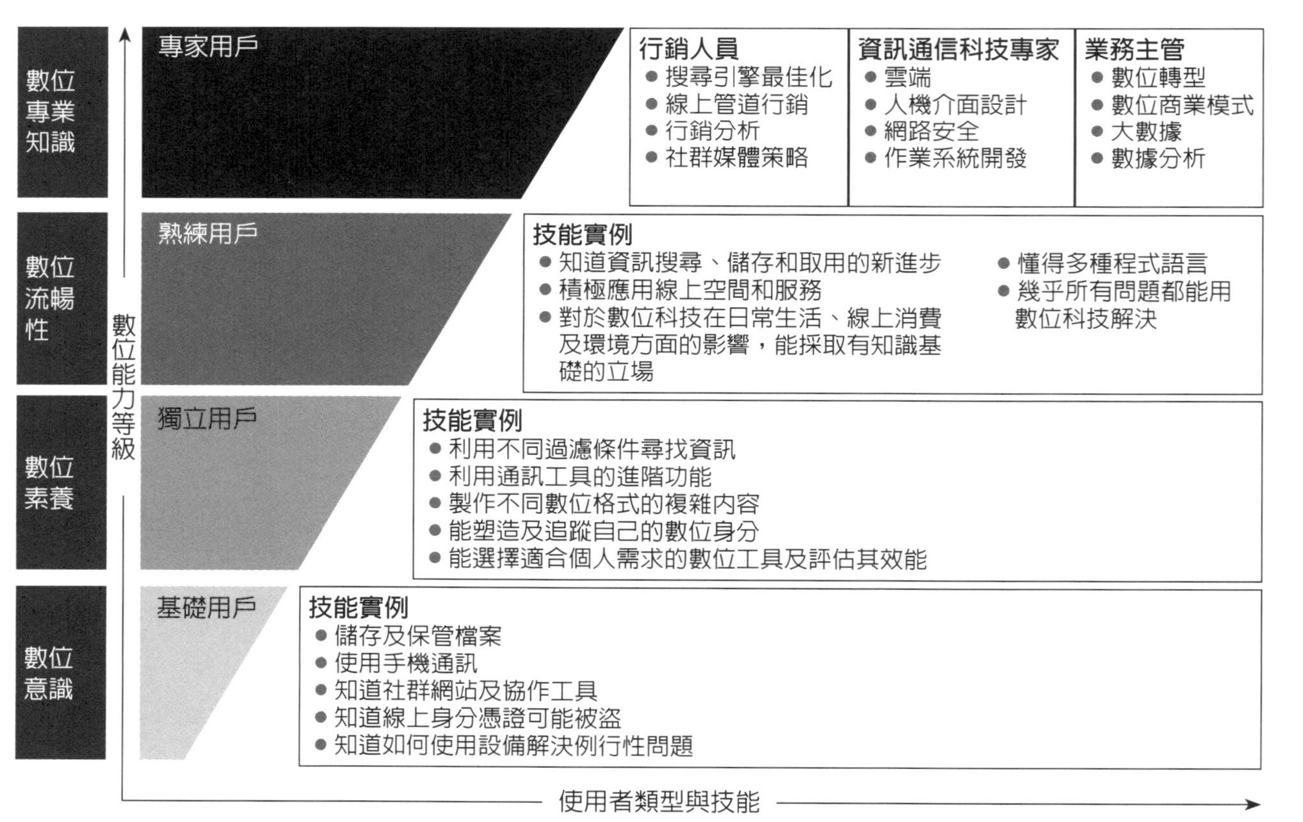

圖14.2　數位能力架構 [19]

味著新的組織典範，其基礎是跨職能「細胞」，這些細胞具有端對端（end to end；譯註：指關注輸入端和輸出端，但不執著於過程，可免於僵化、繁瑣）的責任，以及快速調整優先順序，並根據需要進行重新配置的能力。有部分人士認爲，這簡直是「炸毀了」中階管理人員，因爲上司的角色分散到了不同職位。在實務上，這可能是指團隊負責人教導團隊成員，資深的「工作排序人員」提供日常和每週優先事項的指導，而負責開發人才的專人則是要確保個人正在學習並具備工作所需的必要條件。㉑這種情況與傳統的階層式經理一人包辦所有角色，形成了尖銳的對比。隨著組織邁向更敏捷的工作方式，領導者必須了解自己的角色，以及如何使所有員工有最大程度的投入。

第三，領導者必須管理的人，有愈來愈多比自己更具備專業知識。儘管建議領導者「應該與更多聰明人共事」這句話是老生常談，但由於下列原因，這句格言益形重要。首先，知識的標準正在提高。知識生成的速度比任何人完全掌握知識的能力更快（實際上，甚至有人說人類每天都變得更笨），因此需要很多專家協作解決複雜的問題。其次，員工的教育程度更高。第三，日益分散的經濟、靈敏的組織和自動化，將導致組織扁平化，每個領導者手上的知識工作者比例更高。

領導者需要（爲自己）從許多學科獲得愈來愈多專業知識和見解，這不只是單純爲了建立關係，而是因爲要管理比自己聰明的人。因此，領導者必須能夠以問題領導並迅速綜合新資訊。

比如說，在麥肯錫，我們即專注於發展參與經理（專案經理），他們樂於當個非全知全能者。然而，他們需要能夠提出正確的問題，並匯集廣泛的見解而成爲有意義的建議。如今，在爲期八週的參與過程中，參與經理能夠領導那些精於深層內容研究的分析專家、具有十年以上資歷的實施專家、有數位背景的同事，以及人在遠端、擔任解決方案專家角色的產品專家（例如，關於人員分析、客户中心設計或財務分析的專家）。這需要一套新技能（提出正確問題並進行整合），也需要新的心態（例如開放、謙卑）。

領導者也必須能夠培養員工的責任感和眞正的權能，而且能激勵員工並使工作對他們具有個人意義。以個人意義來說，關於規則的「控制」概念正在消失。儘管規則永遠不會消失，但領導者必須更常使用有意義的價值觀來指導員工的行爲，而員工將擁有更多自主裁量權、自由和責任心。正如我們在領導力階梯所見，最高四分位數組織的領導者重視價值觀和角色模範，而所有組織最終都將「更上一層樓」，並且需要這種形式的領導。

最後一點，領導者必須能夠率領組織進行數位化轉型。我們在前面討論過，「了解科技」是未來知識工作者的核心技能之一。但是，領導階層的義務超越了這一點。組織在未來十年將面臨的最大挑戰之一，是大規模培養能夠駕馭數位化轉型的領導者。這幾乎涉及所有業務領域，規模之大前所未見。無論喜歡與否，所有組織都處在科技火線上。[22]

組織的數位化需求與十年前完全不同。所謂「數位化轉型」的涵義，已經從創建行動狀態、數據探勘和虛擬協作，演變爲人工智慧、自動化、機器學習和物聯網。但是，只有大約50%的高階主管認爲自己的數位智商很高。[23]這是一個巨大的挑戰。**組織將需要培養了解科技內涵且能改變組織的領導者**，不僅是與科技共處，還要能夠積極地追求領先科技。同時，領導者需要同情正在經歷轉型的員工：他們可能因自動化程度提高和所需的新技能而感到焦慮。

Q4 一般而言，「未來的工作」將如何影響組織學習與發展的方式？

我們在前面的問題中看到，未來所需的工作和技能正在迅速改變。再加上員工的壽命更長（請參見圖14.3），這對員工和整體組織來說，都是終身學習的強大推動力，我們無處可逃。這不僅與領導力開發有關，與更廣泛的學習和開發也脫離不了關係。

正如我們在第六章所見，領導力開發與文化密不可分，領導力開發的結果（若正確完成）是組織文化的轉變。對於學習與發展而言，同樣如此。如果有效促進持續學習的學習策略能夠成功，其結果正是能促進學習的文化。

我們主張，所有組織都必須成爲學習型組織。學習型組織並非新概念，但它的重要性正與日俱增，學習與發展的角色在未來

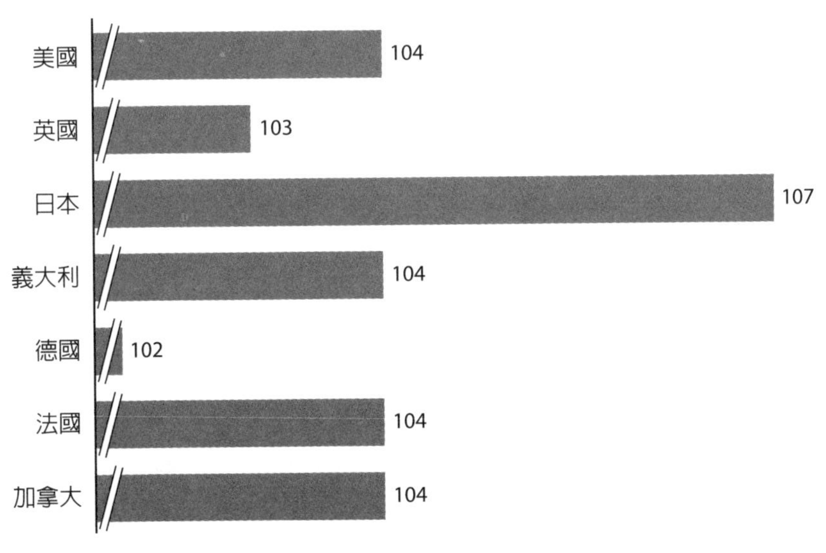

圖14.3　預測2007年出生的嬰兒其中50%的壽命[24]

會變得日益重要。「學習型組織」這個術語，是指公司能促進學習、不斷自我轉變，並成爲員工感到投入的場所。以彼得．聖吉的觀點爲例，他認爲學習型組織具有下列五個特徵：系統思考、自我超越、心智模式、共同願景和團隊學習。這個概念已被廣泛接受，許多公司正在奉行這些方法。㉕2003年，馬西克與沃金斯（Marsick and Watkins）兩人開發出名爲「學習型組織的面向」（dimensions of the learning organization）的調查問卷，該問卷可以協助組織診斷目前狀態，並在需要改變的領域提供指導，例如學習機會、對話和探究、協作與團隊學習，以及知識績效等。㉖

最近，哈佛大學的研究人員凱根與拉赫提出了「蓄意發展型組織」（DDO）的觀念。他們相信只要蓄意發展每個人，組織就會蓬勃發展。原因很簡單：因爲這種努力呼應了人們最強烈的動機，那就是成長。這意味著組織應該擁護的文化，是對於學習的支持已經融入到職業生涯、公司的日常營運、日常工作和對話中。每次會議和互動，都是實現學習目標的機會，而蓄意發展型組織則努力不懈地追求業務卓越，同時使人們的能力持續成長。㉗

因此，未來的工作不僅對領導力開發有新要求，對更廣泛的學習與發展亦然。組織必須成爲眞正的學習型組織，才能在不斷變化的環境中適應得更好。欲建立學習型組織，不僅需要轉變組織的結構和流程，也需要轉變組織的基礎文化。組織若能掌握此一轉變，並且比競爭對手「學得更快」，將能獲得寶貴的競爭優勢。在個人層次，重要的是人們必須意識到繼續學習和成長的必要性，才不會被勞動力市場淘汰。他們需要接受終身學習的心態。㉘

Q5. 組織是否應該改變千禧世代的人才和領導力開發系統？他們有何不同？

老一輩的人總是會看到自己和下一代之間的差異，如今我們看到這種模式正在發揮作用：有大量文章和評論員稱時下的年輕人為「千禧世代」，據說這些工作者很難管、可能會說辭職就辭職、從小就自以為與眾不同，並且容易犯錯，因為他們會盲目衝撞，不管你准不准。我們的研究卻顯示一個更複雜的現實。

千禧世代成長於VUCA（易變、不確定、複雜、模稜兩可）世界，他們經歷過的重大事件，信手拈來就有柏林圍牆倒塌、911攻擊、2008年金融危機、伊拉克戰爭、阿拉伯之春和占領華爾街運動。同一時期還有全球資訊網創建，以及智慧型手機普及率爆增。千禧世代總是充滿活力並渴望改變、具有質疑一切的精神、充滿創造力和點子，傾向於用行動檢驗思想，以及願意大聲疾呼。[29]最重要的是，千禧世代表達了一種期望，這個期望也是廣大工作者都能感受到的，亦即渴望工作與生活的意義、靈活性和自主權、更多回饋和導師指導、快速進步，以及能延伸自我能力的任務和多樣化。請參見p.346的圖14.4。

那麼，我們對千禧世代的想法，如何成為重新思考工作場所的機會？我們的研究指出了許多最佳作法，包括關於千禧世代學習與發展的想法。整體來說，這些想法代表許多組織的工作場所新動態。雖然這些想法是受到年輕員工的高度期望所激勵，卻能滿足更大需求，那就是所有工作者與雇主之間的更圓滿關係。[31]

- **投資實習計畫**：啓動或繼續實習計畫可能會有裨益，能確保實習生可以完成眞正的工作並獲得實在的機會。我們採

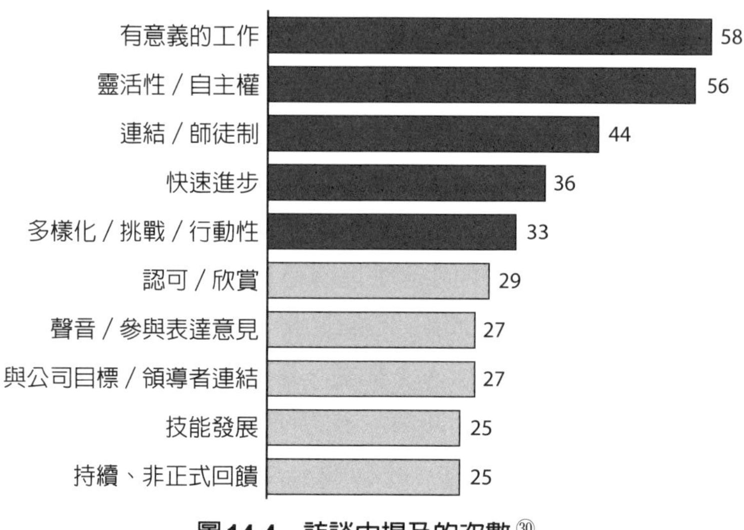

圖 14.4　訪談中提及的次數[30]

訪的大量千禧世代，即是以這種方式進入工作，他們讚賞雇主的投資，並且以忠誠回報。

- **利用輪替計畫增加接觸和選擇**：對許多千禧世代而言，輪替計畫是職業生涯的最高點。最好的計畫是提供參與的千禧世代一些選擇，藉由興趣輪替而使工作適合他們。
- **調整回饋流程，以提高開發重點的規律性**：許多組織正在改進回饋流程，目的是支持定期實施的前瞻性諮詢，這類諮詢的進行方式偏重成長而降低判斷。年輕領導者表示，他們寧願立即知道自己的開發需求，不想等到評估。
- **增加調動和企業機會**：千禧世代希望每十二到十八個月就能面臨成長／調動機會的挑戰。雖然組織可能無法定期調動所有員工，但可以改進端對端的發布、調動人員並使流程更順暢、向高績效人員提供定期調動、將晉升調整為調動，並且定期讓年輕的領導者負責重要的跨職能計畫。

- **建立師徒制文化**：許多組織都有師徒制計畫的經驗，但這些計畫的結果不盡相同。在許多情況下，組織所需的是使師徒制成爲組織文化和DNA的更核心部分。我們認識的某個組織，會將每位新員工與其所屬領域的資深人員建立連結。另一個組織則是系統地利用在職影子學習，在每週一次的全體員工會議中，讓年輕的專業人員與高階領導者針對關鍵決策進行互動。
- **引入或增加靈活性**：組織提供更多選擇和靈活性，已經變得愈來愈重要。雖然工作總會有某些限制，但如今人們認爲工作是生活的一部分，而非與生活分離，這對遲遲無法提供靈活性的組織是很不利的。我們看到一家媒體科技公司是一個很好的例子：它使靈活性成爲經理和員工之間的個人契約。因此，表現出色的人可以接受每種形式的靈活性。另一家公司是規定一個重要時段，所有員工都必須在辦公室，除非正在路上。這麼做，使領導者可以召開臨時會議，此外每名員工可自由決定如何利用這段時間。我們還看到有些組織爲了延長育嬰假而制定新政策。由於重視家庭的年輕領導者愈來愈多，這政策對他們來說眞是一項寶貴的好處。
- **提供表達和回饋的雙向管道**：千禧世代希望被傾聽。許多組織都會舉辦定期的員工大會，也因此而獲益。這些員工大會的規模很小，任何人都可大聲說出意見，同時也有結束發言的流程。在另一家公司，高階領導者會加入年輕領導者的業務資源小組，藉此傾聽及回應。我們還發現新的向上回饋流程的實例，年輕領導者可以透過這種方式評論上司。千禧世代會評鑑他們的教授，早就習慣了這樣的流程。

- **自組早期職業資源小組**：某些組織為年輕領導者提供了自組小組的選擇，包括提供專業發展預算、有業務影響力的計畫之預算和任務，以及高階領導者的指導和支持。
- **利用研究／數據探勘來改變思想和觀念**：時至今日，獲取事實非常重要，有些公司已經成為這方面的領導者。他們利用消費者行銷部門，完成有助於業務的原創性消費者研究，並在內部廣泛共享。有一家公司設計了培訓活動，使跨世代領導者匯聚一堂，藉此改變心態。組織至少可以按照世代分別調查員工的敬業度，並且徵求千禧世代的意見。這麼做可能會展開有價值的討論。

另外，我們還發現了其他工具或流程的絕佳實例。有一些公司為他們重視的千禧世代提供專門的培訓和發展（這些千禧世代發展重點的一部分）。有其他公司為千禧世代量身訂做課程（提供數十種培訓課程，幫助他們選擇自己的學習途徑）。有許多公司已經透過網站、行銷材料和一對一互動的方式，修改了招募大學畢業生的敘事模式。以上這些作法，共同描繪了公司可為千禧世代做和應該做的事情（請參見圖 14.5）。

要完整實施圖 14.5 的建議清單，並不容易。因為它們透過建立領導者、經理和員工互動方式的新標準，改變了工作的本質。但是，如果這些作法確實有所進展，組織不僅能留住年輕的專業人員（他們最終可能成為領導者），也會釋放他們的潛力，同時提高組織全體員工的參與度。

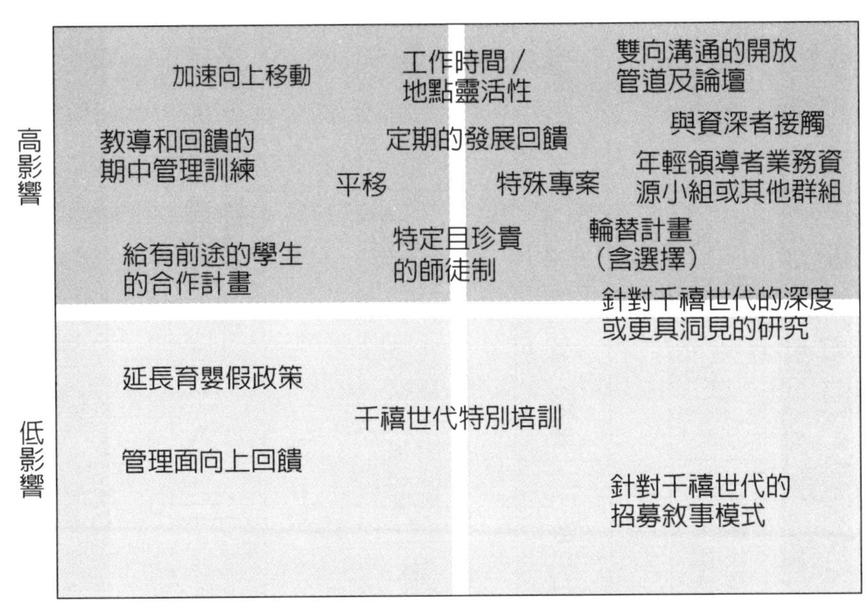

圖 14.5　行動的相對影響[32]

Q6 科技如何影響學習措施的實行？

在現代成人學習領域，幾乎所有類型的學習都受到科技的深刻影響。p.350的圖 14.6是主要學習類型的概觀，圖中顯示兩種主要類型：正式學習（包括在教室或線上進行的計畫型學習）和非正式學習（包括職業學習、隨選學習和社交學習）。從宏觀上看，科技正經由數位化的發展，影響這兩個領域，藉此讓員工有更好的準備以應付工作所需。

正式學習約占學習的10%，由組織決定如何安排。組織會依據所要開發的職能，決定哪些人員、在多長的期間、採取何種形式、學習怎樣的內容。正式學習的分量有限，但是在培養人員能

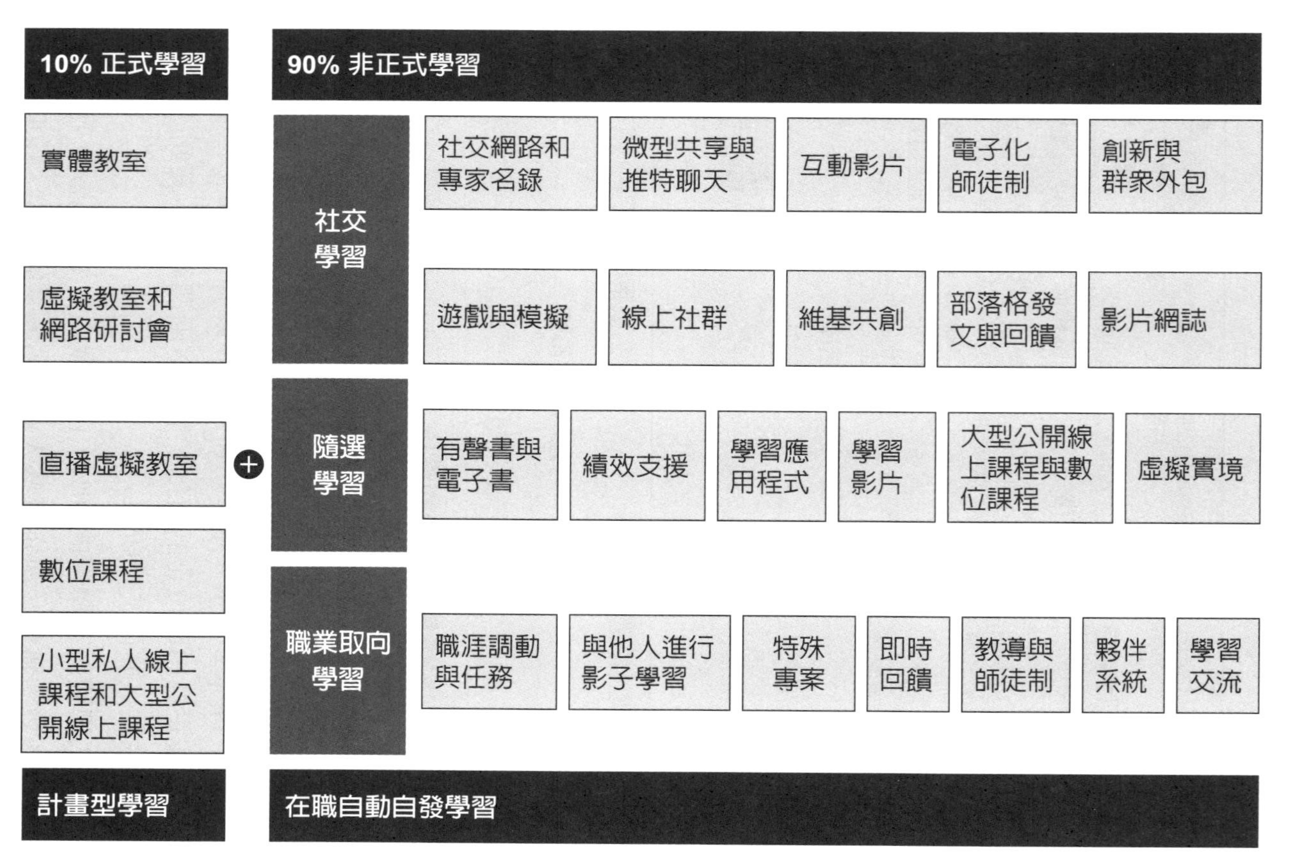

圖 14.6　正式與非正式學習[33]

力及加強文化規範方面，占有重要地位。重視人員發展的組織，會提供更多時間給正式學習。根據人才發展協會（Association for Talent Development, ATD）的《2016年全球行業狀況報告》（*2016 Global State of the Industry Report*），2015年每位員工得到的正式學習內容平均爲33.5小時，而最佳組織在2015年提供每位員工的學習時數爲42.7小時。[34]

正式學習可以在教室（實體或虛擬）進行、藉由自訂進度的數位學習軟體（例如線上培訓、大型公開線上課程〔MOOC〕或小型私人線上課程〔SPOC〕、網路研討會和學習應用程式），以及提供線上診斷與評估工具，例如情緒商數（EQ）和邁爾斯－布里格斯性格分類指標。在2015年有50%的正式學習時數是親自上課，2010年則有60%。這種趨勢是有愈來愈多人利用科技進行正式學習。[35] 2016年，大型公開線上課程的訂閱者超過了五千萬，雖然這些人不一定會上完所有課程，但它顯示人們對數位化學習的興趣很高。隨著大型公開線上課程被正式認可（例如發行可靠的成就證書），它們將支持大規模且快速的勞動力技能提升和技能再學習。

非正式學習約占學習的90%，可定義爲半結構化或非結構化學習。它的動機是員工的日常發展需求，而且通常是藉由解決問題、與同事互動以及使用數位學習解決方案，在工作上自動自發進行。如圖14.6所示，非正式學習可分爲下列三個不同類別：職業取向學習、隨選學習和社交學習，每一種都無法免於科技的影響。

1. **社交學習**：依亞伯特·班杜拉（Albert Bandura）的理論，人們與他人就特定主題互動時，學習效果最好。科技可以利用線上社群、群眾外包知識、遊戲化、徽章和獎勵，以及互動影片來增強這個過程。

2. **隨選學習**：我們傾向於尋找知識和資訊，來幫助我們工作得更順利、更聰明、更深入。網際網路、搜尋引擎、電子績效支持系統，以及行動計算功能的成長，使取用豐富資訊來填補知識空白，變得更便利。科技讓我們能在正確時間取得正確資訊。例如，可以透過應用程式、有聲書與電子書、學習影片和虛擬實境應用程式，達到目的。許多人面臨的一大挑戰是資訊超載，以及很難知道自己需要什麼。所以，人們可能會浪費時間搜尋及瀏覽各種入口網站。如此一來，研發部門即需要設計學習平台，提供個性化的學習概觀，並有社交媒體功能支持（例如，評分、推薦和相關內容）。科技還可以利用了解用戶的喜好以及預測何時、經由什麼管道、需要什麼類型的內容，來增強此一過程。

3. **職業取向學習**：當員工擔任不同的角色或從事新專案時，他們面臨的挑戰，是必須在不同背景下與不同的新團隊一起工作，完成不同的目標。這將產生重大的學習活動。如果這些經驗能得到在職教導和師徒制的支持，並有正式的教室學習和數位學習計畫輔助，效果會很好。科技可以透過模擬（例如，進入新文化背景時）、助推（nudges）和即時回饋，來加強員工對新角色的準備。在需要新行為時（例如，更多授權、啓發型領導力），這個作法特別有用。

在正式和非正式的學習管道中，科技顯然大獲進展，數位化正在持續擴大。同時，還有許多更具體的科技趨勢。以下我們總結十項數位學習方面的重大轉變，但是這一份清單絕非全面（各項轉變也不是完全互斥）。這十項轉變有的就在此時此地，也有一些是「未來實踐」，在市場上還沒有完全成形。

● 微型學習

在2000年代，研發部門往往採取有限的傳遞方式，例如直播學習、網絡研討會和電子化學習。但是，如今人們正以較小分量的形式接收資訊，因此內容必須以更加靈活的方式傳遞，並且允許消費者以更短的週期消化。現在的學習已經加快了速度，進而考慮到終端使用者的生活風格與喜好，提供一到五分鐘的模組，以小口零食的形式處理熱門話題的討論，而且不是採用文件形式，而是涉及各種媒體。

● 個人化

消費者期望產品和服務個性化的程度不斷提高，例如，客製化咖啡訂單、線上購買的量身訂做服裝，以及根據搜尋歷史建立的推薦音樂播放清單。同樣地，學習也變得愈來愈個性化且具有適應性（如一人教室）。使用者可以根據需求選擇自己的學習課程，並能按照自己的步調前進。

此外，學習正變得有智慧和「適應」。探索適應性學習是學術界當下的研究主題（實際上它可追溯到私人導師，以及菁英大學那種高度個性化學習對話的時代）。適應性學習讓個人成為學習交流的核心，它的基礎是每個人在學習環境的表現。適應性學習系統會依據個人情況進行調整，包括針對問題領域量身訂做的回饋和建議補救措施、根據你的喜好量身訂做的傳遞方式，以及內容管理。

例如，在麥肯錫，我們為那些尋求複製真實案例的參與經理，於線上模擬使用適應性學習。使用者會面臨「現實」情況，並且在專案的關鍵點上，被提示從複雜選項中做出決定。我們從模擬中提取數據，然後提供個人化的回饋和學習建議，做爲他們在工作上改進時的參考。

你可以想像一個極端情況：有一名與你的日程表緊密結合的「個人助理」，它會根據你的特定需求，全天候提供量身訂做的學習「要點」(例如，在見執行長之前觀看有關行業趨勢的短片，或是向團隊會議提出新策略之前，提供你啓發型領導力的技術)。個人化學習將使學習與你的日常工作有更加密切的連結。

● 證據取向的學習和使用大數據

數據和人工智慧與本清單的大多數趨勢都有關係，此處是指用於增強學習過程的數據，包括所教的內容（例如查看課程完成度與工作成功之間的相關性）和傳送管道（例如哪些管道可帶來最高的學習效果）。此外，在特定課程中，數據可以幫助你了解使用者在哪些特定點感到無聊、退出或跳過（例如追蹤微觀層次的使用情況）。

● 人工智慧和進步的互動性

功能愈來愈複雜的聊天機器人方興未艾，它們的對話模式開始讓人感覺像眞人，我們可透過模擬這樣的對話增強學習。喬治亞理工學院（Georgia Institute of Technology）有一位教授使用虛擬助教跟學生聊天，有些學生甚至沒有察覺助教是一台機器。

● 遊戲化

應用遊戲化（將遊戲原則應用於非遊戲環境）在學習領域並

不是新鮮事，但是如今它變得愈來愈複雜。在遊戲化應用得最好的情況下，學習體驗可能會很有趣、具有挑戰性，並且可激發個人的競爭本性（例如透過排行榜），即可提高使用者的參與和學習。另外有一個趨勢是群組取向的遊戲，這讓使用者能藉由協作互相幫忙。

● 微型認證和外部認可

比如說，個人因爲完成特定課程或是發表知識而贏得的證書，可以放在公司內部網路的個人網頁（甚至可上傳到外部網站如領英〔LinkedIn〕），成爲個人信譽的印記。微型認證使員工能從技能的角度，更清楚定義自己想要成爲什麼樣的人，進而規畫自己的發展路徑。這個作法支持了跨越不同組織、從事多種職業的廣泛趨勢。員工爲了不被勞動力市場淘汰，必須不斷掌握新技能，而微型認證可明確呈現個人所建立的形象，幫助個人提高學習動力。

● 社交學習

想像一下現今的臉書，假使所有內容仍然顯示在塗鴉牆上，但是你無法對任何內容評論或點讚，這可能會大大降低你的使用體驗，這個原理反過來應用在數位學習體驗上也是一樣。讓使用者能與學習內容互動，可大幅增強參與以及同儕學習。

● 行動與多管道整合

一般人每天平均會在智慧手機上花費三到五個小時。而且，在過去幾年這個數字以每年超過20%的速度成長。研究還發現，有大約70%的人是靠行動裝置學習，有超過50%的人是在需要的時候學習（即「及時」學習），預計這兩個數字在將來都會持續攀高。[36]另一個同時存在的現象，是跨設備（例如，智慧手機、平板電腦、桌機）無縫整合的趨勢，也就是使用者可在任何時間或地點「延續上一次停止的地方」。

●虛擬實境（VR）和擴增實境（AR）

虛擬實境和擴增實境正逐步在學習領域攻城掠地。例如，虛擬實境頭戴顯示器能讓你和同學一起上課，或者隨同專家參觀工廠，而所有這一切都可以在你的客廳或辦公室裡舒適地進行。虛擬實境和擴增實境不只是傳遞內容的新方法，同時也在推動我們創造內容和體驗的界限。例如，史丹佛大學的虛擬人際互動實驗室即利用虛擬實境技術，讓使用者透過他人的身體感受現實，藉此建立同理心及對抗種族主義。

●穿戴技術

穿戴技術的功能日新月異，目前它的應用包括健身和健康追蹤、通信、日曆排程、導航和醫療（例如運用在語音或聽力障礙者）。穿戴技術的應用潛力很大，在學習方面可以支持特定的學習目標。例如，穿戴技術可捕捉聲音和語調，然後播放一個人以相同時間、聲音和語調的談話（相對於聆聽），這項應用可以幫助那些希望多聽一些的人控制自己的脾氣，或是學習更有活力的簡報風格。回饋是學習的關鍵推力，穿戴技術可在愈來愈多面向提供事實做為回饋。

結論

致執行長的信

安德魯・聖喬治&克勞迪奧・費瑟&
麥可・雷尼&尼古萊・陳・尼爾森/執筆

敬愛的執行長：

希望本書爲您帶來閱讀的樂趣。在您即將闔上本書，或是把本書放回府上的書架之前，我們願意提出三個總結問題，當作您反思的參考並激勵您採取行動。這三個問題是：大規模領導力的本質是什麼？爲何它如此重要？下一步是什麼？

〉大規模領導力的本質是什麼？

我們在本書提出的觀點是：領導力會同時影響組織的健康與績效。好消息是組織的健康能被測量，而且能夠藉由培養領導者來促進組織健康。反過來說也是正確的：若是缺乏優異的領導力，您的組織幾乎不可能達到出類拔萃的成就。領導力也能直接提升績效，我們同樣可以斷言：假使您的組織中，那些能夠表現出理想行爲的領導者沒有到達臨界量，想要您的組織實現渴望的績效，幾乎是天方夜譚。

我們已經展示了透過領導力來提振組織績效和健康的方法，也說明了爲何這麼做很重要。我們利用研究與實務定義了「大規模領導力菱形」，它包含四大核心原則：⑴專注於與環境緊密連結的關鍵轉變；⑵藉由廣度、深度和速度，使臨界量的領導者參與；⑶利用奠基於神經科學的現代成人學習原理，構思能極大化行爲變革的計畫；⑷在廣大的組織系統下整合及測量計畫。

本書概述我們常用的方法（診斷、設計與開發、實行和推動影響），以及在每一階段可得到的成果。在我們虛構的故事中，我們呈現領導力開發計畫的外貌和內在感受分別爲何。最後，我們強調了應用這個方法可能會對整個系統發展造成的問題，還有如何解決這些問題。

〉為何它如此重要？

您的組織中優秀的領導者能促進組織的健康和績效，進而創造股東的價值。最理想的結果，是您認識到一個領導有方的組織外表看起來如何、內部人員的感受又是怎樣。

然而，有將近一半的組織都面臨某種領導力差距卻又無能爲力，您的組織或許也不例外。即使您採取了因應的行動，還必須克服一個事實：如今絕大多數的領導力發展方法，都無法適用於組織的整體，基本上，有一半組織認爲他們爲了發展領導力所付出的努力，難以產出並維持預期的結果。

領導力普遍被視且大多被書寫爲軟性學科，通常拿不出多少扎實的數據。對此您或許跟我們一樣感到洩氣吧？有許多領導力相關的資料甚至是依據傳聞軼事寫成的，但我們希望爲實際問題找到知識基礎。我們的資料是綜合對375,000多名員工普查的所得，他們屬於165個以上和貴公司一樣的組織。此外，更加上我們多年來的實務經驗，以及我們用以開發內部人員的方法。眞正促進組織健康和績效的是領導力，我們的目標是破解領導力開發（和領導力計畫）的密碼。

做得好的話，領導力開發能値回多倍票價。它的回報來自直接與間接兩方面：一是透過在開發計畫之下進行的專案作業部分直接獲益，另一方面則是經由眾多行爲上的積極改變而間接得利，這些改變會漫延到整個組織。此外，我們也指出：一般組織通常都已經編列學習與發展的預算可供應用，因此我們必須做的是讓預算花得更有效益，而非爲領導力開發特別指定新的經費。

然而，領導力開發並非能治百病的萬靈丹。由於時間、金錢、文化、組織意志、能力和情境皆有其限制，人們最先想到的往往不是領導力開發，而是把策略變革、創新、客戶中心、靈敏性或精簡營運，視爲首要之務。但是我們發現領導力開發遲早都會和這些項目變得關係密切，而且愈早愈快就會愈好。

其他如人才招聘和接班規畫等方法也同樣重要，它們往往與領導力開發行動同步進行，共同構成整體措施的一部分。有了這些知識，你便能在組織內採取更周延的方法以提升領導力效能。領導力涵蓋許多學科，所以我們也將最新且相關的跨領域主題納入，包括科技和神經科學。

我們當然了解，想要爲您的組織帶來改變，領導力是最爲重要的三件事之一。

〉下一步是什麼？

再來是所有領導者每天都必須回答的大哉問，那就是短期或長期來說：接下來該做什麼？

如您所知，我們身在一個有趣的時代。從第一次工業革命以至十九世紀末，組織之所以蓬勃發展，廣義說來實在有賴於傑出個人的貢獻（如布魯內爾〔Isambard Kingdom Brunel〕、梅巴赫〔Wilhelm Maybach〕、卡內基〔Andrew Carnegie〕、福特〔Henry Ford〕）。到了二十世紀，我們形成更大的團體，大規模地創造及行動，這期間又發生了電化革命和電子資訊革命等兩次工業革命。此時主宰世界的是管理，二十世紀之後是管理的世紀。

如今則是第四次工業革命，工作與生活以前所未有的速度變動（拜科技改變與系統影響之賜），我們需要的是大規模領導力。

爲何這麼說？管理雖然不可或缺，但是還不足以獨挑大梁。現今所謂的領導力，是在變幻莫測的環境中，根據不完整的資訊做決策。您和您的人員比以往更難與其他人目標一致地共事、執行策略及更新您的組織，在組織轉型期間尤其如此。

展望未來，我們相信以下三件要務都是千眞萬確的。這是基於我們的研究發現、我們身爲一個組織的集體知識，以及來自麥肯錫學院和其他組織的千百名同事與朋友們傳授的心得。

- **走到哪學到哪**：領導力開發是學習型組織的精髓，假使您未能致力於學習，想必也不會努力栽培需要的領導者。未來屬於那些準備好學習及創造學習條件、動作比競爭者更快的組織。換句話說，也就是已經學會如何學習的組織。
- **快速接受挑戰**：由全球強勢浪潮蘊釀而成的巨大組織挑

戰，需要的是大規模的迅速反應與應對，您備妥眾多領導者，就是準備好迎接這場連續不斷的挑戰。急起直追不是適合的選項。

- **超越組織**：組織會改變形貌，隨著機會與破壞力改變了組織，組織改變形貌的行為會更加頻繁及深入，而領導力的影響則溢出單一組織，流向組織所在的周遭社會。您的組織所擁有的領導力能使社會變好，為廣大社會形塑良好行為、技能和心態，是您無可旁貸的責任。

最後，開發領導力對您的組織而言有無窮盡的好處，不這麼做的話則會前途難料，希望您的看法與我們一致。我們深知必須有新證據才能改變思考，但願您理解了我們所知道的領導力，如今也能有與我們相同的視野和感受。

在此我們想要與您分享一個更寬廣的觀點。本公司全體組織與機構在發展上已經抵達了關鍵階段，不論是商業、政府、慈善、社會或自然等方面的業務無一倖免。在我們與環境、人口及政治挑戰交手之際，如何領導我們的組織、機構、自己及彼此，將會決定本公司集體的未來。

我們面臨的是人力發展的僵局，此刻科技和社會變遷的步調遠遠凌駕我們所有組織和機構的能力。這類現象從第一次工業革命之後就存在了，但不同之處在於，如今變化的速度無與倫比。各行各業的公司、政府乃至整體社會，正以激烈的速度變化著，陳舊的觀點與行事風格早已經不堪應付。在瞬息萬變的時代，我們在任何領域都需要優秀的領導力及傑出的領導者。我們的任務是在您的組織之內與組織之外創造領導力，讓世界的明天會更好。這是我們要求您一起投入的行動。

附錄1

情境領導力——研究方法說明

麥肯錫針對情境領導力行爲的研究，目標在於探索不同的領導力行爲在不同的環境是否會更有效能。我們調查了375,000多名人員，他們分別來自165個組織，各行各業都有，分布遍及世界各地，而且健康指標屬於四種四分位數的組織都包括在內。我們依據本身的工作經驗，以及與時俱進的學術研究，測試二十種領導力行爲組合（由麥肯錫領導力開發諮詢業務部門提供），①以及麥肯錫組織健康指標（OHI）所包含的四種領導力風格（權威型、諮詢型、支持型和挑戰型）。我們將以上這二十四種行爲合併進行研究。

每一名目標參與者會收到一份實驗調查模組，其問題包括二十種新的領導力行爲，同時還有關於四種領導力風格的標準問題，這些標準問題是本公司的「組織健康指標」研究經常用來評鑑的工具。我們徵詢的組織有80%以上選擇參與調查，累積的調查樣本共計165個獨立的組織、超過375,000名參與者，這是領導力研究最大型的資料庫。

〉研究方法

爲了能更深入理解領導者有哪些行爲攸關組織健康，首先我們決定忽略領導力風格和領導力行爲之間的區別，如此便得到了二十四條領導力標準。接著，我們標準化所有計分方式，才能使導致錯誤結論的風險降到最低，這是統計學上的必要之舉。（像「財務獎勵」這類作法一向得到低分，其他如「以客户爲中心」則往往可得高分。至於文化差異，是指某些組織所重視的特定作法不同於其他組織。）

我們的分析方法要求標準化二十四個領導力項目的問題分數，將每個項目分入組織健康的四分位數，並在同一個四分位數內按照標準平均數（項目平均數的z分數）降序排列，然後分別比較相鄰的行爲四分位數之等級排序。如此作法可得到三個成對的比較結果。

首先，比較第四四分位數（最低四分位數）與第三四分位數中行爲的等級順序，藉此識別較大的等級差距，特別是等於或大於（二十四個可能等級）排序第八名的差異。基於兩個原因，我們使用行爲的等級順序，而非分段平均數。第一，由於領導力行爲與組織健康指標相關，某個四分位數中每個行爲的平均數，甚至高於較低四分位數中最高的行爲平均數。換句話說，隨著組織的健康四分位數往上移，與較低四分位數的組織相比，前者的所有二十四個領導力元素都呈現更高的程度。其次，我們感興趣的是各種情境下相對的重視程度。我們對重視程度的定義，是採用四分位數。除了等級，我們更增加兩個篩選條件以確保其穩健性：那就是行爲的z分數增量必須大於0.50，而且行爲的落點位置必須位於組織健康指標已排序堆疊的前三分之一（第八名或更前面）。

通過這些測試的行爲，會被放入正差異化因素的候選清單中。例如，專注於「解決問題」會在健康指標第四四分位數類別排名第十八位，但是在健康指標第三四分位數類別則排名第七位。通過全部三個篩選條件的行爲，其意義是：十一個排名位置的等級差異，爲我們清除了至少八個排名的標準；z分數增量爲1.03，超過了0.50閾値；在互比的一對健康四分位數中，該行爲在比較健康的那一類，位於已排序堆疊的前三分之一。（z分數分別爲–0.95和–0.08。平均差爲1.03，具有統計顯著性，$p < 0.01$。相似的效應大小適用於那些爲最終模型選擇的所有行爲。）因此，「解決問題」成爲最終模型採用的候選者。然後，我們將重點轉移到第三四分位數與第二四分位數行爲的比較，再接下來則是比較第二四分位數與第一四分位數。我們看到，差異化因素本身會因爲進行比較的兩個四分位數而有所不同。例如，使第三四分位數與第四四分位數有所區別的某個作法，不同於區別第二四分位數和第三四分位數，或者第一四分位數和第二四分位數的作法。正是這一點使我們的模型具有「情境」的面向。所以，我們的分析得出三組不同的行爲，這些行爲依據健康指標四分位數而區分了組織的健康狀況。

其次，我們要探討的是：某些行爲可能不會因爲四分位數而有差異，但是假如排名太低，是否能用來診斷破產的（第四四分位數）公司。如果發現這些行爲，那麼在某種意義上，它們的結構會是類似赫茲伯格（Herzberg）工作滿意度「保健－激勵雙因素模型」（2-Factor Hygiene-Motivator Model）中的「保健因素」（hygiene factor）。經由如此程序找到的行爲，將放入候選清單中，最終被具有基線和情境行爲的混合領導力模型採用。

最後，我們重複相同的分析，然而只關注負差異化因素。假如特定健康四分位數的組織對某個行爲的重視程度，顯著低於健康指標較低四分位數的組織對同一行爲的重視程度，該行爲即是負差異化因素。分析的規則與上述相同，但應用的方式相反：爲了列出清單，行爲必須是健康的負差異化因素（在較弱的健康指標四分位數中排名至少在八名內，且z分數增量至少爲0.50）、領導力效能的負差異化因素，以及在任何一對比較中，位於較弱的健康指標四分位數已排序堆疊的前三分之一（第八名或更前面）。

爲了確保不會因爲最佳化健康狀況而犧牲了領導力效能，我們重複整個分析過程，但有一處不同。「領導力成果」是麥肯錫「組織健康指標」的九個組成部分之一，我們利用它進行評鑑，將回應調查研究的165個組織分入相對的領導力效能四分位數。這麼做的目的是要排除以下的可能性：我們選取了某公司的行爲，該公司雖然稱得上健康卻有不良的領導力效能。以上兩組分析大致相似，但有一些差異。爲了調和第一個與「重複」的分析之間的差異，我們篩選所有行爲，某個行爲必須在兩個分析中是差異化因素或規範的行爲。我們僅保留同時符合這兩個條件的行爲。實際上，在我們最終模型中的十五個行爲都通過了雙重檢驗：它們不僅是健康的差異化因素，同時也是健康和領導力效能的差異化因素。

〉研究結果

是否有「正確的領導方式」？或者，領導力是否因組織情境而異？這是我們的第二個研究問題，而我們的分析清楚地回答了這個問題。我們將分析所得稱為「領導力階梯」（leadership staircase），這是一座領導力金字塔，類似於馬斯洛的階層式需求結構。② 就像其他類似的結構，領導力階梯中某些行為是不可或缺的。我們找到了其中四個，並且稱呼它們為「基線行為」。這些行為類似赫茲伯格的工作滿意度「保健－激勵雙因素模型」中的「保健因素」。也就是說，假如缺少該行為，組織即會出現功能障礙（組織健康為最低四分位數，包括低領導力效能）。但是，當它受重視的程度提升到超出最低閾值，並不會繼續造成差異。③

隨著組織的健康狀況改善，從低四分位數移到高四分位數，會有其他行為變得顯而易見。我們稱這些行為是「情境行為」。更顯著的是，有些行為似乎是正差異化因素：在不同情境下強調它們，可將組織健康第四四分位數的公司提升到第三四分位數、第三四分位數的公司提升到第二四分位數，依此類推。我們發現這類行為總共有十一個。因此，我們所測試的二十四個元素中，只有十五個會有所影響。這個階梯模型與我們對現實世界的觀察如出一轍。

此外，我們亦確定了某些「負差異化因素」。從排名的角度看，處於較高健康四分位數的組織對這些行為的重視程度，低於健康四分位數比它們低的組織（絕對數字仍然較高）。應用這些研究發現時，我們一貫建議組織應致力於全部二十四個領導力元素。本研究的排名結果，是為了協助它們制定領導力元素的輕重緩急。④

附錄 2

使行為轉變的關鍵因素——技能與心態

在第三章中，我們概略提到，有些基本技能與心態，能使期望的行爲轉變成眞，聚焦於這些技能與心態是非常重要的。此處，我們將會說明在實務上如何辨識行爲、技能與心態之間的連結。此一連結包括領導力階梯上的行爲（基線行爲與情境技能皆屬之），以及促進適應性的行爲。

然而，必須指出的是，我們在此處所舉的例子純屬說明之用，並非金科玉律。它們來自我們的經驗和平常的觀察所得，應該被當作起點即可。我們不會主張這些實例已經無所不包，也承認還有非常多研究與工具，它們的對象正是我們所討論到的全部行爲。實際上，當我們著手將技能養成要素與心態轉變，融入領導力開發計畫，到處可見其他大量的設計與量身訂做的研究方興未艾，它們引用的資料來源五花八門。

〉奠定基線行為

假使組織尚未具備基線行爲，則首要之務是處理這個問題。此時此地，領導者所必需的最重要心態可以總結如下：

「我必須奠定組織的基礎，因爲基礎不穩固的話，組織就會受到傷害。我必須確保人人都能通力合作，我的職責是站在第一線率領他們前進，一方面施加輕重適宜的挑戰，同時亦能搭配充分的支持。」

事實上，這就是指培養四大基線領導力行爲，無論組織健康處於何種程度，都是放諸四海皆準的。它們是：

- 有效促進團體合作
- 展現對人的關懷
- 捍衛期望的改變
- 提出批判性觀點

有效促進團體合作

這是最基本的領導力行爲之一，缺乏這項行爲時最能感受到它的重要性。它需要幾種重要的心態：

- 「團體合作能獲得更好的結果，勝於每個人單打獨鬥的總和。」
- 「我們需要共同的方向，以及能相互信賴而馬到成功。」
- 「每個人的好惡不同，工作風格也有別（每種風格都同樣有效），不必然都跟我一樣。」

- 「爲會議做好準備還不夠，我也必須確保會議的氣氛能讓大家發揮合作精神與創意，以及在會後嚴格追蹤拍板定案的工作。」

同時，還要配合幾項技能：

1. **團體合作及組隊**。領導者不見得都能享有挑選隊友的特權，話雖如此，了解手上的任務需要哪些技能，以及目前的隊友是否具備這些技能，依然是非常重要的。
2. **建立共同責任歸屬與承諾的能力**。
3. **了解團隊動力學**，知道如何把不同的工作喜好凝聚成爲高效能的團隊。
4. **能夠開誠布公的文化**，而且能迅速有效地解決矛盾衝突。
5. **公平（最理想是雙贏）的結局**。
6. **高成效主持會議的實際技能**，這些技能可支持領導者有效促進團體合作。

展現對人的關懷

首先，領導者必須發自內心地關懷同事，同時還應該建立一項重要的心態，那就是知道：人們若能在工作上表現眞正的自己，即可有最好的績效。而且，與直屬部下一對一指導，是激發大家發揮最佳能力的必要作法（情況往往是：領導者的眼光看不到後面這「一段」，也就沒有一對一指導這回事）。

我們在領導力開發計畫中經常教授的重要技能，有掌握個人信號（例如透過身體語言、臉部表情、說話音調及其他行爲發出的）、結構化指導和值得信賴。有一個常見的教導架構是成長（GROW）模型，它包括設立目標（Goal；你們要前往何處）、確定目前的狀況（Reality；你們身在何處）、界定有多少選項（Options；有哪些不同途徑可以前往），在某些場合則是指出有多少潛在障礙（Obstacles；一路上可能會遇到哪些狀況），最後一項是前進的道路（Way Forward；接下來該做什麼）。⑤至於奠定信任的簡單架構則是：信任（Trust）＝（可信度〔credibility〕＋可靠性〔reliability〕＋親密感〔intimacy〕），除以自我導向（self-orientation）。⑥

捍衛期望的改變

此項領導力行爲可能會要求領導者了解一件事：領導者必須創造故事來促進理解和增加追隨者，並且深信自己要「言行一致」，必須主動而顯著地表現出對於變革行動的承諾。大部分領導者能理解捍衛變革的必要性，但往往高估他們進行溝通和樹立象徵性行動所產生的影響。

能支持這項行爲的重要技能有：創造動人故事的能力、有效且條理井然的溝通、影響他人的能力、了解情緒的作用並能據此控制情緒的能力，以及能量管理。「金字塔原則」（Pyramid Principles）是常用的方法，可供你用來組織書面和口語溝通。⑦此外，值得一提的是關鍵時刻的重要性。關鍵時刻既可以是象徵性的，也可能是實質性的。無論是哪一種情況，它們都是領導者捍衛變革的重要機會。領導者必須能預料（在某些情況下則是預先安排）關鍵時刻的到來，並在它出現時好好把握。

提出批判性觀點

此項領導力行爲需要的心態，是相信從不同角度看問題，有利於解決問題，以及領導者有義務問出正確的問題並挑戰主流思想。我們發現有許多領導者都對其中的一個或兩個要素感到吃力。體驗式學習對於轉變到第一種心態有所幫助（所謂「眼見爲憑」），而同伴或下屬的回饋則是有助於養成第二種心態，通常這是因爲怕與同事打壞關係，或者讓同事「看起來很糟糕」。

有一個重要技能亦可支持這項領導力行爲，那就是對於何謂優秀（例如從外在方向感和豐富的經驗來看）經常保持強烈的感覺。其他技能還有批判性思考、有效提問和精通挑戰性對話。愛德華・狄波諾（Edward de Bono）發明的「六頂思考帽」（six thinking hats）技巧，是增進批判性思考與多元化觀點的簡單卻極有效的工具。⑧

以上所有技能通常是我們的領導力計畫課程重要的組成元素。根據我們的經驗，學員們往往認爲具體工具和實際演練對於「精通挑戰性對話」特別有用。

圖 A.1 是與每一項基線行爲有關的重要技能和心態總結。

〉發掘：從第四四分位數到第三四分位數

第四四分位數的組織往往反應遲鈍、凡事缺乏明確答案、情緒低落，並且具有恐懼和不信任的文化。領導者需要扭轉這一切，此時的最重要心態可以概括如下：

「我的組織正在苦苦掙扎。我必須依據事實開始發展解決方

	重要技能	重要心態
有效促進團體合作	● 組隊 ● 確立共同責任歸屬與承諾的能力 ● 認識性格類型和團隊動力學（例如邁爾斯－布里格斯性格分類指標、五大性格特質） ● 促進公開對話和解決矛盾衝突 ● 談判 ● 會議準備、會議促進和會議追蹤	● 「團體合作能獲得更好的結果，勝於每個人單打獨鬥的總和。」 ● 「我們需要共同的方向，以及能相互信賴而馬到成功。」 ● 「每個人的好惡不同，工作風格也有別（每種風格都同樣有效），不必然都跟我一樣。」 ● 「為會議做好準備還不夠，我也必須確保會議的氣氛能讓大家發揮合作精神與創意，以及在會後嚴格追蹤拍板定案的工作。」
展現對人的關懷	● 能夠掌握他人的信號，以及預測其擔憂和需求 ● 結構化教導與回饋（例如GROW模型） ● 值得信賴（例如信任方程式）	● 「我關心同事。」 ● 「人很重要，若是能在工作上表現真正的自己（而非掩飾情緒），即可有最好的績效。」 ● 「有必要和所有直屬部下進行結構化、一對一的指導和回饋交談。」
捍衛期望的改變	● 說故事 ● 有效的口頭與書面溝通（例如金字塔原則） ● 影響他人的能力 ● 承認自己的情緒、了解其影響，並且在必要時自我節制 ● 能量管理 ● 預料並掌握關鍵時刻的能力	● 「故事是增進理解和追隨者的有力方法。」 ● 「我需要言行一致並展現對於變革的承諾。」
提出批判性觀點	● 對於何謂優秀（例如從外在方向感和豐富的經驗來看）經常保持強烈的感覺 ● 批判性思考（例如狄波諾發明的「六頂思考帽」技巧） ● 有效提問 ● 精通挑戰性對話	● 「從不同角度看問題，有利於解決問題。」 ● 「我有義務問出正確的問題，並且挑戰主流思想。」

圖A.1　基線行為所需的重要技能和心態

案，迅速前進而非等待完美解答，保持樂觀的態度，並且在這個非常時期保持鎮定。」

因此，有四種領導力行爲最能有效增加組織的生存機會，並且進入第三四分位數。這些行爲是：

- 有效解決問題
- 依據事實做決策
- 積極專注於從失敗中復原
- 在不確定的情況下保持冷靜和自信

有效解決問題

在早期我們爲了破解領導力內涵而做的研究中，發現解決問題的能力是有效領導力位居榜首的成分。⑨解決問題包括概念式和分析式兩種，需要定量與定性的輸入。解決問題看起來很難做得正確，其實不然，而且這是重大議題（如合併與收購）和日常事務（如處理團隊糾紛）決策時的關鍵輸入。

對於第四四分位數的組織來說，有三種主要的心態可實現有效的問題解決。首先，「優先順序和焦點至關重要，以免一開始就超載」。其次，堅信「世上有嚴謹的問題解決方法，可以強化答案的效力」。第三，「『完美』是『夠好』的敵人，爲了使組織能扭轉局面，行動偏差也是必要的」。有許多技能可以幫助培養這些心態，例如能夠表述關鍵問題／必要的決定、應用結構化流程拆解問題、確定利弊得失、綜合各種見解、確保有效決策的流程，以及快速執行和嚴格追蹤的能力。

依據事實做決策

此項領導力行爲可能要求領導者具有幾種心態：即「嚴謹的事實和客觀性很重要」、「我必須非常注重良好的邏輯」，並且理解「人人都有偏見，包括領導者自己」。儘管這些心態看起來再簡單不過，然而，我們經常見到組織的決策是依據不完整的分析與事實，以及對工作品質的要求甚低，這代表實際上沒有把嚴謹的事實與邏輯當一回事。正如我們在第二章所討論的，這種心態很可能正是該組織的健康狀態排在第四四分位數的原因之一。

有兩個重要技能可能會對此有所助益。首先，是有能力基於事實、數據和分析，做出高品質且了解狀況的決策，並且執行此判斷。因此，領導者愈來愈需要具備收集、管理和解釋大數據的能力。其次，是認識及減少隱性偏見的能力，包括能夠意識到自己的偏見，並改善組織流程以減少偏見。（想在組織層級減少偏見，常見的方法有事前驗屍法〔pre-mortem〕、成立更多元化的團隊、分配魔鬼的辯護人〔devil's advocate〕角色，以及階段關卡〔stage gates〕流程。）務必要注意的是，「有效解決問題（並迅速行動）」和「依據事實做決策」這兩種行爲並非水火不容，而是相輔相成的。第四四分位數組織的領導者必須了解這兩個要素，並維持兩者之間的平衡。

（譯註：「事前驗屍法」是指在計畫施行之前預先想像失敗的結果，再逆向反推造成失敗的可能原因且事先防範。「魔鬼的辯護人」是指爲批評而批評、專事挑剔的人，此角色亦具有正面意義，往往有助於發現盲點。「階段關卡流程」是指在計畫中設定若干個階段點，並且附加審查項目與標準。當計畫進行至該階

段時，即針對預先設定的項目逐一審查是否已達相關的標準，據審查結果決定如何繼續執行計畫。）

積極專注於從失敗中復原

這項領導力行為可能需要全面理解「一個人如何表述某個情況，將會深刻影響其復原的能力」，同時具備這樣的心態：「具有挑戰性的情境，是學習和成長的機會」。已有大量研究闡明了上述論點，例如，應具有「成長」而非「僵化」心態的觀念，以及肯定堅毅的重要性，而所謂「堅毅」是指「對長期目標的恆心和熱情」。

有四項重要技能可協助積極復原：

1. 表述及重新表述某個情況的能力（本項技能往往能造成領導者及整個團隊的心態轉變）。
2. 後天的樂觀能幫助領導者改變看法，不會把某個情境視爲個人倒楣、無處可逃且永無止境，而是看成時勢使然、特例和短暫的。[10]
3. 提問時，聚焦於解決方案，這項技術能幫助你探索優勢、資源和機會，而非集中在問題、虧損與挑戰。
4. 肯定式詢問採取建構主義觀點，認爲組織乃是經由對話而創建、維護及改變的，因此改變對話即可進而改變組織。肯定式詢問堅定聚焦於積極面，它包含多項技術，例如將注意力從「解決根本原因」轉移到「預想可能的發展」。

在不確定的情況下保持冷靜和自信

第四四分位數公司需要的第四項領導力行爲，是在不確定的情況下保持冷靜和自信，它最重要的必備心態是「誠實評估情況能幫助我應付得更好」、了解「我身爲領導者而『蒙上了陰影』，因此即使遭遇挑戰性的情況，也必須保持冷靜」，並且相信「我有能力使事情變得更好」。

使這項領導力行爲實現的重要技能有：看清世界的眞實面貌並了解何處正在惡化的能力、意識到並控制自己情緒的能力（與捍衛變革所需要的技能類似）、自信和認識自身的優勢（例如透過優勢探測法和基於優勢的教導），以及個人韌性（例如透過正向心理學）。

右頁的圖A.2總結從第四到第三四分位數所需的領導力行爲及相關的重要技能和心態。

〉爬升：從第三四分位數到第二四分位數

一旦組織能讓一切按部就班並朝著第三四分位數前進，通常緊迫感會隨之下降。但是，想要提升到組織健康指標排名的前半部分及進入第二四分位數，組織仍需要眞正的關注重心。在如此情況下，領導者需要具備的最重要心態可以總結如下：

「我們已擁有妥善的基礎條件，尤其是能有效解決問題的關鍵技能。然而，我仍然參與大多數決策，花費很多精力使組織運作保持平穩。如今時候到了，我應該開始更多授權、著重於員工的發展，以及建立組織靈敏性。」

	重要技能	重要心態
有效解決問題	● 能夠表述關鍵問題／必要的決定 ● 應用結構化流程拆解問題、確定利弊得失、綜合各種見解 ● 確保有效決策的流程 ● 快速執行和嚴格追蹤的能力	● 「優先順序和焦點至關重要，以免一開始就超載。」 ● 「世上有嚴謹的問題解決方法，可以強化答案的效力。」 ● 「『完美』是『夠好』的敵人，為了使組織能扭轉局面，行動偏差也是必要的。」
依據事實做決策	● 有能力基於事實、數據和分析，而做出良好判斷，以及高品質、了解狀況的決策 ● 認識及減少隱性偏見的能力	● 「嚴謹的事實和客觀性非常重要。」 ● 「良好的邏輯是關鍵。」 ● 「人人都有偏見，包括領導者自己。」
積極專注於從失敗中復原	● 表述及重新表述 ● 樂觀與開朗 ● 成長心態 ● 肯定式詢問	● 「我如何表述某個情況，將會深刻影響我復原的能力。」 ● 「具有挑戰性的情境，是學習和成長的機會。」
在不確定的情況下保持冷靜和自信	● 看清世界的真實面貌並了解何處正在惡化的能力 ● 承認自己的情緒、了解其影響，並且在必要時自我節制 ● 自信和認識自身的優勢 ● 個人韌性	● 「誠實評估情況，能幫助我應付得更好。」 ● 「我身為領導者而『蒙上了陰影』，因此即使遭遇挑戰性的情況，也必須保持冷靜。」 ● 「我有能力使事情變得更好。」

圖 A.2　從第四四分位數到第三四分位數所需的重要技能和心態

可幫助組織轉移到第二四分位數的領導力行爲有五種：

- 強烈的結果取向
- 闡明目標與後果
- 讓團隊保持專注
- 尋求不同的觀點
- 迅速且靈敏

以上的前三種行爲大致上與任務執行及人員表現績效的過程有關，應列爲優先掌握的對象。最後兩種行爲則是關於創新和速度，當健康指標第二四分位數的組織想提升在同等級內的排名，這兩種行爲通常會成爲其重點。

強烈的結果取向

對此項領導力行爲來說，首要的心態是「履行對利害關係人（同事、顧客、市場、社區）的承諾，是攸關組織成功的重大因素」。這項行爲和最低四分位數行爲不同，而是將履行承諾的心態，融入意義寬廣的組織文化之中，並非因爲有人叫你這麼做。

有助於實現這項行爲的技能有：任務的優先順序、嚴謹地實行品管，以及績效報告和追蹤。事實上，這意味著整體的組織效率和生產力改善，而且紀律與日常工作已經合爲一體。

闡明目標與後果

這項行爲是關於連結組織使命與個人任務，並且實行結構化的人員審查。有四種重要心態可支持這項行爲的改變：即「人人都應該了解自己的工作如何對組織的整體使命有所貢獻」、「清晰性可強化績效」、「所有人員都值得知道自己的工作表現（良好或差勁）……而且協助他們進步是我的職責」，以及「獎懲應以考績爲準」。

另外，有四項技能可幫助實現目標：首先是將組織願景轉譯爲策略目標和里程碑的能力，其次是把策略目標和里程碑，進一步分化爲個人關鍵績效指標（KPI）的能力，第三是有效的績效管理討論（範圍包括優勢和開發領域），最後是結合績效與升遷、待遇及解雇的能力。

讓團隊保持專注

這項領導力行爲包括整體組織層面及團隊層面。領導者必須了解組織隨時緊盯營運狀況的重要性，而且必須具有這樣的心態：「避免組織全體成員的任務淪爲多頭馬車，就可以減少浪費並使速度與生產力倍增」。這可能需要專案管理、工作規畫和職責分配矩陣（RACI；譯註：是指誰負責〔Responsible〕、誰批准〔Accountable〕、諮詢誰〔Consulted〕和告知誰〔Informed〕）、簽到和視覺化管理，以及有效授權等三種技能。

我們看過一些情況是小組成員專注於執行任務，卻搞錯了方向。這個等級的組織與最低四分位數的組織，主要的區別在於它不再是以求生存和速戰速決爲目標，而是想要實現整體組織的願景，組織裡每個人的工作都是朝著同一個方向前進。

尋求不同觀點

本項領導力行爲可以用這樣的心態一言以蔽之：「多元化觀點很重要。我並非無所不知、無所不曉。」這需要眞正的謙虛及適度的好奇心。不要以爲這是很簡單的要求，我們經常看到領導者在做決策時的心態是「我最懂」，暗示多元化觀點實際上並不重要。有四項重要技能有助於加強這個行爲。

1. 讓廣大利害關係人貢獻意見的能力，包括外部的利害關係人。舉例來說，領導者可以主動與不同的利害關係人聯繫及安排會議，獲取他們的意見。
2. 創造開放且互信的環境，員工在提出問題、互相陳述意見，以及對領導者表達建言時，必須有充分的安全感。若是缺乏這樣的環境，領導者想徵求不同意見時會徒勞無功。麥肯錫的核心價値之一是「提出異議的義務」，不僅是把表示不同看法視爲權利而已。我們鼓勵各個層級的同事都能行使這項義務，我們珍惜的是思想的品質，並非階級高低。
3. 提出正確問題的能力。以完成工作來說，直接告訴員工答案比較快。但是，若無法整合不同觀點，會限制了得到更好答案的可能性，也會限制員工的學習與動機。開放式問題可用來刺激新思考與觀念，而較爲封閉或是目標明確的問題則是有助於引導討論的方向。例如，可參見湯姆．波曼（Tom Pohlmann）與妮提．瑪莉．湯瑪斯（Neeti Mary Thomas）在《哈佛商業評論》的論文〈重新學習提問的藝術〉（*Relearning the art of asking questions*）。該文簡要指出四個問題類型，取決於問題的觀點（寬廣或狹小）和問題的意圖（確認已知或是探索新知）。⑪

4. 聆聽。許多人都不是天生的好聽眾，有人說大部分人聆聽的目的不是為了聆聽，而是為了回應。[12] 然而，只要對自己的行動更有自覺，加上練習新行為，即可學會聆聽這項技能。例如，保持眼神接觸、為理解（非回答）而聆聽、利用改變說法重述對方的話而加強理解，以及克制打岔的衝動。

迅速且靈敏

最後一項領導力行為是迅速且靈敏，對於第三四分位數的組織（或是在第二四分位數墊底的組織），這項行為非常重要。我們近期的研究指出，能夠穩定結合速度和靈敏的組織，比起缺乏其中一項特性的組織，有三到四倍可能位居最高四分位數。[13] 詳見p.382的圖A.3。

組織從第三四分位數進入第二四分位數所需的領導力行為中，前三項涵蓋了建立「穩定性」的要素，此處所列的行為可幫助組織培養「速度和靈敏」。有三個心態能協助組織實現速度和靈敏：「速度對競爭很重要」、「不能靜止不動，我們必須不斷試驗並擴大規模」，以及「某種程度的模稜兩可和實驗性，是靈敏性的必要條件」。

有四項技能可以支持這些心態：收集顧客／市場洞見並行動的能力；經訓練的觀念產生之機制，並有能力擴大觀念；從試驗中快速學習；以及跨部門的團隊效能。實際上，靈敏性很難做得正確，我們的樣本中只有12%的組織具有靈敏性。[15] 因此，根據我們的經驗，成為靈敏的組織不僅有助於進入第二四分位數，往往也能幫助組織躍進最高四分位數。

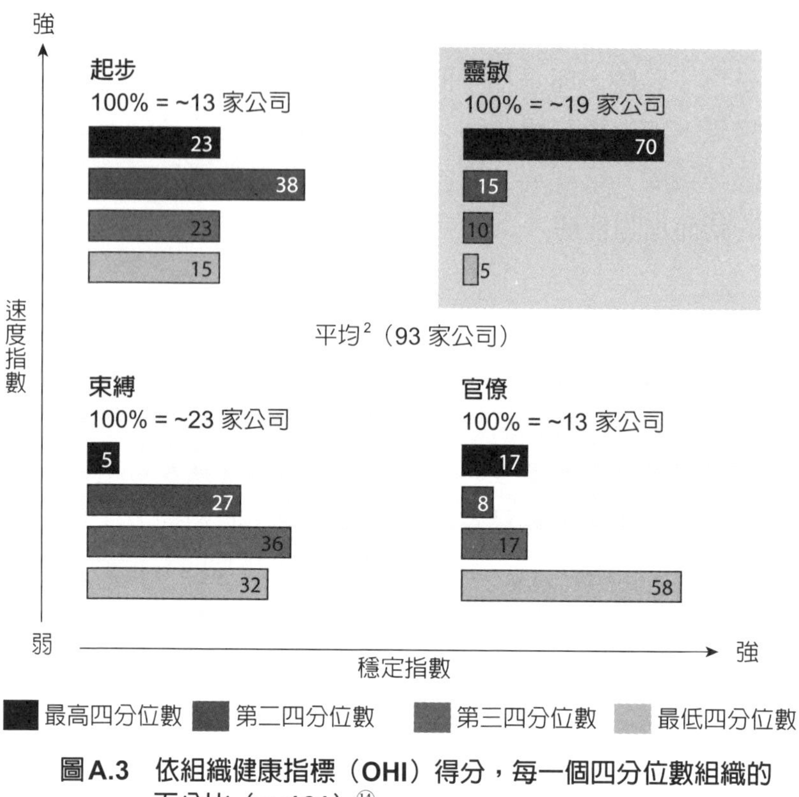

圖 A.3　依組織健康指標（OHI）得分，每一個四分位數組織的百分比（n=161）⑭

〉登頂：從第二四分位數到第一四分位數

隨著組織開始致力於向上爬升到更高的健康四分位數，務必謹記情境領導力階梯的不同層級行爲是累加的。換言之，儘管組織從某個健康四分位數等級升到另一個四分位數，因而轉移了行爲的焦點，組織仍必須確定延續前一個四分位數的行爲，包括基線行爲。事實上，最高四分位數的公司必須專注於全部十五個領導力行爲，我們在現實中所見亦是如此：最高四分位數的組織對

	重要技能	重要心態
強烈的結果取向	● 任務的優先順序 ● 嚴謹地實行品管 ● 績效報告和追蹤	●「履行對利害關係人（同事、顧客、市場、社區）的承諾，是攸關組織成功的重大因素。」
闡明目標與後果	● 將組織願景轉譯為策略目標和里程碑，再進一步分化為個人關鍵績效指標 ● 有效的績效管理討論（範圍包括優勢和開發領域） ● 結合績效與升遷、待遇及解雇的能力	●「人人都應該了解自己的工作如何貢獻對組織的整體使命有所貢獻。」 ●「清晰性可強化績效。」 ●「所有人員都值得知道自己的工作表現（良好或差勁）……而且協助他們進步是我的職責」 ●「獎懲應以考績為準。」
讓團隊保持專注	● 專案管理、工作規畫和職責分配矩陣（RACI） ● 簽到和視覺化管理 ● 有效授權	●「我們務必隨時緊盯營運的狀況。」 ●「任務和諧一致，可減少浪費並使速度與生產力倍增。」
尋求不同觀點	● 讓廣大利害關係人貢獻意見，包括外部的利害關係人 ● 創造開放且互信的環境 ● 提出正確問題 ● 聆聽	●「多元化觀點很重要，我並非無所不知、無所不曉。」
迅速且靈敏	● 收集顧客／市場洞見並行動的能力 ● 經訓練的觀念產生之機制，並有能力擴大觀念 ● 從試驗中快速學習 ● 跨部門的團隊效能	●「速度對競爭很重要」 ●「不能靜止不動。我們必須不斷試驗並擴大規模。」 ●「某種程度的模稜兩可和實驗性，是靈敏性的必要條件。」

圖 A.4　總結從第三到第二四分位數所需的重要技能和心態

於這十五個行爲，做得比第二四分位數的組織多，後者又做得比第三四分位數的組織多，而那些組織又做得比最低四分位數的組織多。

進入最高四分位數的組織需要領導者在心態、技能與行爲上有明顯的轉變，成功與否愈來愈取決於組織徹底發揮其全部潛力的程度。在此情境下，領導者所需的最重要心態可總結如下：

「我們的表現很好，但爲了更上一層樓，我們必須求助世上最有才幹的人。我們必須讓他們明白：對組織最重要的，同時也是對他們最重要的，然後幫助他們釋放績效潛力。」

有兩項領導力行爲可幫助組織晉升到第一四分位數：

- 激勵他人並使其發揮最大的才能
- 樹立組織價值的模範

激勵他人並使其發揮最大的才能

此項領導力行爲所需的最重要心態有「內在動機的力量比外來動機更強大。人們參與工作並從中獲得意義，感受到工作成就以及被賦予了能力，就能有更好的工作表現」，以及「我必須讓百花綻放」。第一四分位數的組織與前幾個四分位數的組織相反，後者的領導力通常是由上而下的形式居多，其重心也多數是避免一開始的超載。然而，成爲第一四分位數的組織，其領導者常常必須放心面對模稜兩可和由下而上的創新，並且大膽讓組織進行試驗。把這種情況想成「從老闆變教練」的轉型，會有幫助。要讓員工發揮最大的才能，並非輕而易舉之事，有賴於謹慎融合心理學和教導，甚至哲學。

在這方面有六項重要技能可幫得上忙：

1. 能擘畫強大且令人激動的願景，也能傳播願景。
2. 創造／再創造自己與他人的意義。這麼做的關鍵在於訴諸人們不同的「意義來源」。我們曾經給受訪者一份清單，內容有「個人發展」、「內部關係／團隊」、「顧客」、「公司／績效」和「社會」等五個選項，我們要求受訪者選出最大的意義來源。我們發現這五個選項的得分相當平均。（事實上，這五項通常能同時激勵人心，只是程度各不相同，而我們的調查是要求受訪者選出作用最大的一項。）
3. 鼓舞人心、令人活力充沛的能力。說到這一點，讓我們回顧前文提到的能量管理。它對於「捍衛期望的改變」所需的基線行爲也是大有幫助的，但這兩者的差別在於能量的方向：此處是激勵員工肩負起責任，超越他們的畫地自限，後者則是導引能量而從第一線領導員工。
4. 正向心理學。
5. 基於優勢和巔峰表現的指導。這兩者都與前三項技能密不可分。
6. 賦予權力。對於較低四分位數的組織來說，這一點往往較爲困難，因爲它們的支持系統、流程、能力與文化都不夠到位。本項技能要求領導者平衡給予員工獨立自主、適時提供指引，以及讓他們各有責任歸屬。

樹立組織價值的模範

能幫助組織進入最高四分位數的第二組領導力行爲，是樹立組織價值的模範。此處需要的重要心態有「我是組織的榜樣」和「人們願意爲自己相信的組織工作」。我們知道有五個重要技能有助於領導者展現這項行爲。

1. 依據清晰明確的價值觀，有自信地決策。
2. 判斷力。在處理「灰色地帶」事務，以及利用組織價值指引員工的行爲時，判斷力尤其重要。
3. 有能力連結組織價值與個人的日常工作，並且迎合員工對價值的感情。
4. 說故事及有能力賦予人生價值。
5. 有能力了解對員工最有影響力的因素爲何，進而創造儀式和象徵性行動。
6. 正直。有人會說這並非技能而是人格特質，但我們依舊將它納入。我們深信只要領導者愈來愈意識到正直，就愈能正直地行事。

〉適應性領導力

有兩種心態可幫助培養適應性領導力。第一種心態是「造就往日成功的原因，未必能打造未來的成功」，也可以換個說法：「世界不斷在變化，我必須跟著改變。」領導者並非全知全能，必須要求自己保持學習及適應環境，才能往前邁進。這樣的雙

	重要技能	重要心態
激勵他人並使其發揮最大的才能	● 能擘畫強大且令人激動的願景，也能傳播願景 ● 創造／再創造自己與他人的意義（例如意義的五個等級） ● 鼓舞人心、令人活力充沛的能力 ● 正向心理學 ● 基於優勢和巔峰表現的指導 ● 賦予權力	● 「內在動機的力量比外來動機更強大。人們參與工作並從中獲得意義，感受到工作成就以及被賦予了能力，就能有更好的工作表現。」 ● 「我必須讓百花綻放。」 ● 「從老闆變教練。」
樹立組織價值的模範	● 自信 ● 判斷力 ● 有能力連結組織價值與個人的日常工作，並且迎合員工對價值的感情 ● 說故事 ● 創造儀式和象徵性行動 ● 正直行事	● 「我是組織的榜樣」 ● 「人們願意為自己相信的組織工作。」

圖 A.5　總結從第二到第一四分位數所需的重要技能和心態

重觀點需要謙虛、好奇心和「學習新知」，而非「抱殘守缺」的態度。支持適應性領導力的第二種心態，是承認意見回饋的重要性，它能增進領導者的個人自覺和發展。這種心態不只是對意見回饋保持開放，更意味著主動尋求回饋、反思回饋的意見，並且準備好回應意見的行動。

學習新知的心態可定義爲初學者的心態，對不同觀點充滿興致、渴望認識自己和環境、隨時隨地懷抱感情、喜歡探索未知、關注未來，行有不得反求諸己並自行尋求解決方案。

抱殘守缺的心態可定義爲專家心態，堅持自己的意見和假設、隱藏／否認自己的缺點、固執於問題和已知的答案、對一切冷淡無感、緊張不安、自我封閉、專注於過去，並且認爲凡事都是別人的錯。在麥肯錫的領導力開發計畫中，我們發現幫助學員養成「學習新知心態」，是他們在學習歷程中至爲關鍵的成功因素。

我們認爲，與適應性有關的重要技能及工具，都是關於增進個人的自我覺察（特別是行爲或知識差距方面），並且依照這些洞見而行動。這需要有某種程度的超然認知，或者說「思考你的思考」，如此一來才能「知道你知道什麼」和「知道你不知道什麼」。這裡有一個很有用的工具叫「成長四階段」模型：以任何技能或行爲來說，一般人會經過無意識生疏（Unconsciously Unskilled，「我不知道我不知道什麼」）、有意識生疏（Consciously Unskilled，「我知道應該學習什麼，但是不知道怎麼做」）、有意識熟練（Consciously Skilled，「我做得到，但是必須一邊想一邊做」）和無意識熟練（Unconsciously Skilled，「我做得自然而然，想都不必想」）四個階段。

從「無意識生疏」進步到「有意識生疏」，必須提高覺察或新洞見（即「結構化覺察」）。從「有意識生疏」進步到「有意識熟練」需要選擇，你必須選擇用不同的方式做事。比如說，你可以在開會前用小紙條提醒自己「少說多聽」，隨後在會議進行中意識到自己的選擇。這要靠「當下的覺察」，但是再加入自我控制，也會造成行爲的改變。從「有意識熟練」進步到「無意識熟練」需要刻意練習。你不停做選擇，大腦即會形成新的神經通路，幫助你的行爲持續下去。只要有足夠的練習，新技能或行爲將會習慣成自然，做起來毫不費力。

知道自己並不知道某件事，或者遇到類似「恍然大悟」的一瞬間，這通常是適應新情境的第一步，我們稱之爲「結構化覺察」（structural awareness）。它可以經由某些因素而觸發，像是某個事件、心情不好或自我反省（如參與領導力開發論壇時透過輔助練習）。例如，領導者收集了全面的回饋報告，才知道原來自己在開會時過於強勢，不讓同事有機會發言。

下一步是要求領導者選擇在這方面有所改進，並且隨之採取刻意練習以達成目的。這包括培養「當下覺察」，也就是能夠意識到舊行爲出現的那一瞬間，然後使自己的行爲有相應的改變。

如前文所舉的例子，領導者必須在後來的會議中覺察自己的行爲，比如說利用小紙條提醒自己隨時自我監督，然後選擇用不同以往的方式行動。藉由正念冥想可以加強當下覺察，因爲正念冥想能訓練大腦將注意力拉回到當下，培養注意力的密度並增加心靈的清明性。⑯

我們的中心化領導力方法有助於培養適應性，我們提供實用的工具，讓你在意義、表述、連結、參與和激勵等五個面向都能提高自覺。中心化領導力方法也能幫助你形成韌性，讓你在複雜多變的環境下屹立不搖，因爲中心化領導者能夠從自制的內在核心發揮領導力。p.390的圖A.6總結了適應性領導力所需的重要技能和心態。

如同情境行爲，以上這些技能與心態只是導軌，我們根據導軌而設計領導力計畫，目的是在行爲上產生期望的變化。這些領導力行爲並非操作手冊，不應該食古不化。而且，以上的導軌還不夠應有盡有，當然還有很多方法能達到相同的目的。但是，我們在這裡提供了一個穩健的起跑點。

讀者們不必拘泥於本文的表格，它們只是彙整了我們在諮詢業務上所見具有成效的技能與心態。在設計領導力開發計畫時，我們將這些技能與心態當成起跑點或「定焦鏡頭」。然而，每一個環境都需要適應過程，我們往往還會視需要而添加重疊的「轉接鏡頭」。比如說，加上組織的產業背景和「處方」、它的成長階段，或是它的期望與策略，如此才能依需求而量身訂做出合適的計畫。

	重要技能	重要心態
能學習並適應變動的環境	● 成長的四個階段 －自我覺察（結構化與當下） －自我控制及有能力選擇 －刻意練習 ● 意義、表述、連結、參與和激勵等面向的中心化領導力練習	● 「造就往日成功的原因，未必能打造未來的成功。」 ● 「意見回饋對我很重要，這能提高自我覺察和進步。」

圖 A.6　適應性領導力所需的重要技能和心態

附錄3

提高個人的學習與表現

此處我們將擴充在〈核心原則之三〉所標舉的五大要素。整體來說，它們有助於提高學習與表現：

- 一心一用
- 成長心態，以及意識到刻板印象的威脅
- 消除偏差
- 保持健康的生活風格
- 冥想和正念

我們雖然沒有將它們歸類爲「成人學習原則」，但是組織如果能將之列入考量，必能從中獲益匪淺。因爲它們不僅能加強學習遷移，也能提高整體表現。其中特別有意義的是，能將「保持健康的生活風格」與「冥想和正念」兩大領域引入組織。我們有很好的理由這麼做，以下會進一步說明。

一心一用：「大腦閒置空間」是神經學迷思

大腦器官只占人體重量的2%，卻消耗20%的熱量。姑且不去思索讓大腦的90%閒置不用是否對演化有好處，有個神話倒是十分膾炙人口，那就是我們只使用了大腦的一小部分。這個神經學迷思構成了多少部小說和科幻電影的基礎，而成像研究對於腦部活化熱點的不成熟解釋，更進一步對此推波助瀾。在這一類研究裡，研究者在解釋腦部缺少信號的部分時，忘了大腦作用部位的成像，大多是對比兩個條件（即該活化只是在比較時被抵消了），以及研究結果是以統計閾值支撐的（即無信號部分符合選定的統計數值門檻，並不意味「完全沒有任何信號」）。⑰

時至今日，經過更嚴謹解釋的腦部作用部位掃描結果顯示，不論受測的當事人在從事什麼活動，一般而言整個大腦都是活化的，只會因爲活動的性質不同，腦部的某些區域比其他區域更加活躍。人之所以能學習新觀念與新技能，並非利用大腦的閒置部位，而是在腦細胞之間形成全新或更強大的連結。這麼做需要專注，這是認知的程序，即選擇性全神貫注在環境的某個層面，而忽略其他部分。注意力不只對學習來說很重要，在執行一般任務、順利完成工作、人際關係與自我覺察方面，同樣不可或缺。

這個見解對於工作效能及學習都有重大意義。大家都知道，我們總是習慣在會議或是訓練課程進行當中，快速檢查電子郵件或規畫下一次會議。現代生活與工作的環境離不開智慧手機和「全時待命」（always on）文化，對於「一心一用」的能力構成一大挑戰。一心多用的問題在於會占用大腦工作記憶的一大部分，將我們的注意力從初始（主要）的焦點岔開。換句話說，大腦無法一心多用，原因是我們必須在同時進行的各項工作之間不斷切換（每一件工作都需要注意力），⑱隨之而來的是大量投入工作記憶能力，因此使得我們工作與學習的整體能力大幅下滑。⑲

成長心態，以及意識到刻板印象的威脅

有一些很有趣的研究指出，人的心態對於學習成果與表現具有顯著的影響。我們以下列實驗爲例，說明心態的影響：被提醒了亞洲傳統優良表現的女性亞洲學生，相較於另一組被提醒「女孩子不擅長數學」這個刻板印象的女學生，在隨後的數學考試中表現更好。⑳「刻板印象的威脅」（stereotype threat）會對你的整體表現及學習造成消極的認知與心態，使其成果嚴重退步。㉑

另外，成長心態則會讓你對自己和學習抱持積極的態度，因而能夠提升克服挑戰與學習的能力。對照具有「成長心態」和「僵化心態」的人，前者喜愛挑戰、樂在努力、認眞學習、珍惜並相信自己的進步，更能不斷看見開發新技巧的潛力。㉒諸多研究顯示，以灌輸成長心態的方式介入中學生的學習，例如將大腦比喻爲肌肉，愈使用就會愈強壯，有助於顯著激發成績和讀書習慣的改善。㉓組織必須依樣畫葫蘆，營造有利學習的環境與文化，協助員工打破刻板印象的威脅和僵化心態。整體來說，不只學習能獲得提升，績效亦然。

消除偏差

自從丹尼爾·康納曼（Daniel Kahneman）等人的研究風靡一時，有愈來愈多著作是在探討人類具有的根深柢固的偏差，比如說「確認性偏差」（confirmation bias，傾向於尋找確認性證據）、「可得性偏差」（availability bias，專注於最容易回想起來的資訊或印象清晰的事件），以及「過度自信偏差」（overconfidence bias，誇大自己的能耐）。

此處的挑戰是雙重的：首先，人們往往對於自己的偏差缺乏自覺。其次，一般人即使已經發覺自己的偏差，要是他被催促著必須果斷做出決定，未能應用康納曼提出的「慢想」（thinking slow）系統㉔，仍然極有可能犯下與其他人無異的認知錯誤。我們不打算深入檢討這一點（有興趣者請自行參考附註資料）；反之，我們要引出它在介入學習活動方面的意義。

偏差會降低工作效能和大腦對學習的準備。以一般績效來說，可能導致員工依據不完備的資料而做出錯誤的決定（例如投資決策）。若是在學習環境的話，則是有些人會認爲自己比其他人「更少可以學的」，或者其學習心態只是在確認已經知道的，而非尋求新見識，兩者都會阻礙學習過程。

我們必須將偏差找出來並修正，原因是爲了要協助個人（就偏差而論，也是協助整個組織乃至於社會）了解自己如何做決定，並做出更好的決定。對學習的介入，應該建立在能夠及時自我反思和明確討論偏差。在組織層級，學習則應建立於正確的架構和過程，才能提升決策品質。這一點非常重要。

保持健康的生活風格

疲倦時，我們的心會想要睡覺。不運動的話，心會不得休息而活力下降。身軀饑腸轆轆，心會想著食物。如果壓力如山大，即可能變得焦慮不安甚至感到憂鬱。這些都是基本的保健因素，必須得到妥善安頓，才能強化我們的表現與學習經驗。然而，正如後文要說的，這些元素不僅是有關保健而已。睡眠、運動、營養和壓力管理，對身體活力及心理清晰都是非常重要的。正確照顧好這幾個因素，不只是「有也不錯」，而是應該被當成「必備」

條件才行，你的員工才能強化其績效和學習。（這些元素並非全部，尚有其他因素未能納入，例如基於積極心理學或靈性的學習介入。不過，前述元素已足以構成保持健康生活風格的重要基石。）

對本書的讀者而言，要強調睡眠、運動、營養和壓力管理都很重要，其實是老生常談。將近兩千年前的羅馬詩人尤維諾（Juvenal）就已經說過：「健全的心靈寓於健康的身體。」（Mens sana in corpore sano，這句名言可以解釋爲：運動與身體健康，都是心靈和心理福祉的重要成分）。如今，拜先進的功能性核磁共振造影科技之賜，這句話與當初的不同之處，在於我們有能力測量健康的生活風格，對於完成認知任務與學習新任務的能力，影響的程度有多大。而且，我們可以說其影響是非常大的。以下我們逐一檢視睡眠、運動、營養和壓力管理，對你專注於任務和學習新技能的能力，會有多大影響。我們只做簡略的回顧，有興趣的讀者可以參考附註所引用的原始文獻。

● 睡眠的用途

當我們談到學習的時候，說的是三個不同的階段：

1. **解碼階段**：這是接收新資訊的階段。
2. **固結階段**：在此階段大腦會形成新的連結，透過這些連結，確保新記憶痕跡會固化而成爲長期記憶。
3. **提取階段**：在這個階段，我們是從長期記憶提取相關的資訊。

有非常多科學研究都在強調睡眠對於學習過程三個階段的影響，無論學習過程牽涉到哪一種特定的記憶（例如，不管你是在學習新語言或是新騎車技巧），這一點都是千眞萬確的。[25]

此外，睡眠不足會破壞重要形式的領導力行爲，進而損害領導者的績效。睡眠不足的大腦，難以完成涉及新皮質的高階執行功能，這些功能包括解決問題、推理、組織、抑制、規畫和執行計畫。[26]試舉幾個實例：研究顯示，睡醒後大約十七到十九個小時的人（以早晨六點起床的人來說，就是晚上十一點或凌晨一點的時候），他在許多工作上的表現，會相當於血液中酒精濃度0.05%的人。在許多國家，這是酒後開車的合法限度。到了起床後大約二十個小時（凌晨兩點），同一人的表現即等於血液中酒精濃度0.1%的人。在美國的話，這已經符合法律定義的酒醉標準。[27]

另一項研究發現：缺乏睡眠會大大改變情緒商數（EQ）。在睡眠不足的狀態下，大腦更有可能錯誤解讀他人釋出的情緒線索，並且對於情緒事件有過度反應，[28]你也會用比較負面的方式和語調表達感受。[29]最近的研究指出，沒睡飽的人比較不容易完全信任他人。另一項實驗則證明：如果主管在前一晚沒睡好，他的員工會覺得比較難以投入工作。[30]還有，眾所周知，睡眠不足會影響免疫系統、內分泌、細胞更新和心血管健康，進而嚴重傷害身體健康，還會造成認知能力急速下滑（大腦老化）與早逝。一言以蔽之：對大多數人而言，意思就是每晚至少要有七到九個小時的良好睡眠。[31]常見會影響睡眠品質的主要因素有壓力、咖啡因、超過一杯酒量（或同等酒量）的酒精，以及不良的睡眠環境（例如嘈雜、光亮、太冷／太熱，不舒適的枕頭、毯子或床墊）。此外，保持相當一致的睡眠時間表，以及避免白天小睡太久，對於睡眠品質也會有所幫助。

這裡有個問題是：很多管理階層的人都沒有充足的睡眠，而且他們一向否認這個事實。[32]其中有將近一半（46%）的主管相信睡眠不足只會輕微影響領導力績效，十分之四（43%）的主管說，每週至少有四個晚上沒睡夠（接近十分之六的主管則是每週至少有三個晚上睡眠不足）。有66%的主管說，整體來說他們對自己的睡眠時間多寡並不滿意，另有55%的主管對於睡眠品質不滿意。我們調查的領導者之中，近乎一半（47%）的主管覺得組織期望他們「待命」的時間太長，對他們回應電子郵件與電話的速度要求太高。有83%的領導者認爲，他們的組織不夠努力教育主管們關於睡眠的重要性。

● 運動

最近的研究清楚顯示，身體狀況良好的人認知能力不同（優）於狀況不佳的，身體狀況差的人則是可以藉由恢復健康而改善認知功能。以運動和認知功能的關係爲主題的研究，絕大部分都是集中於檢視年長者。這些研究以長期記憶、推理、注意力、解決問題、抽象思考和即興創作等指標做爲測量工具，研究結果指出，健康的生活風格與認知表現之間具有高度相關性。這些研究也指出運動能提高大腦的彈性，因而有助於改進學習能力。[33]

其他研究固然沒有如此斬釘截鐵，但其研究結果顯示運動的好處不限於老年獨享，所有成年人、[34]學生均能從運動獲益。[35]例如，有一項研究的對象是年齡三十五歲到五十五歲的一萬名英國公務員，研究發現運動程度偏低的員工，認知表現可能比較差，尤其是與流暢智力有關的領域（要求隨機應變解決問題）。[36]有些研究也指出，事實上是運動本身提高了認知功能（並非聰明人本來就比較可能喜歡運動）。[37]

此外，還有強烈的跡象顯示運動有助於增強創造力、[38]改善情緒和自信心（部分原因是釋出血清素）、[39]減輕壓力（部分原因是釋出腦內啡），[40]以及提高生產力和精力程度（透過釋放多巴胺）。[41]最後，雖然無法在這裡詳細說明卻依然值得一提的是，運動能幫助延緩老化、預防與年齡相關的心理疾病（例如失智症、阿茲海默症）、改善整體情緒、降低憂鬱，以及強化免疫系統。[42]

有一點很重要而必須注意的是，並非所有認知活動都會受到運動的影響，例如短期記憶和某些反應時間似乎與運動無關。此外，關於每個人會從運動獲得多少益處，其間存在極大的差異。有非常多人確實顯現出常見的改善，但有些人卻絲毫不受影響。話雖如此，研究證據指出，運動在學習和整體員工績效方面扮演很重要的角色。

下一個問題來了：需要多少運動才算足夠？一個黃金標準是：至少應該每週從事三次有氧運動（例如慢跑、騎自行車、游泳），每次大約三十分鐘。然而，有許多作法能更有效率地達到每週運動三次、每次三十分鐘的相等效果，對忙碌的人特別有用。例如，每天進行高強度間歇訓練（high intensity interval training, HIIT）和時間較短的高強度循環訓練（high intensity circuit training, HICT）（像是Tabata四分鐘循環訓練和「七分鐘訓練」）。每週加入一、兩次無氧運動（肌力訓練）能進一步增強身心兩方面的成果。在減重計畫期間，肌力訓練尤其重要，因爲它有助於維持（甚至是培養）肌肉質量。

一般而言，運動量提高到每週六天、每次三十到六十分鐘，也被視爲安全（甚至是有益）的作法。[43]但是，有一些研究認爲過度訓練會開始反轉運動對精神健康的好處。[44]運動的效果人人有別，在改變運動規律之前先諮詢醫生的意見，永遠都是上上之策。

此外，考量個人整體生活風格的影響也很重要。即便是依照建議的運動量按表操課，過度久坐的生活風格同樣會對健康造成影響。我們所燃燒的熱量大多是由於「非運動活動生熱作用」（non-exercise activity thermogenesis, NEAT），亦即睡覺、飲食，或類似運動的日常活動所消耗的熱量，例如走路、打字、從事庭院工作和瞎忙。即使是微不足道的身體活動，也會明顯提高新陳代謝的速率，正是這些活動長期下來的影響，累積成個人的每日「非運動活動生熱作用」。[45]這是什麼意思？意思是規律的運動生活，應該配合比較活躍的生活風格，這一點很重要。活躍的生活風格包括走更多路（並以計步器計算）、騎自行車通勤、養成可活動身體的興趣（例如種花蒔草、徒步旅行、舞蹈）、走樓梯，以及使用站立式工作桌。

● 營養

就像運動，多樣化、健康的飲食對整體健康及認知功能的重要性，並不是新聞。例如，許多研究顯示，特定營養素對大腦運作和學習的能力具有重大影響。有一項全面性的研究特別強調了一部分有益的營養素，如omega-3脂肪酸、薑黃素、類黃酮、飽和脂肪，維生素B、C、D、E，膽鹼、胡蘿蔔素、鈣、鋅、硒、銅和鐵。[46]

有其他研究強調血糖（葡萄糖）濃度及胰島素對大腦功能的作用。大腦需要穩定的葡萄糖供應才能正常運作，胰島素可以幫助葡萄糖進入身體細胞，有利於葡萄糖供應的過程。假如血糖濃度過低，大腦即無法專注，可能會讓人感到暈眩或嗜睡。反之，如果攝取大量的糖（並且造成血糖濃度飆高），身體會製造額外的胰島素，使多餘的葡萄糖加速進入細胞。胰島素大量增加的話，會比平常更快消耗正常濃度的葡萄糖，讓血糖濃度在「食糖後興奮感」（sugar rush）的一、兩個小時後，降到低於正常濃度。這可能會造成認知功能受損（例如無法專心）和情緒波動（例如暴躁易怒），還會抑制免疫系統並促進脂肪儲存。㊼

有更先進的研究是專注於探索腸道微生物組與大腦之間的相互作用，愈來愈多的證據顯示，腸道微生物群會影響大腦發育和行爲。雖然以人類爲對象的研究有限（大多是針對動物），可是研究者已經找出腸道微生物組的變化（例如來自不同類型的食物攝入）與神經系統疾病之間的關聯，包括泛自閉症障礙、焦慮症、憂鬱症和慢性疼痛。例如，在一項實驗中發現，給（人類）受試者每天食用兩次優格、持續四週，再讓他們觀看一系列臉部表情的圖像（內容是表現各種情緒，如幸福、悲傷和憤怒），他們的反應比對照組來得平靜。據研究者推測，這是因爲優格中的細菌使受試者的腸道微生物組成發生變化，導致某些化合物產生，進而改變了大腦的化學成分。㊽

最後，值得一提的是適當補充水分的重要性。研究指出，即使是輕度脫水（其定義爲體內正常水量減少了1%～2%）也會影響情緒、體力和清晰思考的能力。普通人只要四個小時不喝水，即會發生輕度脫水的現象。㊾

綜觀以上各項研究，足以證明營養攸關最佳狀態的認知表現。我們常見的營養管理準則是：飲食要多樣化，妥善混合蛋白質、健康脂肪、纖維及複合醣類，並且避免加工／低營養的食物和糖。理想的作法是將熱量的必需攝取量，分散成一天的四到五頓小餐，藉此維持血糖與腦葡萄糖的濃度水平。此外，應該適當補充水分、每日喝八杯水，而且避免咖啡因和酒精過量，這是非常重要的。我們也要建議你學習熱量和營養的基本知識，才能夠看懂食品與飲品上的營養標示，並管理好熱量的攝入量。還有，體重、體脂肪率及腰圍是必須追蹤的重要測量指標。有許多研究指出，腰圍是預測未來健康最好的指標之一。粗大的腰圍與多種疾病都脫不了關係，包括癌症、老年癡呆症及糖尿病在內。

● 壓力管理和復原

壓力本身不盡然是壞事。如同我們在核心原則三所說，壓力是加強學習與績效的重要元素，能讓人拓展到舒適圈以外的範圍。壓力之所以成爲問題，是因爲它變得太嚴重或是持續了太長時間，如此一來即可能導致定期發作的急性或慢性壓力。過去三十年來，壓力在全世界許多地方都升高了。如今全球的主要經濟體中，有超過五成的員工感到壓力會對工作效率產生負面影響，有六成的人覺得壓力的程度正在上升。[50]壓力被視爲「無聲的殺手」，也被世界衛生組織稱爲「二十一世的健康流行病」。它影響的層面之多，超過一般人的想像，能造成免疫系統變差、生育問題、高血壓、心臟病、焦慮、憂鬱、失眠、肥胖和肌肉疼痛等。

因此，我們務必要了解壓力的症狀以及如何復原。壓力常見的症狀包括：頭痛、感到不知所措、緊張或焦慮、肌肉痠痛、胸痛和心跳加快、失眠、經常性感冒及感染、體力衰弱、沮喪或悲傷。研究顯示，大多數人都有能力辨識壓力的症狀（亦即人們知道自己正承受壓力），但是並非每個人都能以最佳方式應對壓力。許多人即使已經長時間感覺到壓力，仍然不願與醫生討論症狀，或是轉而訴諸不健康的應對機制（例如抽菸、飲酒、吃垃圾食品、吸毒，以及退出朋友圈和家庭）。此外，我們可以藉由多種方法正式測量壓力，包括心率變異度（Heart Rate Variability, HRV）測試或問卷調查。

儘管目前已經有非常多的壓力管理技術，如優先設定法（prioritization）、時間管理、認知療法和紓壓球等，但是我們此處的重點在於廣義的復原概念。復原是精力管理概念，在專業運動員訓練領域廣爲人知，並且被科學地應用到訓練計畫中。例如，瑞士網球選手羅傑・費德勒（Roger Federer）和田徑選手尤賽恩・波特（Usain Bolt），他們通常每天睡眠超過十個小時，而且爲了能在比賽中達到巔峰表現，其訓練計畫會預先安排完全休息期，讓他們恢復體力。復原是壓力管理技術（用於身體和精神壓力），它是關於了解自己的承受限度，並且確保在限度被破壞時能夠適當復原。

在許多情況下，很多人（尤其是領導者）正經歷著不斷發展的「全時待命」文化，這樣的文化阻礙了有效復原，最後常常是導致壓力上升、精力和表現衰落。爲了能有最出色的表現，人們需要復原。復原有多種形式，通常需要具備以下元素：

- 每日「停機時間」。例如，晚上和早晨的第一件事，不是查看公務電子郵件或是「候傳」（on call）。
- 每天至少花費四十分鐘從事自己喜歡的活動，不必將心思放在工作上。這類活動可以很簡單，例如陪家人、運動、做飯、園藝等。
- 每週「停機時間」。每週至少有一天不必工作、不去檢查公務電子郵件。
- 經過長時間緊張忙碌的工作之後，請騰出足夠的時間讓自己完全復原。這個作法取決於你的工作類型，例如每年安排三週的假期。

- 冥想和正念、呼吸運動、放鬆療法與聲音療法等技術，也可能有助於壓力管理及復原。

總之，重要的是看待壓力管理與復原的角度，必須如同看待適當的睡眠、運動和營養。這四項元素彼此緊密相連，必須全部到位才能擁有健康的生活風格。即使只有其中一項出現異常，你的健康都可能因此受到損害。

冥想和正念

前文我們討論到冥想和正念有助於壓力管理和復原，其實冥想和正念本身即具有許多益處。眾所周知，注意力是學習的重要先決條件。有一些研究的結果讓人充滿希望，它們指出規律的冥想和正念練習可以增強專心的能力，進而改善整體學習過程。[51]不僅如此，冥想課程亦顯示具有改善認知功能的效果，例如內在的空間能力（spatial ability；譯註：指理解、推論及記憶物體或空間之間關係的能力，可視爲如同語言、推理、記憶的獨立能力）[52]，以及精細鑑別的眼光。[53]

自1970年代以來，心理學家一直在研究古老冥想的沉思方法。在過去十年裡，對正念的科學研究興趣也迅速增長。如今，已有大量經過嚴謹審查的研究，爲我們詳細描述了正念冥想對身體和精神健康帶來的好處。除了前面提到的對於注意力和鑑別力的影響，這些好處還包括減輕壓力、緩解焦慮和憂鬱症狀、改善睡眠品質及情緒健康，[54]並且能增強免疫系統。此外，冥想可幫助人們培養更好的自我覺察、清晰度和定力。[55]

研究證明，即使只是簡單的冥想技術，如專注的呼吸，也能增加大腦內部與學習、記憶、控制情緒及同情心相關部分的灰質。例如，由哈佛大學科學家領導的一個研究小組指出，只有八週的正念冥想，就能使大腦產生結構性變化，其顯著的程度足以被核磁共振造影（MRI）掃描儀捕捉到。[56]

基於這些原因，有愈來愈多知名的重要組織正在爲員工提供機會，使他們能夠從正念和冥想中受益。[57]這一類計畫大多數都受到員工熱情支持，他們通常能在心態和工作績效方面獲得顯著提升。

舉例來說，安泰（Aetna）健康保險公司的員工參加公司開辦的免費瑜伽和冥想課程，據員工所稱，他們的壓力平均降低28%，每週工作效率亦提高六十二分鐘，每名員工每年增加大約三千美元的價值。安泰公司的執行長馬克．貝托里尼（Mark Bertolini）幾年前開始執行該計畫，整個公司的員工對課程的興趣之熱烈，讓他感到驚歎不已。迄今爲止，公司的五萬名員工已有超過四分之一參加了至少一堂課。像貝托里尼這樣的領導者了解，爲員工提供工具使他們變得更加專心一志，可以營造更好的工作環境，有利於發展和高績效。[58]

本書作者簡介

克勞迪奧・費瑟（Claudio Feser）是麥肯錫公司的領導力開發（Leadership Development）諮詢業務部門資深董事暨共同創辦人。克勞迪奧已經在本公司任職二十五年，並且出版多本領導力專書，包括《連續創新者》（*Serial Innovators*）以及《當執行還不夠之時》（*When Execution Isn't Enough*）。

麥可・雷尼（Michael Rennie）是麥肯錫公司的組織諮詢業務（Organization Practice）部門前資深董事暨全球主任。麥可在本公司任職三十餘年，二十幾年前更是麥肯錫文化變遷方法的先鋒開拓者，著有《績效文化命令》（*The Performance Culture Imperative*）一書。

尼古萊・陳・尼爾森（Nicolai Chen Nielsen）是麥肯錫公司的副董事，任職本公司七年。尼古萊主持麥肯錫公司在大規模領導力開發領域的最新研究，已設計多種領導力開發計畫，並在全球的公共及民營部門施行。

其他執筆人

安德烈・杜阿（André Dua）是麥肯錫紐約辦事處的資深董事，是麥肯錫學院（McKinsey Academy）的創辦人之一，以及麥肯錫高等教育諮詢業務（Higher Education Practice）和麥肯錫州級暨地方政府諮詢業務（State and Local Government Practice）等部門的創辦人。他致力於全球頂尖機構的能力養成轉型，聯邦、州和城市等層級公家機關轉型，並且對高等教育的未來竭盡全力。安德烈已發表多篇專文與專書，範圍涵蓋高等教育、政府績效、市民經驗以及貿易與環境實務，如《維持亞太奇蹟：經濟整合與環境保護》（*Sustaining the Asia Pacific Miracle: Economic Integration and Environmental Protection*；Petersen Institute for International Economics出版）。安德烈是耶魯大學環境法律與政策中心（Yale Center for Environmental Law and Policy）研究員，擁有耶魯大學法學碩士，及雪梨大學經濟學、法學雙學士學位（皆以最優異成績畢業）。

安德魯・聖喬治（Andrew St George）是麥肯錫領導力及組織發展顧問，著有十本語言學、傳播學和管理學專書，包括爲英國海軍司令部撰寫的《皇家海軍的領導方式》（*Royal Navy Way of Leadership*）。他的合作對象有商業組織（金融、零售）、公共服務系統（英國國民保健署、國際軍事、警察、消防）和政府單位。他是國際教練聯合會（International Coaching Federation, ICF）馬歇爾・高德史密斯（Marshall Goldsmith）認證的主管與團隊教練。安德魯於劍橋大學（學士）、哈佛大學（甘迺迪學院研究員）及牛津大學受教育（博士及研究員），受聘於哈學、哥倫比亞及牛津大學（現爲薩德商學院〔Said Business School〕副研究員）授課。他任職於兩個慈善委員會，也是皇家藝術學會（Royal Society of Arts）及皇家地理學會（Royal Geographical Society）的研究員，以及榮譽皇家海軍潛艇員（Honorary RN Submariner）。安德魯與妻子、三名女兒居住在牛津郡和威爾斯的風景勝地懷谷（Wye Valley），熱愛登山、騎自行車和甩竿釣魚。

亞恩・蓋斯特（Arne Gast）主持麥肯錫吉隆坡辦事處涵蓋亞太地區的組織諮詢業務（Organization Practice）部門，工作重心是操作模型設計、轉型設計和領導力發展，並且經常包括重建人力資源組織。他的工作範圍橫跨多種行業，服務的客戶來自銀行、醫療科技、電力、電子通訊、石油和天然氣，以及造紙業等。亞恩是亞伯欽（Aberkyn）的共同創辦人，這是麥肯錫在變革助長領域的特別「總部」，過去幾年已經發展成八個全球樞紐，他是全球變革領袖論壇（Change Leader Forums）的主要推動者之一。他的著作散見於《麥肯錫季刊》以及多本專書，如《藍海策略》（*Blue Ocean Strategy*）、《超越績效》（*Beyond Performance*）、《動員心智》（*Mobilizing Minds*）及《重新組織》（*ReOrg*）。亞恩擁有荷蘭鹿特丹伊拉斯莫斯大學（Erasmus University）經濟學碩士，及法國楓丹白露歐洲工商管理學院（INSEAD Business School）企管碩士學位。亞恩對教育懷抱熱情，曾與多所大學合作、創立印度商學院（Indian School of Business）及主持荷蘭的立克拉奇基金會（Leerkracht Foundation）。公餘時間，他是萊卡相機愛好者，也努力在曲棍球比賽中保持良好成績。亞恩目前和妻子、四名子女住在吉隆坡。

比爾．尚寧格（Bill Schaninger）是麥肯錫費城辦事處的資深董事。他是集成組織解決方案（Integrated OrgSolutions）部門的主席，也是全球人才管理諮詢業務（Global Talent Management Practice）部門的負責人。比爾合作對象包括全球各式各樣的客戶組合（有能源、石油和天然氣、原料、銀行和保險機構等），他以嚴謹的分析方法及組織心理學的原理，應用到最大也最複雜的客戶環境。他擁有奧本大學（Auburn University）的人力資源碩士和管理學博士，以及摩拉維亞學院（Moravian College）的學士和企管碩士。

夏洛蒂．雷利亞（Charlotte Relyea）是麥肯錫紐約辦事處董事及麥肯錫學院負責人。在主持麥肯錫學院之前，夏洛蒂是麥肯錫客戶能力培養措施（Client Capability Building Initiative）部門的共同負責人，以及麥肯錫科技、醫療、電子通訊、行銷與銷售諮詢業務（Tech, Media, Telecom and Marketing and Sales Practices）部門的負責人。她服務過媒體、資訊、高科技、金融服務公司的客戶，主題包括銷售和行銷效能、第一線能力培養、上市策略和打造數位商務。夏洛蒂擁有普林斯頓大學（Princeton University）英語學士學位，並於哈佛商學院以極優異成績取得企管碩士學位，擔任貝克、西貝爾與亨利・福特二世學者（Baker, Siebel and Henry Ford II Scholar）。

克里斯・加農（Chris Gagnon）是麥肯錫達拉斯辦事處的資深董事、共同負責全球的組織諮詢業務部門，以及擔任組織解決方案（OrgSolutions）小組組長。他協助客戶以整合方式組織，並將方析方法與工具應用到改進組織、組織文化、人才、變革管理、靈敏性和領導力等方面。克里斯和組織解決方案小組開發了一些工具，包括組織健康指標（OHI）、組織實驗室（OrgLab）和人員分析學，這些工具解決了重大組織決策上的本能與個人偏差。他在《哈佛商業評論》與《麥肯錫季刊》發表過多篇作品，論述主題有分析學、領導力、組織健康與靈敏性等。克里斯服務過眾多行業的客戶，如私募股權、餐旅業和休閒產業（包括飯店、賭場和健身產業）。他擁有達特茅斯學院（Dartmouth College）學士、阿莫斯・塔克商學院（Amos Tuck School of Business Administration）企管碩士等學位。

柯爾尼利厄斯・張（Cornelius Chang）是居住在新加坡的副董事，主持麥肯錫學院的亞洲業務。柯爾尼利厄斯具有豐富的歐洲、亞洲和澳洲工作經驗，爲許多行業的客戶提供領導力、人才，以及文化和變革參與等方面的支援（這些行業有電子通訊、農業、能源、石油和天然氣，以及科技業等）。他以極優等榮譽取得新加坡大學的經濟與商業文憑。在就讀大學之前，他是新加坡武裝部隊（Singapore Armed Forces）的一員，官拜中尉，並以同袍最頂尖的成績退伍。柯爾尼利厄斯爲全球的客戶服務，百忙之中仍可以見到他和妻子遊走於食堂和簡便餐廳之間，爲週末下廚偷學創意。

大衛．史沛瑟（David Speiser）是麥肯錫蘇黎世辦事處的董事及麥肯錫學院的主持人之一。他爲眾多行業的龍頭公司提供策略、組織、併購、資源分配和領導力開發等方面的服務。他負責麥肯錫學院的「主管計畫」（Executive Programs ），這是一組多客戶領導力開發計畫，對象是處於職業生涯不同階段的領導階層。加入麥肯錫之前，大衛在娛樂業創業、成長並出售他的事業。他畢業於聖加侖大學（University of St Gallen），擁有經濟學士和質性經濟學與金融碩士等學位。

艾蜜莉．岳（Emily Yueh ）是麥肯錫紐約辦事處董事並協助主持麥肯錫學院。她的工作重心是組織、主管領導力開發和績效轉型，服務對象有領先的金融機構、製藥廠和教育機構，服務主題廣泛，包括組織轉型、能力培養和組織設計。她幫銀行業客戶完成全球轉型，與全美零售、批發銀行業務的頂尖團隊合作。艾蜜莉是安德魯．梅隆（Andrew Mellon）研究員，擁有卡勒敦學院（Carleton College）政治與經濟學士、芝加哥大學布斯商學院（Booth School of Business）企管碩士等學位。

法里登．多提瓦拉（Faridun Dotiwala）是麥肯錫的董事，以麥肯錫孟買辦事處爲基地，主持麥肯錫在亞洲的人力資本（Human Capital）諮詢業務。他的工作領域包括領導力開發、建立企業學院、執行長和最高層團隊發展與對準目標，以及在組織中塑造大規模文化轉變。他在這些領域服務過世界各地的客戶，同時也是許多高階管理人員的正式教練和顧問。身爲變革的推動者，法里登的精力來自與高階團隊在實務上共事，協助他們解決最複雜的領導力及組織問題。過去幾年，他服務過兩百多個團隊，涵蓋的高階領導人員總計高達數千名。法里登擁有孟買大學的工程學士學位、威斯康辛大學麥迪遜分校（University of Wisconsin, Madison）的結構工程碩士學位，以及倫敦商學院的企管碩士學位。他是新域學院（Newfield Institute）認證的本體教練（Ontological Coach），並持有其他許多學習證照。法里登目前和妻子及兒子住在孟買。

菲利波．羅西（Filippo Rossi）是麥肯錫巴黎辦事處的資深董事，與學習方法學相關的諮商經歷超過二十餘年，服務領域主要是重工業。菲利波領導麥肯錫健康生活風格措施，範圍包含營養、運動、睡眠和壓力管理等四大支柱。該措施的重點是明辨並應用最新方法以維持健康的生活風格，其最終目的是提高參與者的生產力、樂觀態度和個人滿意度。它利用培訓計畫、認知宣傳活動和政策變更，同時鎖定麥肯錫員工及客戶爲目標。菲利波以優異成績畢業於米蘭理工大學（Politecnico di Milano）的土木工程系，並且獲得了法國楓丹白露歐洲工商管理學院的企管碩士學位。

弗洛里安．波爾納（Florian Pollner）是麥肯錫蘇黎世辦公處的專家董事（Expert Partner），主持麥肯錫在歐洲、中東和亞洲地區的領導力與學習（Leadership and Learning）客戶服務部門。EMEA（歐洲、中東、亞洲）是麥肯錫致力於領導力開發的實體單位，弗洛里安是其共同創辦人與領導人。在此之前，他共同創立了麥肯錫亞洲領導力中心（McKinsey Center for Asian

Leadership）。他的核心專業知識是設計和實行領導力加速開發、提振最高團隊效率、建立領導力學院，以及推動大規模、通常也是全球性的變革和轉型方法。弗洛里安與三十多個國家領先全球的組織合作過，擁有豐富的經驗。他的工作重心在歐洲和亞洲，服務對象主要是金融機構，結合了麥肯錫從銀行業和組織諮詢業務中凝聚的洞見。他擁有瑞士聯邦理工學院（Swiss Federal Institute of Technology）的通訊系統碩士學位，和伊拉斯莫斯大學（Erasmus University）鹿特丹管理學院（Rotterdam School of Management）的企管碩士。弗洛里安熱愛水上運動和滑雪，同時也是雄心萬丈的業餘廚師，目前與妻子及兩個孩子住在蘇黎世。儘管他爲了專業服務而經常周遊列國，在業餘時間仍然真心享受和家人探索世界的機會。

高譚．庫姆拉（Gautam Kumra）是麥肯錫位於新德里的印度辦事處管理董事，他領導麥肯錫在亞洲的組織諮詢業務部門。麥肯錫在轉型化變革方面的研究與見識，有賴於背後的眾多思想家，高譚是其中之一。他主持麥肯錫亞洲中心（麥肯錫關於全球化的一項特別措施），奉獻心力塑造印度企業的全球化思想。他的工作涵蓋醫療保健、工業、高科技／資訊科技和基礎設施領域，主題包括組織、領導力開發、卓越營運、轉型化變革、策略和治理。他創立了麥肯錫領導力研究所（McKinsey Leadership Institute），並在亞洲召開亞洲執行長包爾論壇（Bower Forum），爲執行長提供領導自我、他人、領導業務和變革等方面的學習機會。高譚共同創立了印度公共衛生基金會（Public Health Foundation of India, PHFI），這是一項創新的公私合作計畫，旨在透過制定公共政策加強印度的公共衛生體系。他擁有印度管理研究所亞美達巴德分校（Indian Institute of Management,

Ahmedabad）的企管碩士學位，以及印度理工學院德里校區（Indian Institute of Technology, New Delhi）的技術學士學位（化學工程）。

潔瑪．達奧里亞（Gemma D'Auria）是麥肯錫中東辦事處的董事，負責組織諮詢業務部門。她的工作重心和充滿熱情的領域是組織轉型，以及如何在機構層級推動系統變革，同時培養高階和新興領導者。潔瑪專注於組織領域的廣泛主題，並且將這些主題與轉型連結，包括營運模式轉移、人力資源（HR）3.0、領導力開發、企業靈敏性和文化變革。她在當地設計並協助推動多個大型的領導力開發工作及企業學院，範圍橫跨公、民營部門，參與的領導人多達數千名。潔瑪擁有史丹佛大學商學院的企管碩士學位，以及倫敦政治經濟學院的政府和經濟學理學士學位。她育有四名子女，熱愛旅行和冒險，十年前，就是這股熱情將她從我們的紐約辦事處帶到了中東！

海孟．張（Haimeng Zhang）是麥肯錫香港辦事處的資深董事，並且領導亞太組織諮詢業務（Asia-Pacific Organization Practice）部門。他與房地產、科技、製藥和電子業的客戶合作，工作範圍包括策略規畫、組織設計、靈敏組織轉型、合併後管理、新業務擴展，數位策略和特殊措施（海外市場機會掃描、永續性，以及領導力／能力開發）。他支援跨國客戶從事組織方面的業務，主題包括最高團隊效能、領導力開發計畫設計，以及人力資源轉型。海孟擁有芝加哥大學商學院的企管碩士學位，以及上海交通大學的經濟學學士學位。

喬涵娜．拉沃伊（Johanne Lavoie）是麥肯錫加拿大業務的董事和領導力大師級專家（Master Expert）。她最近於《麥肯錫季刊》撰寫有關內在靈敏性（Inner Agility）和人工智慧的文章，著有《中心化領導力：以清晰、目的性和影響力領導》一書，並在TEDx發表演說，主題是在斷裂時代整合動與靜。她的工作範圍橫跨多文化和多部門，專注於高階管理人員與團隊教導、在行動中開發領導力，並且在文化變革方面提供建議，藉此協助客戶和個人轉變其領導力，進而提高他們的績效。喬涵娜一身融合了二十五年的商業諮詢經驗，以及發展和領導力理論的廣泛研究。她獲得以現場指導爲基礎的國際教練聯合會（International Coaching Federation, ICF）專業認證教練（Professional Certified Coach, PCC）資格，此外亦擁有哈佛大學的企管碩士學位，與麥基爾大學（McGill University）的電機工程學位。閒暇在家時，喬涵娜從加拿大洛磯山脈的自然探險或者全家人的海上御風揚帆中汲取靈感。洛磯山脈是她的家，她和丈夫及兩個女兒住在一起。

茱莉亞・史波林（Julia Sperling）是麥肯錫法蘭克福辦事處的董事，主要負責跨行業的組織主題。加入麥肯錫之前，茱莉亞在腦部研究領域撰寫了認知神經科學論文，以優異的成績畢業於馬克斯－普朗克學院（Max-Planck-Institute）。她獲得獎學金，於法蘭克福歌德大學（Goethe University Frankfurt）完成醫學博士學位，並在哈佛醫學院、倫敦皇后廣場（Queen Square）地區及世界衛生組織選修課程。朱莉亞身爲醫學博士和神經科學家，在麥肯錫負責的工作，是將立基於神經科學的現代成人學習技術，應用到領導力開發計畫中。朱莉亞也是麥肯錫在行爲科學研究的先驅，包括運用「助推」技巧以產生積極的行爲改變。她目前主持麥肯錫在行爲科學研究領域的全球知識優先事項業務。朱莉亞居住於中東期間，是麥肯錫在該地區的醫療保健諮詢業務（Healthcare Practice）部門創始成員及負責人。此外，她也負責麥肯錫在沙烏地阿拉伯推廣女性擔任領導職務的工作，歷時十年之久。她於2017年返回歐洲，隨之接手了「執行長要務」（Chefsache）計畫，本計畫旨在幫助德國女性擔任領導職務並且成長茁壯。朱莉亞與丈夫及兒子定居在法蘭克福。

瑪麗．安德拉德（Mary Andrade）是麥肯錫卓越學習設計和開發中心（Learning Design and Development Center of Excellence）主任，總部位於洛杉磯。她是麥肯錫和學習產業在二十一世紀學習方法學、方法與設計領域的先驅，也是作家及經驗豐富的學習專家。她應用創新設計與開發技術開設學習課程，為大型組織的大規模部署提供解決方案，具有二十年的成功資歷。瑪麗在學習型態方面的經驗廣泛，從實況多因子模擬到微學習數位解決方案，應有盡有。她擁有科羅拉多大學波德分校（University of Colorado Boulder）的國際商務和市場行銷雙學士學位，以及德克薩斯大學奧斯汀分校（University of Texas at Austin）的資訊系統管理企管碩士學位。她與丈夫都熱衷葡萄酒和美食，喜歡每天烹煮不同佳餚，很少端出重複的菜色。為了平衡對美食的熱情，他們的相機和健行鞋隨時待命出發，前往探索美國的大自然寶藏。

麥可．巴齊戈斯（Michael Bazigos）是麥肯錫組織解決方案（OrgSolutions）部門的前副總裁，並共同主持組織科學措施（Organizational Science Initiative，麥肯錫與蓋洛普的合作計畫）。麥可協助組織在人才與組織方面，應用實證方法解決最為緊迫的問題，他早期在領導力領域的工作橫跨產業和諮詢部門，如畢馬威（KPMG）、IBM和普華永道（PwC）遺產管理的諮詢部門，也擔任過哥倫比亞大學（Columbia University）組織與領導力（Organization and Leadership）研究生課程的兼任教授，歷時十年。麥可擁有哥倫比亞大學的組織心理學博士學位，文章散見於《麥肯錫季刊》和《領導力研究期刊》（*Journal of Leadership*

Studies）等專業及商業雜誌，同時任職於人力資源人員與策略（HR People + Strategy）公司的諮詢委員會。

麥克．卡爾森（Mike Carson）是麥肯錫的董事，也是亞博欽的創辦人，領導亞博欽的在地樞紐全球化網路發展，工作地點在倫敦和阿姆斯特丹。他的工作聚焦於轉型促進、主管領導力指導、團隊領導力，以及在醫療保健、金融服務、國防和職業體育領域的大規模變革。他利用創造力、洞見和語言，協助領導者發展個人洞見進而改變其生活與工作，他的方法是透過即興創作、電影、戲劇、講故事、詩歌、文學、反思和對話。麥克極度熱愛體育，特別是足球，而且對於足球改變社會的潛力充滿熱情。他採訪了三十位英格蘭超級足球聯賽經理關於他們的領導力，寫成《經理：足球領導者的內心世界》（*The Manager – Inside the Minds of Football's Leaders*, 2013）一書。麥克是前皇家海軍作戰官（在世界各地的戰區服役），擁有曼徹斯特大學（University of Manchester）的數學理學士學位，以及歐洲工商管理學院（INSEAD）的企管碩士學位。他與妻子及四名子女同住在溫徹斯特（Winchester），也是英格蘭教會（Church of England）的兼職牧師。

米歇爾．克魯伊特（Michiel Kruyt）是麥肯錫組織諮詢業務的董事及領導人之一，專攻最高層團隊及其組織的績效轉變、行爲改變和領導力開發研究。他在工作上應用組織心理學和成人學習法，以及他與不同行業客戶合作的國際業務經驗。米歇爾是麥肯錫變革領導者之「家」亞博欽的共同創辦人，目前亦是共同負責人。他與妻子及三名子女住在阿姆斯特丹的郊區。

尼克．范丹（Nick van Dam）是麥肯錫的董事兼全球學習長。他對人員發展及協助個人發揮其最大潛能充滿熱情，並且將他的專業知識實際應用在麥肯錫的員工以及對客戶的服務。在企業學習與發展領域，他是深獲國際認可的顧問、作家、演說家及思想領袖，也是奈耶諾德商業大學（Nyenrode Business Universiteit）和賓夕法尼亞大學（University of Pennsylvania）的企業學習與領導力開發教授。他是國際高階主管發展研究協會（International Consortium for Executive Development Research, ICEDR）的董事會成員，該會係全球人才管理、領導力開發及策略變革的全球首要網路。此外，他亦是edX的企業顧問委員會成員，edX是由哈佛大學和麻省理工學院成立的非營利組織，旨在縮小教育與就業之間的差距。尼克是兒童e學習基金會（e-Learning for Kids Foundation）的創始人，該基金會爲小學年齡兒童提供免費的數位課程，受惠學童已超過兩千萬人。他獨力及合著超過二十五本書，其中包括《就是你！變革中的積極力量》（*YOU! The Positive Force in Change*）一書。他擁有奈耶諾德商業大學的人力資本開發博士學位、阿姆斯特丹大學的文學碩士學位，以及阿姆斯特丹自由大學（Vrije University Amsterdam）的教育、經濟學和商業經濟學學士學位。尼克與妻子同住在阿姆斯特丹，他們育有一子，就讀於西班牙的大學。

拉梅什・斯里尼瓦山（Ramesh Srinivasan）是麥肯錫紐約辦事處的資深董事並主持麥肯錫學院。他在組織變革方面擁有廣泛而豐富的經驗，其工作範圍涵蓋眾多行業的相關主題，這些行業包括高科技、醫療保健、銀行和機械製造業公司。他在企業合併管理、組織設計、人才和領導力開發、績效管理與能力養成等方面，具有深厚的專業知識。除了爲相關主題的客戶提供服務，拉梅什也是麥肯錫內部領導力和專業發展計畫的全球領導者之一，並且身兼包爾論壇的院長，此論壇是麥肯錫爲執行長所開設的學習計畫。拉梅什擁有印度理工學院馬德拉斯分校（IIT Madras）的電腦科學商務科技學位，以及印度管理學院的企管碩士學位，在該校榮獲卓越學術成就的金牌。他是紐約大學丹頓分校教育學院（NYU Tandon School of Education）監事會的監事，他的妻子於紐約市公立學校任教。

註釋

說明：MID代表麥肯錫內部文件（McKinsey Internal Document），僅供麥肯錫公司內部使用，文件源自專屬研究方法、調查或匿名客戶資料。

緒論

① World Economic Forum, Global Agenda Councils, *Outlook on the Global Agenda 2015*,資料網頁：http://reports.weforum.org/ outlook-global-agenda-2015/（存取日期：2018年3月）

② The State of Human Capital 2012 – False Summit: Why the Human Capital Function Still Has Far to Go, a joint report from the Conference Board and McKinsey, October 2012,資料網頁：https://www.mckinsey.com/~/media/mckinsey/dotcom/ client_service/organization/pdfs/state_of_human_capital_2012. ashx（存取日期：2018年3月）

③ McKinsey OrgSolutions, Relationship between Leadership and average TRS, December 2015 (MID)

④ McKinsey Quarterly Transformational Change survey, January 2010 (MID); McKinsey Global Survey Results June 2009 (MID)

⑤ Meindl, J.R. and Ehrlich, S.B. (1987) 'The romance of leadership and the evaluation of organizational performance', *Academy of Management Journal*, 30(1), 91–109

⑥ Bligh, M.C., Kohles, J.C. and Pillai, R. (2011) 'Romancing leadership: past, present, and future', *The Leadership Quarterly*, 22, 1058–1077

⑦ McKinsey Leadership Development survey, 2016 (MID)

⑧ Ibid.

⑨ Beer, M., Finnström, M. and Schrader D. (2016) 'Why leadership training fails – and what to do about it', *Harvard Business Review*, October

⑩ Gitsham, M. (2009) 'Developing the global leader of tomorrow', Ashridge Business School

⑪ Trainingindustry.com (2017) 'Training industry report', 資料網頁：https://trainingmag.com/trgmag-article/2017-training-industry-report（存取日期：2018年3月）

⑫ Kellerman, B. (2012) *The End of Leadership*, HarperCollins

⑬ 2014 MCB global executive survey on capability building (MID) 14 Ibid.
⑮ Pfeffer, J. (2015) *Leadership BS*, HarperCollins
⑯ 在領導力研究領域，有大量文獻的主題都是關於偶然性理論，以及有效領導力行爲的研究。例如，我們以「領導力偶然性理論」（contingency theories of leadership）一詞於Google Scholar搜尋（2017年4月），得到165,000筆資料。

Chapter 1

① McKinsey OrgSolutions, Relationship between Leadership and average TRS, December 2015 (MID)
② Organizational Health Index database (n = 60,000); 'Return on Leadership – Competencies that Generate Growth' report by Egon Zehnder International and McKinsey,資料網頁：https:// www.egonzehnder.com/files/return_on_leadership.pdf（存取日期：2018年3月）
③ McKinsey Quarterly Transformational Change survey, January 2010 (MID); June 2009 McKinsey Global survey results,資料網頁：https://www.mckinsey.com/featured-insights/leadership/ the-value-of-centered-leadership-mckinsey-global-survey-results（存取日期：2018年3月）
④ Barsh, J., Mogelof, J. and Webb, C. (2010) 'How centered leaders achieve extraordinary results', *McKinsey Quarterly*, October.
⑤ 於Amazon（www.amazon.com）以「領導力」（Leadership）一詞搜尋（2016年9月），限定條件爲「圖書」（books）。
⑥ 於Factiva搜尋所得，2016年12月。
⑦ 例如可參見：https://www.kenb-Services/Situational-Leadership-II
⑧ 參見 Belbin、Tuckman及Wheelan著作。
⑨ 參見 *Developing Leaders, A British Army Guide* (RMAS, 2014) and Cavanagh, R., Hesselbein, F. and Shinseki, E.K. (2004) *Be-Know-Do: Leadership the Army Way,* Jossey-Bass. Adapted from the US Army's leadership thinking.
⑩ Yukl, G. (2012, 8th edition), *Leadership in Organizations*, Pearson Education.
⑪ 參見 Bazigos, M., De Smet, A. and Gagnon, C. (2015), 'Why agility pays', *McKinsey Quarterly*, December; Aghina, W., De Smet, A. and Weerda, K.(2015) 'Agility: it rhymes with stability', McKinsey Quarterly
⑫ Return on Leadership - Competencies that Generate Growth' report by Egon Zehnder International and McKinsey,資料網頁：https://www.

egonzehnder.com/files/return_on_leadership. pdf（存取日期：2018年3月）
⑬ Stogdill, R.M. (1948) 'Personal factors associated with leadership: A survey of the literature', *Journal of Psychology*, 25, 35–71
⑭ Keeping the focus on economics, VoT 3 (2009)
⑮ Mintzberg, H. (1973) *The Nature of Managerial Work*, McGill University School of Management, Harper & Row
⑯ 我們的觀點有密西根大學Scott Derue的開創性研究以及2011年於*Personnel Psychology*期刊的著作可支持。他們的研究發現指出，行爲是領導力效能最爲重要預測因子。請參照Derue, D. S., Nahrgang, J. D.,Wellman, N., Humphrey, S. E. (2011). 'Trait and behavioural theories of leadership: An integration and meta analytic test of their relative validity', *Personnel Psychology*, 64(1), 7–52.
⑰ Barsh, J., Mogelof, J. and Webb, C. (2010) 'The Value of Centered Leadership: McKinsey Global Survey results', *McKinsey Quarterly*, October
⑱ 心理學理論上最著名的三個領導力模型爲Scouller的「領導力的三個層級（Three Levels of Leadership）模型。參見 Scouller, J.(2016), *The Three Levels of Leadership: How to Develop Your Leadership Presence, Knowhow and Skill*, Management Books; Kegan, R. and Lahey, L.L. (2009) *Immunity to Change*, Harvard Business Press; 以及 Manfred Kets de Fries 在 INSEAD 出版的研究。
⑲ Keller, S. and Price, C. (2011) *Beyond Performance: How Great Organizations Build Ultimate Competitive Advantage*, Wiley.
⑳ OHI (Organizational Health Index), McKinsey, 2010 (MID)
㉑ Cavanagh, R., Hesselbein, F. and Shinseki, E.K. (2004) *Be-Know-Do, Leadership the Army Way*, Jossey Bass.

Chapter 2

① McKinsey Leadership Development survey, 2016 (MID)
② Ibid.
③ 可參見：Bazigos, M.,Gagnon, C.and Schaninger,B.(2016) 'Leadership in context, *McKinsey Quarterly*, January; Gurdjian, P., Halbeisen, T. and Lane, K. (2014) 'Why leadership-development programmes fail', *McKinsey Quarterly*, January; Alexander, H., Feser, C., Kegan, R., Meaney, M., Mohamed, N., Webb, A and, Welsh,T. (2015) 'When to

Change HowYou Lead' *McKinsey Quarterly*, June; Barsh, J., Mogelof, J. and Webb, C. (2010) 'The value of centered leadership: McKinsey Global Survey results, *McKinsey Quarterly*, October; Feser, C., Mayol, F., Shrinivasan, R. (2015) 'Decoding leadership: What really matters', *McKinsey Quarterly*, January; Barton, D., Grant, A., Horn, M. (2012) 'Leading in the 21st century', *McKinsey Quarterly*, June; Feser, C.(2016) 'Debate – Leading in the digital age', *McKinsey Quarterly*, March.

④ Gurdjian, P., Halbeisen, T. and Lane, K. (2014) 'Why leadership-development programmes fail', *McKinsey Quarterly*, January

⑤ Atabaki, A., Dietsch, S. and Sperling, J.M. (2015) 'How to separate learning myths from reality', *McKinsey Quarterly*, July

Chapter 3

① Gurdjian, P., Halbeisen, T. and Lane, K. (2014) 'Why leadership-development programmes fail', *McKinsey Quarterly*, January

② Fiedler, F. (1964) 'A contingency model of leadership effectiveness', *Advances in Experimental Social Psychology*, 1: 149–190. New York, NY: Academic Press

③ Bass, B. and Bass, R. (2008) 'The Hersey-Blanchard situational leadership theory', *The Handbook of Leadership: Theory, Research, & Managerial Implications*, 4: 516–522. New York, NY: The Free Press

④ Vroom, V. H. and Jago, A. G. (2007) 'The role of the situation in leadership', *American Psychologist*, 62(1), 17–24

⑤ De Smet, A., Schaninger, B. and Smith M. (2014) 'The hidden value of organizational health and how to capture it', *McKinsey Quarterly*, April

⑥ McKinsey OrgSolutions, "The recipe is the recipe", January 2016 (MID); 另參見 De Smet, A., Schaninger, B. and Smith M. (2014) 'The hidden value of organizational health and how to capture it', *McKinsey Quarterly*, April

⑦ Bazigos M. and Caruso, E. (2016) 'Why frontline workers are disengaged', *McKinsey Quarterly*, March

⑧ 若想爲您的組織尋找線上的健康四分位數評鑑，歡迎您利用麥肯錫的「您的組織有多健康？」(How healthy is your organization?) 九題問答，網址爲：ohisolution.com

⑨ 以協助組織提高其領導力效能來說，組織健康指標所包涵的四種領導力風格本身即充滿有益的資訊。例如，我們的組織健康指標研究

顯示，權威型和諮詢型領導力均有最低與最大的閾值程度。如果組織在決策時優柔寡斷，很可能會損害它們的績效與組織健康。但是，過於獨斷獨行同樣有其局限。諮詢型領導力風格亦然。一般而言，徵詢員工意見是一個不錯的作法，但是不應該做到不利決策速度及品質的地步。另一方面，研究指出挑戰型及支持型領導力風格則是多多益善，尤其是大家合作順暢時更應如此。在大多數環境，最傑出的領導者似乎會鼓勵員工挑戰他們認爲不可能的事，但是也會給予足夠的支持，以降低他們的恐懼和壓力。

⑩ 心理學家馬斯洛認爲，人性的各項需求呈現階層式結構，每一層次的需求滿足之後，下一個更高層次而尚未滿足的需求就會變得很突出。參見 Maslow, A.H. (1943) 'A theory of human motivation', *Psychological Review*, 50(4), 370–96; and Maslow, A.H. (1954) *Motivation and Personality*, New York: Harper & Brothers.

⑪ Brenneman, G. (1998) 'Right away and all at once: How we saved Continental', *Harvard Business Review*

⑫ Organizational health in banks: Insights from an industry sample, McKinsey research, October 2014 (MID)

⑬ 例如可參見以下諸人著作：Jean Piaget, Commons and Richards, Kurt Fischer, and Charles Alexander

⑭ 例如可參見以下諸人著作：Erik Erikson, Jane Loevinger, Don Beck, Robert Kegan, and Richard Barrett

⑮ Talent Matters – McKinsey conference document (MID); Barton, D., Carey, D., Charan, R. (2018) *Talent Wins*, Harvard Business Review Press

⑯ McKinsey Global Institute publication, drawing on MGI and PWC sources

⑰ Dobbs, R. Manyika, J. and Woetzel, J. 'The four global forces breaking all the trends', McKinsey Global Institute資料網頁：http://www.mckinsey.com/insights/strategy/the_four_global_ forces_breaking_all_the_trends（存取日期：2018年3月）

⑱ McKinsey 9 Golden Rules report, 2013 (MID)

⑲ Barton, D., Grant, A. and Horn, M. (2012) 'Leading in the 21st Century', *McKinsey Quarterly*

⑳ Webb, A. (ed) (2015) 'When to change how you lead', *McKinsey Quarterly*, June

㉑ McKinsey Transformational Change and Capability for Performance Service Line, *McKinsey's Ten Truths of Change Management*, (MID)

㉒ Heifetz, R. (1998) *Leadership Without Easy Answers*, Harvard University Press
㉓ Anderson, R.J. and Adams, W.A. (2015) *Mastering Leadership: An Integrated Framework for Breakthrough Performance and Extraordinary Business Results*, Wiley, page 156
㉔ Anterasian, C., Resch-Fingerlos R.S. (2010) 'Understanding executive potential', https://www.spencerstuar-and-insight/understanding-executive-potential-the-underappre-ciated-leadership-traits（存取日期：2018年7月）
㉕ Birkel, F., Kelly C.L. and Wlech G. (2013) 'Survival of the most adaptable', SpencerStuart,資料網頁：https://www.spencer-stuart.com/research-and-insight/survival-of-the-most-adaptable-becoming-a-change-ready-culture（存取日期：2018年7月）
㉖ Bureau of Labor Statistics,資料網頁：https://www.bls.gov/ news.release/tenure.nr0.htm（存取日期：2016年12月）
㉗ Gray, Al. (2016) 'The 10 skills you need to thrive in the Fourth Industrial Revolution', World Economic Forum,資料網頁：https://www.wefor-need-to-thrive-in-the-fourth-industrial-revolution/（存取日期：2018年3月）.
㉘ Barsh, J., Mogelof, J. and Webb, C. (2010) 'The Value of Centered Leadership: McKinsey Global Survey results *McKinsey Quarterly*, October
㉙ Barsh J. and Lavoie, J. (2014) *Centered Leadership*, Crown Business; 另參見 'How executives put centered leadership into action: McKinsey Global Survey Results'資料網頁：http://www. mckinsey.com/business-functions/organization/our-insights/ how-executives-put-centered-leadership-into-action-mckinsey-global-survey-results（存取日期：2018年3月）; Barsh, J. and De Smet, A. (2009) 'Centered leadership through the crisis: McKinsey Survey results', 資料網頁：http://www. mckinsey.com/globalthemes/leadership/centered-leadership-through-the-crisis-mckinsey-survey-results（存取日期：2018年3月）; Barsh, J., Mogelof, J. and Webb, C. (2010) 'How centered leaders achieve extraordinary results',資料網頁：http://www.mckinsey.com/global-themes/ leadership/how-centered-leaders-achieve-extraordinary-results（存取日期：2018年3月）; Barsh, J. and Lavoie J. (2014) 'Lead at your best', *McKinsey Quarterly*, April

㉚ Hunter, M. and Ibarra, H. (2007) 'How leaders create and use net-works', *Harvard Business Review*, January.
㉛ Csíkszentmihályi, M.(2002) *Flow: The Psychology of Happiness*, Rider.
㉜ Kegan, R. and Laskow L.L. (2016) *An Everyone Culture: Becoming a Deliberately Developmental Organization*, Harvard Business Review Press
㉝ MBTI basics (2014) The Myers-Briggs Foundation,資料網頁：https://www.myersbr iggs.org/my-mbti-personality-type/ mbti-basics/
㉞ Patton, B., Fisher R. and Ury, W. (1981) *Getting to Yes*, Random House Publishing
㉟ Bughin, J., Chui, M., Dewhurst, M., George, K., Manyika, J., Miremadi, M. and Willmott, P (2017) *Harnessing Automation for a Future that Works*, McKinsey Global Institute
㊱ McKinsey Global Institute, Independent work: choice, necessity, and the gig economy, October 2016,資料網頁：https://www. mckinsey. com/global-themes/employment-and-growth/inde-pendent-work-choice-necessity-and-the-gig-economy（存取日期：2018年3月）

Chapter 4

① McKinsey Leadership Development survey, 2016 (MID)
② Ibid.
③ Barabasi, A-L (2002) *Linked :The New Science of Networks*, Perseus Publishing
④ Gladwell, M. (2000) *The Tipping Point, Little*, Brown Book Group
⑤ Kotter, J. (1996) *Leading Change*, Chapter 4, Harvard Business Review Press
⑥ Cross, R.L., Martin, R.D., and Weiss, L.M (2006) 'Mapping the value of employee collaboration, *McKinsey Quarterly*.
⑦ Heath, C. and Heath, D. (2007) *Made to Stick*, Random House
⑧ Return on Leadership － Competencies that Generate Growth, February 2011, Egon Zhender and McKinsey,資料網頁：https://www.egonzehnder.com/files/return_on_leadership.pdf（存取日期：2018年3月）
⑨ Keller S. and Meaney, M. (2017) *Leading Organizations: Ten Timeless Truths*, Bloomsbury
⑩ 資料取自 World Economic Forum's Future of Jobs report, 資料網頁：

http://www3.weforum.org/docs/WEF_Future_ of_Jobs.pdf（存取日期：2018年3月）
⑪ 參見 Handy, C. (2015) *The Second Curve*, Random House Business
⑫ Van Dam, N. Inaugural lecture, Nyenrode Business School, 25 November 2016
⑬ Johnson, W. and Mendez, J.C. (2012) 'Throw your life a curve', *Harvard Business Review,* September
⑭ Association for Talent Development (2016) State of the Industry, 資料網頁：https://www.td.org/resear-of-the-industry（存取日期：2018年3月

Chapter 5

① 利用免費搜尋引擎於MEDLINE資料庫搜尋生命科學、生物醫學等主題的參考資料與摘要。（PubMed）
② Howard-Jones, P.A. (2014) 'Neuroscience and education: Myths and messages', *Nature Reviews Neuroscience*
③ Atabaki, A., Dietsch, S. and Sperling, J.M. (2015) 'How to separate learning myths from reality', *McKinsey Quarterly*, July
④ Whitmore, J. (1996) *Coaching for Performance*, Nicholas Brealey Publishing
⑤ Lombardo, M. M, Eichinger, R.W (1996), *The Career Architect Development Planner,* Minneapolis: Lominger, p. iv.
⑥ Meaney M. and Keller S.(2017) *Leading Organizations*, Bloomsbury
⑦ Goldman-Rakic, P.S. (1987) 'Development of cortical circuitry and cognitive function, *Child Development*, pp. 601–622
⑧ Cunha, F., Heckman, J., Lochner, L. and Masterov, D. (2006) 'Interpreting the evidence on life cycle skill formation', *Handbook of the Economics of Education*, 1: 697–812
⑨ Rakic, P. (2002) 'Neurogenesis in adult primate neocortex: an evaluation of the evidence', *Annual Reviews Neuroscience* 3(1): 65–71.
⑩ Doidge, N.(2007) *The Brain That Changes Itself,* Viking); and (2015) *The Brain's Way of Healing: Stories of Remarkable Recoveries and Discoveries*, Penguin) Eagleman, D. (2015) *The Brain: The Story of You*, Pantheon.
⑪ Yerkes, R.M. and Dodson, J.D. (1908), 'The relation of strength of stimulus to rapidity of habit-formation', *Journal Of Comparative Neurology and Psychology*, 18, 459–482.
⑫ Gazzaniga, M.S.(2005) 'Forty-five years of split-brain research and still

going strong', *Nature Reviews Neuroscience* 6(8): 653–9; Paschler, H., McDaniel, M., Rohrer, D. and Bjork, R. (2010) c. *Psychological Science in the Public Interest* 9, pp. 105-119.

⑬ Maguire E.A., Woollett K. and Spiers H.J. (2006) 'London taxi drivers and bus drivers: a structural MRI and neuropsychological analysis', published online 5 October at Wiley InterScience (www. interscience. wiley.com)

⑭ Hebb, D.O. (1949) *The Organization of Behavior*, Wiley & Sons

⑮ Salzman C.D. and Fusi S. (2101) 'Emotion, cognition, and mental state representation in amygdala and prefrontal cortex', *Nature Reviews Neuroscience*

⑯ McGaugh, J.L. (2004) 'The amygdala modulates the consolidation of memories of emotionally arousing experiences', *Annual Review of Neuroscience* 27: 1–28

⑰ 例如可參見Sylwester, R. (1994) 'How emotions affect learning', *Educational Leadership*, October, 52(2): 60–65; Pekrum, R. (1992) 'The impact of emotions on learning and achievement: Towards a theory of cognitive/motivational mediators', *Applied Psychology*, 41(4), October: 359–376

⑱ Nieoullon, A. and Coquere A. (2003) 'Dopamine: A key regulator to adapt action, emotion, motivation and cognition', *Current Opinion in Neurology*, Suppl 2: S3–S9.

⑲ Schultz, W. (1998) 'Predictive reward signal of dopamine neurons', *The Journal of Neurophysiology*, 80: 1–27

⑳ Kirschenbaum, D.S., Ordman, A. M.,Tomarken, A. J. et. al. (1982) 'Effects of differential self-monitoring and level of mastery on sports performance: Brain power bowling', *Cognitive Therapy and Research*, 6: 335–41

㉑ Jones-Smith, E. (2013) *Strengths-Based Therapy: Connecting Theory, Practice and Skills*, SAGE Publications

㉒ 例如可參見 Kahneman, D. and Tversky, A. (1979) 'Prospect theory: An analysis of decision under risk', *Econometrica*, 47: 263-291; and Baumeister, R.F., Bratslavsky, E., Finkenauer, C. and Vohs, K.D. (2001) 'Bad is stronger than good', *Review of General Psychology*, 5: 323–370d

㉓ Robertson, I. (2012) *The Winner Effect*, Bloomsbury

㉔ Return on Leadership － Competencies that Generate Growth, report by Egon Zehnder International and McKinsey,資料網頁：https://www.egonzehnder.com/files/return_on_leadership. pdf（存取日期：2018年3

月）
㉕ Corporate Leadership Council (2002), Building the High-Performance Workforce: A Quantitative Analysis of the Effectiveness of Performance Management Strategies, Washington, DC
㉖ McKinsey Quarterly Transformational Change Survey, January 2010 (MID)
㉗ Kegan, R., Lahey, L.L. (2009) *Immunity to Change: How to Overcome it and Unlock the Potential in Yourself and Your Orgnaization*, Harvard Business Review Press.
㉘ Fleming S.M., Weil R.S., Nagy Z., Dolan R.J., Rees G. (2010) 'Relating introspective accuracy to individual differences in brain structure', *Science* September 17; 329(5998):1541-3. doi: 10.1126/ science.1191883.
㉙ Dweck, C.S. (2006) *Mindset: The New Psychology of Success*, Ballantine Books
㉚ Kahneman, D. (2012) *Thinking Fast and Slow*, Penguin Books
㉛ Schumpeter (2013) 'The mindful business', *The Economist*, November
㉜ 參見 https://vhil.stanford.edu/projects/（存取日期：2018年3月）
㉝ Van Dam, N. and Van der Helm, E. (2016) 'The organizational cost of insufficient sleep', *McKinsey Quarterly*, February
㉞ 例如可參見 Kegan, R. and Lahey, L.L. (2009) 'Immunity to Change', Harvard Business Press; Duhigg, C. (2014) *The Power of Habit: Why We Do What We Do in Life and Business*, Random House; Goldsmith, M. (2015) *Triggers: Creating Behavior that Lasts — Becoming the Person You Want to Be*, Crown Business

Chapter 6

① Schein, E. (1996) 'Culture: The missing concept in organizational studies', *Administrative Science Quarterly*, 41: 229–240; Ostroff, K. Kinicki,A.J. and Tamkins, M.M., 'Organizational culture and climate', in Borma, W.C., Ilgen, D.R. and Klimoski R.J. (eds.) (2003) *Handbook of Psychology 12*,Industrial and Organizational Psychology (pp.565–593).
② Lawson E. and Price, C. (2003) 'The psychology of change management', *McKinsey Quarterly*, June
③ McKinsey Quarterly Transformational Change survey; January 2010 (MID)
④ Harvard Business Review staff (2013) 'The uses (and abuses) of

influence', *Harvard Business Review*; Cialdini, R.B. (2006) *Influence: The Psychology of Persuasion*, Revised Edition, Harper Business, 2006

⑤ Festinger, L. (1957) *A Theory of Cognitive Dissonance*, Stanford University Press

⑥ Paul, M.P. (2012) 'Your brain on fiction', *The New York Times*; Monarth, (H.) (2014) 'The irresistible power of storytelling as a strategic business tool', H*arvard Business Review*

⑦ Basford, T.E. and Molberg A. (2013) 'Dale Carnegie's leadership principles: Examining the theoretical and empirical support', *Journal of Leadership Studies*, 6(4): 25-47

⑧ Locke, E. A. and Latham, G.P. (2002) 'Building a practically useful theory of goal setting and task motivation', *American Psychologist* 705–717; and Sherif, M. (1966) In a common predicament: Social psychology of intergroup conflict and cooperation, Houghton Mifflin comp.

⑨ Argyle, M., Alkema, G., and Gilmour, R. (1971) The communication of friendly and hostile attitudes by verbal and non-verbal signals. *European Journal of Social Psychology,* I, 385-402

⑩ Chartrwhy and et al., 'You're just a chameleon: The automatic nature and social significance of mimicry', *Natura Automatyzmow (Nature of Automaticity)*, 19–14

⑪ Pugh, S. (2001) 'Service with a smile: Emotional contagion in the service encounter', *Academy of Management Journal*, 55(5): 1018-1027

⑫ Ibid

⑬ Cialdini, R.B. (2009) *Influence: Science and Practice* (5th edition), Pearson Higher Ed

⑭ Skinner, B.F. (1961) 'Teaching machines', *Scientific American*, 205: 91–102

⑮ Pavlov, I.P. (1927) *Conditioned Reflexes: An Investigation of the Physiological Activity of the Cerebral Cortex*, Oxford University Press

⑯ Bandura, A. (1971) 'Vicarious and self-reinforcement processes', in R. Glaser (ed) *The Nature of Reinforcement*, New York: Academic Press 228–278

⑰ Kerr, S. (1975) 'On the folly of rewarding A, while hoping for B', *Academy of Management Journal*, 18: 769-783

⑱ McClelland, D.C. (1975) *Power: The Inner Experience*, Irvington Publishers

⑲ Deci, E. L. (1975) *Intrinsic Motivation*, Plenum Press; Robbins, S.P and Judge, T. A. (2009) *Organizational Behavior* (13th edition), Pear-son Education
⑳ Hackman, J.R. (1980) 'Motivation through the design of work: test of a theory', *Organizational Behavior and Human Performance*, 250-279; Hackman, J.R. and Oldham, G.R. (1980) *Work Redesign*, Addison-Wesley
㉑ Burns, T. and Stalker, G.M. (1961) *The Management of Innovation*, Tavistock Publications; Robbins, S.P. and Judge, T. A. (2009) *Organizational Behavior* (13th edition), Pearson Education
㉒ McKinsey leadership development survey 2016 (MID)
㉓ Kirkpatrick D.L. and Kirkpatrick, J.D. (2006) *Evaluating Training Programmes: The Four Levels* (3rd Edition), Berrett-Koehler Publishers
㉔ Organizational Health Index database (n = 60,000) (MID)
㉕ McKinsey Quarterly Transformational Change survey, January 2010; June 2009 McKinsey Global survey results (MID)
㉖ Cernak, J. and Mcgurk M. (2010) 'Putting a value on training', *McKinsey Quarterly*, July
㉗ Bower, M. (1996) *The Will to Manage New York*: McGraw-Hill

Chapter 7

① Whitmore, J. (1996) *Coaching for Performance*, Nicholas Brealey Publishing
② 參見 Freedman, L. (2013) *Strategy: A History*, Oxford University Press
③ Strategies to Scale the Power Curve (McKinsey Strategy & Finance, September 2016) (MID); 另參見 Bradley, C., Hurt, M., Smit, S. (2018) *Strategy Beyond the Hockey Stick*, Wiley
④ 參見 Hall S. and Lovallo, D. (2012) 'How to put your money where your strategy is', *McKinsey Quarterly*; 另參見 Bradley, C., Hirt, M., and Smit, A. (2018) *Strategy Beyond the Hockey Stick: People, Probabilities, and Big Moves to Beat the Odds*, Wiley
⑤ Senge, Peter, *The Fifth Discipline: The Art and Practice of the Learning Organization*, Random House Business, 2nd edition, 2006
⑥ Kegan, R., Lahey, L.L., Miller, M.L., Fleming, A. and Helsing, D. *An Everyone Culture: Becoming a Deliberately Developmental Organization*, Harvard Business Review Press

Chapter 13

① 例如可參見 Adair, J. (1987) *Effective Teambuilding: How to Make a Winning Team*, Pan Books; Belbin R. M. (2004) *Management Teams*, Routledge; Hill, L.A. and Anteby, M. (2006) *Analyzing Work Groups*, Harvard Business School Publishing; Lencioni, P. M. (2005) *Overcoming The Five Dysfunctions of a Team: A Field Guide for Leaders, Managers, and Facilitators*, Jossey-Bass; 以及Belbin、Maslow 和 Tuckman等人的理論著作。

② McKinsey Transformational Change Practice (MID).

③ Collins J. and Porras, J.I. (2004) *Built to Last*, Harper Business; (10th revised edition) November

④ Mandeville, B. (1957 edition) *The Fable of the Bees: Or Private Vices, Publick Benefits*, Oxford University Press. 在這部描寫蜂巢的虛構作品中，Mandeville的詩作預示了Adam Smith的社會互動觀念（看不見的手和社會分工）。

⑤ Greiner, L.(1972) 'Evolution and revolution as organizations grow', *Harvard Business Review*, 37-46. 古瑞納（Greiner）認爲各階段的成長是透過創造（creativity）、指揮（direction）、授權（delegation）、協調（coordination）、合作（collaboration）以及（於1998年新增的第六項）額外組織解決方案（extra-organization solutions）。

⑥ McKinsey OrgSolutions, 'The recipe is the recipe', January 2016 (MID)

⑦ NHS, UK: *Developing People － Improving Care*: Evidenced-based national framework to guide action on improvement skill-building, leadership development and talent management for people in NHS-funded roles (2016), 資料網頁：https://improvement.nhs. uk/resources/developing-people-improving-care/（存取日期：2018年3月）

⑧ Gallup, 2015 (n=3956); 參見 https://www.mckinsey.com/b-functions/organization/our-insights/revisiting-the-matrix-organiza-tion（存取日期：2018年7月）

⑨ Fecheyr-Lippens, B., Schaninger B. and Tanner, K. (2015) 'Power to the new people analytics', *McKinsey Quarterly*, March

⑩ de Romrée, H., Fecheyr-Lippens, B. and Schaninger, B. (2016) 'People analytics reveals three things HR may be getting wrong', *McKinsey Quarterly*, July

⑪ 參見 Björnberg, Å. and Feser, C.(2015) 'CEO succession starts with developing your leaders', *McKinsey Quarterly*, May

Chapter 14

① Manyika, J. (2017) 'Technology jobs and the future of work' McKinsey & Company資料網頁：http://www.mckinsey. com/global-themes/employment-and-growth/technology-jobs-and-the-future-of-work（存取日期：2018年3月）
② World Economic Forum. (2016) The Future of Jobs: Employment, Skills, and Workforce Strategy for the Fourth Industrial Revolution,資料網頁：http://reports.weforum.org/future-of-jobs-2016/（存取日期：2018年3月）
③ Van Dam, N.(2016) 'Learn or Lose', Inaugural lecture, 25 November, Nyenrode Business Universiteit
④ World Economic Forum. (2016) The Future of Jobs: Employment, Skills, and Workforce Strategy for the Fourth Industrial Revolution,資料網頁：http://reports.weforum.org/future-of-jobs-2016/（存取日期：2018年3月）
⑤ Ibid.
⑥ Frey, C.B. and Osborne, M. (2013) *The Future of Employment: How Susceptible are Jobs to Computerisation?*, University of Oxford
⑦ 'Automation and anxiety' (2016) *The Economist*, 25 June
⑧ Manyika, J. (2017) 'Technology, jobs, and the future of work', *McKinsey & Company*,資料網頁：http://www.mckinsey. com/global-themes/employment-and-growth/technology-jobs-and-the-future-of-work（存取日期：2013年3月）
⑨ Harress, C.(2013) 'The sad end of Blockbuster Video', *International Business Times*, 5 December
⑩ Live presentation by John Kao, 'The World in 2030', Athens, 3 December 2016
⑪ World Economic Forum. (2016) The Future of Jobs: Employment, Skills, and Workforce Strategy for the Fourth Industrial Revolution,資料網頁：http://reports.weforum.org/future-of-jobs-2016/（存取日期：2018年3月）
⑫ Grothaus, M. (2015) 'The top jobs in 10 years might not be what you expect', F*ast Company*, 18 May
⑬ DESI indicator on digital skills (2015). Eurostat data資料網頁：https://

ec.europa.eu/digital-single-market/en/desi（存取日期：2018年3月）
⑭ Gray, A. (2016) 'The 10 skills you need to thrive in the Fourth Industrial Revolution' World Economic forum, avail-able from: https://www.wefor-skills-you-need-to-thrive-in-the-fourth-industrial-revolution/（存取日期：2018年3月）.
⑮ Deming, D. (2017) *The Growing Importance of Social Skills in the Labor Market*, Harvard University and NBER, August; graphic from The Quarterly Journal of Economics (2017) 132(4): 1593-1640
⑯ Gratton, L. (2011) *The Shift: The Future of Work is Already Here*. London: Collins
⑰ Van Dam, N. 'Learn or lose', Inaugural lecture, 25 November, Nyenrode Business Universiteit
⑱ Vuorikari, R., Punie, Y., Carretero, S. and Van den Branden, L. (2016), DigComp 2.0: The Digital Competence Framework for Citizens. EC, EUR 27948 EN.
⑲ Vuorikari, R., Punie, Y., Carretero, S. and Van den Branden, L. (2016), DigComp 2.0: The Digital Competence Framework for Citizens. EC, EUR 27948 EN.
⑳ Rashid, B.(2016)'The rise of the freelancer economy' Forbes,資料網頁：https://www.forbes.com/sites/brianrashid/2016/01/26/ the-rise-of-the-freelancer-economy/#31a014e33bdf（存取日期：2018年3月）
㉑ 參見 Aghina, W., De Smet, A. and Weerda, K. (2015) 'Agility: It rhymes with stability', *McKinsey Quarterly,* December
㉒ Schwartz, N.D. 'The decline of the baronial CEO', https://www. nytimes. com/2017/06/17/business/ge-whole-foods-ceo.html
㉓ Puthiyamadam, T. (2017) 'How the meaning of digital transformation has evolved', *Harvard Business Review*, 29 May
㉔ Gratton, L. and Scott, A. (2016). *The 100Year Life: Living and Working in the Age of Longevity*, Bloomsbury.
㉕ Senge, P. (2010) *The Fifth Discipline*, Random House
㉖ Watkins, Karen E. and Marsick, Victoria J.(eds.),(May 2003).'Making learning count! Diagnosing the learning culture in organizations, *Advances in Developing Human Resources*, 5(2)
㉗ Kegan R. and Lahey, L.L. (2016) *An Everyone Culture: Becoming a Deliberately Developmental Organization*, Harvard Business School Press
㉘ 讀者可到此網站進行評鑑：www. reachingyourpotential.org

㉙ McKinsey Mind the Gap research (MID)
㉚ Ibid.
㉛ Barsh, J., Brown, L, and Kian, K.(2016) *Millennials: Burden, Blessing, or Both?* McKinsey & Co
㉜ 參見 Mind the Gap p15 (MID)
㉝ Van Dam, N. (2016) 'Learn or lose', Inaugural lecture, 25 November, Nyenrode Business Universiteit
㉞ Association for Talent Development (2016) State of the Industry, 資料網頁：https://www.td.org/resear-of-the-industry（存取日期：2018年3月）
㉟ Ibid.
㊱ Penfold S. (2016) 'Profile of the modern learner － helpful facts and stats (infographic)' Elucidat blog, 資料網頁：https:// blog.elucidat.com/modern-learner-profile-infographic/?utm_ campaign=elearningindustry.com&utm_source=%2Ftop-10-el-earning-trends-to-watch-in-2017&utm_medium=link（存取日期：2018年3月）

附錄

① 如欲更詳細檢視另一份極爲類似的領導力行爲清單，請參見 Feser, C., Mayol, F. and Srinivasan, R. (2015) 'Decoding leadership: What really matters', *McKinsey Quarterly*, January
② 心理學家馬斯洛認爲，人性的各項需求呈現階層式結構，每一層次的需求滿足之後，下一個更高層次而尚未滿足的需求就會變得很突出。參見 Maslow, A.H. (1943) 'A theory of human motivation', *Psychological Review*, 50(4), 370–96; and Maslow, A.H. (1954) *Motivation and Personality*, New York: Harper & Brothers.
③ Herzberg, F. (1987) 'One more time: How do you motivate employees?', *Harvard Business Review*, 65(5): 109–120
④ 詳細請參見 Bazigos, M.N. (2016) 'Leading for long-term performance: Matching the behavior to the situation', *Journal of Leadership Studies*, August
⑤ GROW模型（以及各種不同版本）在許多地方可以看到，例如可參見 Alexander, G., Fine, A.,Whitmore J. as well as Landsberg, M. (2003) *The Tao of Coaching* (Profile Books)
⑥ Maister, D.H., Green, C.H. and Galford, R.M. (2000) *The Trusted*

Advisor, Free Press

⑦ Minto, B. (2010) *The Pyramid Principle: Logic in Writing and Thinking*, 3rd edition, Prentice Hall

⑧ De Bono, E. (1985) *Six Thinking Hats*, Little Brown and Company

⑨ Feser, C., Mayol, F. and Srinivasan, R. (2015) 'Decoding leader ship', *McKinsey Quarterly*, January

⑩ Seligman, M. (1998) *Learned Optimism*, New York: Pocket Books

⑪ Pohlmann,T. and Thomas, N.M. (2015) 'Relearning the art of asking questions'，資料網頁：https://hbr.org/2015/03/relearning-the-art-of-asking-questions（存取日期：2018年7月）

⑫ Covey, S.R. (2015) *The 7 Habits of Highly Effective People: Powerful Lessons in Personal Change*, Franklin Covey Co.

⑬ 我們測量速度的方法，是詢問受訪者多常觀察到他們的領導者（並分開問經理）迅速做出重大決定，而且他們的組織也能快速適應新的做事方法。我們測量穩定性的方法，是詢問受訪者多常觀察到他們的組織實行清晰的營運目標和度量、設立清楚的工作標準與目標、建立促進責任歸屬的結構、設計具有明確目標的工作，以及制訂記錄知識和思想的流程。參見 Bazigos, M., De Smet, A. and Gagnon, C.(2015) 'Why agility pays', and Aghina, W., De Smet A. and Weerda, K. 'Agility: It rhymes with stability', both *McKinsey Quarterly*, December

⑭ Ibid.

⑮ Ibid.

⑯ Rogers, E. and Van Dam, N. (2014) *You! The Positive Force in Change*, Lulu

⑰ Jezzard P., Matthews P.M. and Smith S.M. (2001) *Functional MRI: An Introduction to Methods*, Oxford University Press

⑱ Ophir E., Nass C.,Wagner A.D. (2009) 'Cognitive control in media multi-tasker', PNAS, 15;106(37):2

⑲ 例如可參見, Foerde, K., Knowlton, B. J. and Poldrack, R. A. (2006) 'Modulation of competing memory systems by distraction' PNAS, 10: 11778–11783; Rubinstein, J.S., et al. (2001) 'Executive control of cognitive processes in task switching' *Journal of Experimental Psychology* 27: 763–71; Czerwinski, M., et al.(2000) 'Instant messaging and interruption: Influence of task type on performance', Proceedings of OZCHI 356: 361.

⑳ Begley, S. (2000) 'The stereotype trap' *Newsweek*,資料網頁：http://

www.newsweek.com/stereotype-trap-157203（存取日期：2018年3月）
㉑ Steele, C.M.(2010) *Whistling Vivaldi and Other Clues to How Stereotypes Affect Us*, W. W. Norton & Company, Inc.
㉒ Dweck, C. (2006) *Mindset: The New Psychology of Success*, Random House
㉓ Blackwell, L. S., Trzesniewski, K. H. and Dweck, C.S. (2007) 'Implicit theories of intelligence predict achievement across an adolescent transition: A longitudinal study and an intervention', *Child Development*, 78(1): 246–263.
㉔ Kahneman, D. (2012) *Thinking Fast and Slow*, Penguin Books
㉕ Van Dam, N. and Van der Helm, E. (2016) 'The organizational cost of insufficient sleep', *McKinsey Quarterly*, February
㉖ Goel, N. et al., (2009) 'Neurocognitive consequences of sleep deprivation', *Seminars in Neurology*, 29(4):320–39; Verweij, I.M. et al. (2014) 'Sleep deprivation leads to a loss of functional connectivity in frontal brain regions', *BMC Neuroscience*, 15(88), biomedcentral. com
㉗ Williamson,A.M. and Feyer,A.M.(2000) 'Moderate sleep deprivation produces impairments in cognitive and motor performance equivalent to legally prescribed levels of alcohol intoxication', *Occupational and Environmental Medicine*, 57(10): 649–55, oem.bmj. com
㉘ Van der Helm, E., Gujar, N. and Walker, M.P. (2010) 'Sleep deprivation impairs the accurate recognition of human emotions', Sleep, 33(3): 335–42, journalsleep.org; Van der Helm, E. et al., (2011) 'REM sleep depotentiates amygdala activity to previous emotional experiences', *Current Biology,* 21(23): 2029–32
㉙ McGlinchey, E.L. et al., (2011) 'The effect of sleep deprivation on vocal expression of emotion in adolescents and adults', *Sleep*, 34(9): 1233–41, journalsleep.org
㉚ Macey, W. H. and Schneider, B. (2008) 'The meaning of employee engagement', *Industrial and Organizational Psychology*, 1(1): 3–30 and Stumpf, S.A., Tymon W.G. Jr. and Van Dam, N.(2013) 'Felt and behavioral engagement in workgroups of professionals', *Journal of Vocational Behavior,* 83(3): 255–64,資料網頁：journals.elsevier. com/ journal-of-vocational-behavior
㉛ 例如可參見, Bryant, P.A.,Trinder J. and Curtis, N.(2004) 'Sick and tired: does sleep have a vital role in the immune system?', *Nature Reviews*

Immunology 4: 457–467 (June); Ayas N.T., White D.P/, Manson J.E., Stampfer M.J., Speizer F.E., Malhotra A., Hu F.B. (2003) 'A prospective study of sleep duration and coronary heart disease in women', *Archives of Internal Medicine*. 163(2):205–209. doi:10.1001/archinte.163.2.205; Alhola, P. and Polo-Kantola, P. (2007) 'Sleep deprivation: Impact on cognitive performance', *Neuropsychiatric Disease and Treatment*. October; 3(5): 553–567; Ferrie J.E., Shipley M.J., Akbaraly T.N., Marmot M.G., Kivimäki M. and Singh-Manoux A. (2011) 'Change in sleep duration and cog-nitive function: findings from the Whitehall II study' *Sleep*, 34 (5): 565–573; and 'How much sleep do we really need?' National Sleep Foundation,資料網頁：https://sleepfoundation.org/excessivesleepiness/content/how-much-sleep-do-we-really-need-0（存取日期：2018年3月）

㉜ Van Dam, N. andVan der Helm, E. (2016) 'The organizational cost of insufficient sleep', *McKinsey Quarterly*, February

㉝ 例如可參見, Kramer A.F., Erickson K.I. and Colcombe S.J. (1985) 'Exercise, cognition, and the aging brain', *Journal of Applied Physiology* 101(4):1237-42; Churchill, J.D. et al. (2002) 'Exercise, experience and the aging brain' *Neurobiology of Aging* 23: 941–55.; Cotman, C.W. and Berchtold, N.C. (2002) 'Exercise: A behavioral intervention to enhance brain health and plasticity'. *Trends in Neuroscience* 25: 295–301; Dillner, L. (2017) 'Is running the best exercise?' *Guardian*,資料網頁：https://www.theguardian.com/ lifeandstyle/2017/apr/24/is-running-best-exercise-reduce-risk-heart-disease?CMP=share_btn_link（存取日期：2018年3月）

㉞ 例如可參見, Ratey J.J. and Loehr J.E. (2011) 'The positive impact of physical activity on cognition during adulthood: a review of underlying mechanisms, evidence and recommendations', *Reviews in Neuroscience* 22(2):171–85; Scholey, A.B., Moss, M.C., Neave, N. and Wesnes, K. (1999) 'Cognitive performance, hyperoxia, and heart rate following oxygen administration in healthy young adults' *Physiology & Behavior*, 67(5): 783–789

㉟ 例如可參見Taras, H. (2005) 'Physical activity and student performance at school' *Journal of School Health*, 75: 214–18; Hillman, C. and Buck. S. (2004) 'Physical fitness and cognitive function in healthy pre-adolescent children', Paper presented at the Annual meeting of the Society of Psychophysiological Research; Summer-ford, C.(2001) 'What is the impact of exercise on brain function for academic learning?' *Teaching Elementary Physical Education* 12: 6-8; Hillman, C.H. Erickson, K.L. and Kramer, A.F. (2008) 'Be smart, exercise your heart: exercise effects on brain and cognition', *Nature Reviews Neuroscience* 9: 58-65 (January)

㊱ Singh-Manoux, A. PhD, Hillsdon, M. PhD, Brunner, E. PhD, and Marmot, M. PhD, MBBS, FFPHM, FRCP (2005) 'Effects of physical activity on cognitive functioning in middle age: Evidence From the Whitehall II Prospective Cohort Study' *American Journal of Public Health*, December 95(12): 2252–2258

㊲ Harada, T., Okagawa, S. and Kubota, K. (2004) 'Jogging improved performance of a behavioral branching task: implications for pre-frontal activation', *Neuroscience Research*, 49(3): 325–337

㊳ Steinberg H., Sykes E.A., Moss T., et al. (1997) 'Exercise enhances creativity independently of mood' *British Journal of Sports Medicine* 31:240–245

㊴ Young, S.N.(2007) 'How to increase serotonin in the human brain without drugs', *Journal of Psychiatry and Neuroscience*, November, 32(6): 394–399.; Korb, A.(2011) 'Boosting your serotonin activity', *Psychology Today*,資料網頁：https://www.psychologytoday. com/blog/prefrontal-nudity/201111/boosting-your-serotonin-activity（存取日期：2018年3月）

㊵ Harber V.J. and Sutton J.R., (1984) 'Endorphins and exercise', *Sports Medicine*. Mar-Apr, 1(2):154–71; 'Depression guide' avail-able from: -depression#1（存取日期：2018年3月）

㊶ Sutoo D., Akiyama K., (2003) 'Regulation of brain function by exercise', *Neurobiology of Disease*, Jun, 13(1):1–14, McNary, T. (2017) 'Exercise and its effects on serotonin & dopamine levels'資料網頁：http://www.livestrong.com/article/251785-exercise-and-its-effects-on-serotonin-dopamine-levels/（存取日期：2018年3月）

㊷ Medina, J. (2014) *Brain Rules*, Scribe Publications

㊸ U.S. Department of Health and Human Services, 2008 Physical Activity Guidelines for Americans,資料網頁：https://health. gov/paguidelines/pdf/paguide.pdf, 存取日期：2017年4月29日

㊹ Tomporowski, P.D. (2003) 'Effects of acute bouts of exercise on cognition', *Acta Psychologica* (Amst), 112: 297–324

㊺ Levine J.A. (2002) 'Non-exercise activity thermogenesis (NEAT)', *Best Practice and Research: Clinical Endocrinology and Metabolism*, December,16(4):679–702

㊻ Gómez-Pinilla, F. (2008) 'Brain foods: the effects of nutrients on brain function', *Nature Reviews*. Neuroscience, 9(7): 568–78

㊼ 例如可參見, Edwards, S. (2016) 'Sugar and the brain', Harvard Mahoney Neuroscience Institute,資料網頁：http:// neuro.hms.harvard.edu/harvard-mahoney-neuroscience-institute/brain-newsletter/and-brain-series/sugar-and-brain（存取日期：2017年4月）; Barnes, J.N. and Joyner, M.J. (2012) 'Sugar highs and lows: the impact of diet on cognitive function', *Journal of Physiology*, June, 15: 590(Pt 12): 2831; Greenwood C.E. and Winocur G. (2005) 'High-fat diets, insulin resistance and declining cognitive function', *Neurobiology of Aging*. December 2015

㊽ Carabotti, M., Scirocco, A., Maselli, M.A. and Severi, C. (2014) 'The gut-brain axis: interactions between enteric microbiota, central and enteric nervous systems', *Annals of Gastroenterology*, April–June, 28(2): 203–209; Galland, L. (2014) 'The gut microbiome and the brain', *Journal of Medicinal Food*, 1 December 17(12): 1261–1272 Mayer, E.A.,, Knight, R., Mazmanian, S.K. Cryan, J.F. and Tillisch, K. (2014) 'Gut microbes and the brain: paradigm shift in neuroscience ', *The Journal of Neuroscience*. 34(46): 15490– 15496.; Kohn, D. (2015) 'When gut bacteria change brain function', The Atlantic,資料網頁：https://www.theatlantic.com/health/archive/2015/06/gut-bacteria-on-the-brain/395918/（存取日期：2018年3月）; Andrew Smith, P. (2015) 'The tantalizing links between gut microbes and the brain' *Nature*,資料網頁：http://www.nature.com/news/the-tantalizing-links-between-gut-microbes-and-the-brain-1.18557（存取日期：2018年3月）

㊾ Armstrong, L.E. et. al. (2012) 'Mild Dehydration Affects Mood in HealthyYoung Women', *The Journal of Nutrition*, Volume 142, Issue 2, February 2012, 資料網頁：https://academic.oup.com/jn/article/142/2/382/4743487（存取日期：2018年3月）; Heid M. 'Your brain on: dehydration', Shape,資料網頁：http://www.shape. com/lifestyle/mind-and-body/your-brain-dehydration（存取日期：2018年3月）

㊿ 例如可參見,American Psychological Association (2017) 'Many Americans Stressed about Future of Our Nation, New APA Stress in America™ Survey Reveals',資料網頁：http://www.apa.org/news/press/

releases/2017/02/stressed-nation.aspx（存取日期：2018年3月）; Fink, G. (2016) 'Stress: The Health Epidemic of the 21st Century', Elsevier SciTechConnect資料網頁：http:// scitechconnect.elsevier.com/stress-health-epidemic-21st-cen-tury/（存取日期：2018年3月）; 'Stress facts',資料網頁：http:// www.gostress.com/stress-facts/（存取日期：2018年3月）
51. Lippelt D. P. (2014) 'Focused attention, open monitoring and loving kindness meditation: effects on attention, conflict monitoring, and creativity – a review', *Frontiers in Psychology*
52. Chiesa A., Calati R. and Serretti A.(2011) 'Does mindfulness training improve cognitive abilities? A systematic review of neuropsychological findings' *Clinical Psychology Review* 31(3), April
53. Geng L., Zhang D. and Zhang, L. (2011) 'Improving spatial abilities through mindfulness: effects on the mental rotation task', *Consciousness and Cognition*
54. Matthieu R., Lutz A. and Davidson R. (2014) 'The neuroscience of meditation', *Scientific American*, October
55. Tjan, A.K. (2015) '5 ways to become more self-aware', *Harvard Business Review*, February
56. Singleton, O. et al. (2014) 'Change in brainstem gray matter concentration following a mindfulness-based intervention is correlated with improvement in psychological well-being', *Frontiers in Human Neuroscience*, 18 February, frontiersin.org
57. Schumpeter, (2013) 'The mindful business', *The Economist*, November
58. Gelles, D. (2015) 'At Aetna, a CEO's management by mantra', *New York Times*, 27 February, nytimes.com

索引

◎數字

◎A~Z

◎2劃

◎3劃

◎4劃

◎5劃

◎6劃

◎7劃

◎8劃

◎9劃

◎10劃

◎11劃

◎12劃

◎13劃

◎14劃

◎15劃

◎16劃以上

大規模領導力：麥肯錫領導力聖經

作　　者——克勞迪奧·費瑟（Claudio Feser）& 麥可·雷尼（Michael Rennie）&
尼古萊·陳·尼爾森（Nicolai Chen Nielsen）
譯　　者——黃開
特約編輯——洪禎璐
發 行 人——蘇拾平
總 編 輯——蘇拾平
編 輯 部——王曉瑩、曾志傑
行 銷 部——黃羿潔
業 務 部——王綬晨、邱紹溢、劉文雅

出　　社——本事出版
發　　行——大雁出版基地
地址：新北市新店區北新路三段207-3號5樓
電話：(02) 8913-1005
傳真：(02) 8913-1056
E-mail：andbooks@andbooks.com.tw
劃撥帳號——19983379　戶名：大雁文化事業股份有限公司
美術設計——COPY
內頁排版——陳瑜安工作室
印　　刷——上晴彩色印刷製版有限公司
2020 年 12 月初版
2024 年 9 月二版
定價　台幣699元

Leadership at Scale : Better leadership, better results

ISBN 978-626-7465-19-6

國家圖書館出版品預行編目資料
大規模領導力：麥肯錫領導力聖經
克勞迪奧·費瑟（Claudio Feser）& 麥可·雷尼（Michael Rennie）& 尼古萊·陳·尼爾森（Nicolai Chen Nielsen）/ 合著　黃開 / 譯
譯自：Leadership at Scale : Better leadership, better results
——.二版.—— 新北市；本事出版：大雁文化發行，2024年9月
面　；　公分.－
ISBN 978-626-7465-19-6 (平裝)
1.CST :領導者　2.CST :組織管理　3.CST :企業領導　4.CST :職場成功法
494.2　　　　113009203

(內文勘誤)　P303倒數第12行：「行政」教導 → 高階主管教練術